BIBLIOTHÈQUE DES PROFESSIONS INDUSTRIELLES ET AGRICOLES

Série H, N° 32

GUIDE PRATIQUE

POUR LA CULTURE DES

PLANTES FOURRAGÈRES

PAR

A. GOBIN

ANCIEN ÉLÈVE DE L'ÉCOLE IMPÉRIALE DE GRAND-JOUAN,
DIRECTEUR DE LA COLONIE AGRICOLE PÉNITENTIAIRE
DU VAL D'YÈVRE (CHER), ETC.

« Est à souhaiter le plus du domaine être
employé en herbages, trop n'en peuvent avoir
pour le bien de la ménagerie; d'autant que
sur une ferme, fondement de toute agriculture
s'appuie là-dessus. »

(OLIVIER DE SERRES. — 1600.)

PREMIÈRE PARTIE

PRAIRIES NATURELLES — IRRIGATIONS — PATURAGES

PARIS

LIBRAIRIE SCIENTIFIQUE, INDUSTRIELLE ET AGRICOLE

EUGÈNE LACROIX, ÉDITEUR

LIBRAIRE DE LA SOCIÉTÉ DES INGÉNIEURS CIVILS

QUAI MALAQUAIS, 15

1865

GUIDE PRATIQUE

POUR LA CULTURE DES

PLANTES FOURRAGÈRES

CORBEIL. — Imprimerie de CRÉTÉ.

BIBLIOTHÈQUE DES PROFESSIONS INDUSTRIELLES ET AGRICOLES

Série H, N° 32

GUIDE PRATIQUE

POUR LA CULTURE DES

PLANTES FOURRAGÈRES

PAR

A. GOBIN

ANCIEN ÉLÈVE DE L'ÉCOLE IMPÉRIALE DE GRAND-JOUAN,
DIRECTEUR DE LA COLONIE AGRICOLE
PÉNITENTIAIRE DU VAL D'YÈVRE (CHER), ETC.

« Est à souhaiter le plus du domaine être
employé en herbages, trop n'en peuvent avoir
pour le bien de la ménagerie; d'autant que
sur une ferme, fondement de toute agriculture
s'appuie là-dessus. »

(OLIVIER DE SERRES. — 1600.)

PREMIÈRE PARTIE

PRAIRIES NATURELLES — IRRIGATIONS — PATURAGES

PARIS

LIBRAIRIE SCIENTIFIQUE, INDUSTRIELLE ET AGRICOLE

EUGÈNE LACROIX, ÉDITEUR

LIBRAIRE DE LA SOCIÉTÉ DES INGÉNIEURS CIVILS

QUAI MALAQUAIS, 15

1865

GUIDE PRATIQUE

SUR LA CULTURE DES

PLANTES FOURRAGÈRES

INTRODUCTION

On comprend que le titre même de ce livre nous fait une loi de nous restreindre à la pratique de la culture des plantes fourragères ; nous nous abstiendrons donc de considérations scientifiques inutiles au but que nous poursuivons, mais sans nous interdire les applications pratiques des sciences en tant qu'elles se rapporteront à l'explication des phénomènes ou à l'amélioration des méthodes de culture. C'est là ce que nous entendons, en effet, par la pratique, et non point la seule routine manuelle qui consiste à savoir tenir les mancherons de la charrue, charger une voiture de gerbes ou manier la faux ; celle-ci suffit à un ouvrier ; celle-là est nécessaire au moindre cultivateur intelligent.

Les fourrages sont la base de toute culture : cela est banal aujourd'hui, mais c'est cependant un axiome tout récent Caton avait bien dit que la culture consistait à savoir faire paître le bétail : *Benè pascere*. Mais à ce proverbe on n'attachait guère plus d'importance qu'au commun des prover-

1

bes. On avait des prairies naturelles, mais c'était le ciel qui se chargeait de leur entretien ; on connaissait la luzerne et le sainfoin, mais on ne les cultivait pas ; le trèfle est une conquête moderne comme les plantes-racines, comme les assolements et les engrais falsifiés.

Aujourd'hui, on dit : Si tu veux du blé, fais des prés; ou bien : Qui a du foin a du pain. Et s'il faut un faible effort d'intelligence pour établir et comprendre la rotation qui s'établit entre le foin, le fumier, le blé et le pain, c'est une raison de plus pour admirer les combinaisons si simples et si merveilleuses de la nature qui, par des transformations magiques, fait naitre la vie de la mort et rend à la terre tout ce qui en provient, accroissant ainsi sans cesse sa prodigieuse fécondité, aux dépens d'un inépuisable réservoir, l'air qui nous entoure.

La plupart des plantes (toutes plus ou moins, sans doute), empruntent à l'atmosphère une portion plus ou moins considérable des éléments nécessaires à leur végétation : et le ciel en est si prodigue envers elles, que, d'après la chimie moderne, la pluie, la rosée, la neige et les brouillards versent chaque année, sur chaque hectare de terre, au moins 80 kilogrammes d'ammoniaque (presque le tiers de ce que peut fournir une bonne fumure), ou 20 kilogrammes d'azote, et 900 grammes de phosphate de chaux, c'est-à-dire la quantité nécessaire à la production de 4 hectolitres de froment. Si la chimie continue à progresser, le laboureur n'aura plus qu'à ouvrir la terre et semer, le bon Dieu se chargera de fournir l'engrais.

Mais jusque-là, ne craignons pas, à l'instar d'Augias, de faire nettoyer nos étables, non pour en jeter les fumiers à la mer, nos hercules modernes ne sont point si fous, mais pour les enterrer dans nos champs. Le fumier, c'est le pain, la viande, le vin ; c'est l'or, l'argent, tout ce qui compose la richesse, le bien-être, le luxe ; et le fumier non plus que l'argent ne sent mauvais d'après Vespasien et bien d'autres. Soutirer à l'atmosphère par les plantes, c'est un vol permis par la bonne Cérès, c'est même un vol qui, au rebours de bien d'autres, enrichit le voleur ; d'un autre côté, ne laissons rien perdre non plus par l'évaporation de nos fumiers, l'égoût de nos cours, le passage des cours d'eau, la pente des sources ; ce serait enrichir le voisin, et charité bien ordonnée, etc.

Si la culture repose sur les fourrages, la conséquence, c'est qu'il faut nous attacher à obtenir du sol les récoltes les plus productives ; les plantes fourragères fauchées en vert épuisent peu le sol, quelques-unes même l'enrichissent, mais cela d'autant plus que la récolte a mieux réussi ; les racines qui restent en terre, les tiges et les feuilles qui restent à la surface équivalent souvent, au moins, aux éléments empruntés au sol par la plante ; c'est tout bénéfice pour les récoltes suivantes, pour le bétail et pour la fosse à fumiers. Une récolte chétive et mal plantée laisse croître les mauvaises herbes et suffit pour en infecter le domaine ; une belle récolte renferme la fraîcheur dans le sol, le nettoie, le prépare, pour les récoltes futures.

Les années de grains suivent les années de fourrages : l'engrais fait le blé comme le fourrage fait l'engrais et la viande ; la mystérieuse métamorphose accomplit son cycle invariablement et sans erreurs. Deux laboratoires, la terre et le corps de l'animal, suffisent à l'éternel alchimiste, et l'échange s'opère entre les deux règnes végétal et animal, et l'atmosphère sans cesse renouvelée ; à ce jeu, c'est la terre qui gagne et le ciel qui perd. Mais, heureusement, on a pu découvrir la pierre philosophale, celle qui peut transmuer l'herbe en pain, en viande, en vin, en huile, en sucre, etc. C'est l'engrais auquel les Romains dressaient des autels sous le nom du dieu Stercorus, et à bien juste titre, puisqu'il est la source de toute prospérité des empires ; seulement, c'est de lui qu'on eût dû faire naître Cérès, plutôt que de Saturne, dieu du temps.

Un cultivateur doit attacher tous ses soins, tout son amour-propre, toute sa gloire, à produire sur une étendue donnée la plus grande masse possible de fourrages, à les faire consommer par de bon bétail abondamment nourri, à employer judicieusement les engrais qui en proviendront, c'est-à-dire à les appliquer aux soles fourragères de son assolement, et, dès lors, il n'aura plus à s'inquiéter ; le blé, le bétail et l'argent lui viendront à souhait. Ce n'est ni bien long ni bien difficile à coup sûr! D'où vient donc que si peu suivent cette voie, que le plus grand nombre chemine par la route opposée et que tant de cultivateurs peuvent dire, avec un semblant de raison, que la terre nourrit son homme, mais rien de plus, et qu'elle ne l'enrichit que lorsque de fortune il trouve un trésor dans son champ ?

D'où cela vient? d'une foule de causes, mais entre autres de celle-ci : Qu'on fume les céréales qui donnent le grain à vendre, et non pas les prairies auxquelles on demande toujours sans leur jamais donner ; qu'on défriche une terre neuve, lande, bois, marais, pour lui demander du grain au moyen des stimulants, et qu'on la ruine au point que les fourrages refusent ensuite d'y croître. Que le résultat serait bien autre si on cherchait le blé par le fourrage et non le grain par le noir ou le guano! Que de défricheurs bretons ou solognots qui ont vu le fond de leur bourse pour avoir ainsi traîné la charrue devant les bœufs. *Nil nimis*, rien de trop pour les fourrages, voilà le vrai, le juste, le bien ; fiez-vous-en à la nature ensuite pour vous donner le grain, tout en améliorant vos terres au lieu de les stériliser. O vérité ! combien les mortels te reçoivent avec peine, que de pierres et de ronces embarrassent ta route et ferment ton chemin ; puis, lorsque tu arrives à ton gîte après un long voyage, on te reproche d'être vieille comme le monde !

Dieu a confié la terre à l'homme pour qu'il l'arrosât de sa sueur et la fécondât ; un propriétaire loue une ferme à la condition de la cultiver en bon père de famille, et l'homme avare demande à la terre jusqu'à épuiser son sein, aujourd'hui comme aux temps de barbarie où on pouvait changer de contrée avec sa famille et ses richesses pour chercher des terres neuves, dans la vieille Europe où la population se presse de plus en plus serrée, comme dans la jeune Amérique où les forêts vierges appellent les défricheurs ! Dieu seul peut faire sortir quelque chose du néant ; l'homme ne peut que mettre en œuvre les forces de la nature, et l'homme, c'est l'humanité immortelle, renaissant chaque jour et avec des besoins nouveaux.

C'est donc toute une question humanitaire que celle de l'amélioration du sol ; mais c'est aussi une question politique ; voyez plutôt combien il a fallu d'édits, d'ordonnances, de lois, de décrets, pour réglementer l'entrée et la sortie des produits agricoles et notamment des grains ; voyez quelles ont été les conséquences de la loi des céréales en Angleterre sur le développement de l'industrie rurale et la fertilisation du territoire. Partout on s'efforce d'utiliser ce que jusqu'alors on avait laissé perdre ; les ossements des champs de bataille, les eaux d'égouts des grandes villes et des abattoirs publics, les eaux des fleuves, des rivières, des moindres sources, les gisements de minéraux fertilisants, les dépôts d'engrais de mer, les guanos qu'on transporte de si loin.

Si, se méprenant un instant, on a cru pouvoir se passer de fourrages et d'engrais, si on a retourné les prairies pour les mettre en culture, voyez avec quelle ardeur on s'est remis à l'œuvre pour les rétablir, les arroser, les fumer, améliorer leurs produits par le drainage ; avec quel labeur on recherche l'amélioration des variétés de plantes fourragères ; avec quelle impatience on expérimente celles qu'on ne connaissait point encore ; avec quelle regrettable imprévoyance même on abuse des fourrages vivaces les plus précieux au risque de tarir les sources de leur production !

Uti, non abuti : telle est la devise du sage, user, mais non abuser, et on peut abuser des meilleures choses. Mais, presque toujours aussi le remède est à côté du mal, et quand on a découvert celui-ci, on est bien près de trouver celui-là. On ne va jamais jusqu'à l'abus lorsqu'on observe et qu'on suit les lois de la nature ; il faut donc avant tout les étudier.

> Toute terre ne convient pas à toutes plantes.
> *Nec vero terræ ferre omnes omnia possunt.* (Virgile.)

Chaque plante a des exigences particulières ; on peut modifier le sol, on ne change guère les aptitudes de la plante. C'est la terre qui doit se conformer à la plante, ou mieux encore, c'est le cultivateur qui doit choisir la plante pour le terrain. Mais il reste encore à la placer, cette plante, dans les conditions d'une réussite durable pour le présent et pour l'avenir, car il ne faudrait pas tuer la poule aux œufs d'or. Il s'agit donc de récolter la graine dans les meilleures conditions possibles, obtenir des individus vigoureux, éloigner les retours de la plante sur le même sol convenablement traité, afin de ne point l'effriter et aussi de ne point laisser dégénérer le type. C'est ce à quoi beaucoup de bons esprits s'occupent de remédier, car le mal est sensible déjà, quant aux prairies artificielles vivaces, et il n'est pas moins général qu'inquiétant. Quant aux prairies naturelles, la question est aussi complexe, et elles sont peut-être encore plus indispensables que les prairies artificielles à la prospérité d'un domaine. Malheureusement, on ne peut partout établir de prairies faute d'un terrain convenablement frais ; elles sont fort rares en Beauce, par exemple, et on y supplée par les fourrages annuels ou vivaces, qui, les uns ou les autres, peuvent partout réussir. Aucune dépense, aucun soin, ne sont à négliger pour améliorer les prairies, pour en créer de nouvelles, partout où faire se peut, sur les marais, au fond des étangs, sur les coteaux irrigables même; c'est à elles que nous devons les fourrages les meilleurs et au moindre prix de revient; c'est à elles que l'agriculture française devra son salut, plus encore peut-être qu'aux plantes-racines.

Plus une nation possède de superficie fourragère et plus son agriculture est riche ; il en est de même d'une exploitation ; plus on récolte de foin, plus on recueille de blé, plus on mange de viande; ainsi le cercle vient se terminer à l'endroit même où il a commencé.

PREMIÈRE PARTIE

PRAIRIES NATURELLES

SECTION PREMIÈRE

PRAIRIES NATURELLES. — PRÉLIMINAIRES.

Le mot de prairie, d'après Caton, *pratum*, viendrait de *paratum* qui veut dire prêt, c'est-à-dire toujours prêt à donner des produits ; cette étymologie n'est pas meilleure sans doute que celle qui faisait dériver *equus* d'*Alfane*, mais elle prouve du moins l'estime que les Romains faisaient dès alors des prairies que le même Caton plaçait, comme profitables, au cinquième rang des biens de la terre, après la vigne, le potager, l'oseraie et l'olivier, et avant les grains, les taillis, les vergers et les futaies.

Les prairies, en effet, manquent rarement de donner leurs produits, lorsque surtout elles sont arrosées ; elles ne redoutent que peu la gelée et la grêle ; elles ne coûtent chaque année que le loyer du sol, quelques soins d'entretien et les travaux de récolte ; point de frais de semences ni de cultures ; lorsqu'on leur accorde des engrais, elles les remboursent plus vite et en payent un intérêt plus élevé qu'aucune autre culture peut-être ; enfin, elles peuvent être établies presque partout avec de l'eau ou du fumier, et mieux encore l'un et l'autre.

Nous possédions en 1841, d'après la statistique officielle, 4,198,198 hectares de prairies naturelles produisant

1.

105,202,888 quintaux métriques, soit 26,06 quintaux métriques par hectare ; en 1851, toujours d'après la statistique, la superficie en prairies s'élève à 5,057,232 hectares, dont 1,509,990 hectares arrosés, produisant ensemble 151,716,960 quintaux métriques, soit 30 quintaux métriques par hectare. Selon les calculs de M. Henri Pellault, il resterait encore à créer en France au moins 1,200,000 hectares de prairies.

La conséquence de ces chiffres, c'est qu'en 1841 nous n'avions que 8 hectares 40 de prairies pour 100 hectares de cultures diverses, tandis qu'en 1851, nous en possédions 10 hectares pour 100.— La proportion, en 1841, était de 30 hectares de prés pour 100 hectares ensemencés en céréales ; en 1851, elle est de 33 hectares p. 100. La proportion des prairies naturelles à la superficie totale est : en Portugal de 5,9 p. 100, en Allemagne de 8,3, en Autriche de 9, en Prusse de 11,6, en Angleterre de 13,2, en Espagne de 13,8, en Belgique de 32, et en Hollande de 38,7 p. 100. Le bétail est en général proportionnel en nombre à la superficie consacrée aux prairies, à moins que les pâturages ne viennent en partie les suppléer. C'est le climat, la nature du sol, la configuration du territoire, qui déterminent la proportion des prés, non moins que les systèmes de culture et l'habileté du cultivateur.

Les prairies naturelles, dues, ainsi que l'indique leur nom, aux seules forces de la nature, ont été connues de tout temps. mais de tout temps on s'est presque partout et toujours borné à récolter leurs produits sans leur donner d'engrais, sans leur distribuer les eaux fertilisantes, sans les assécher ; les pluies du ciel, le débordement des rivières, les rares excréments du bétail qui les pâturait en liberté : voilà ce qui seul pouvait entretenir leur fertilité. Aussi, la végétation naturelle du sol prenait le dessus, les plantes qui s'y plaisaient le plus se développaient aux dépens des autres, les ronces, les épines, les mauvaises herbes des fossés envahissaient le

pré dont le produit diminuait d'année en année. Il y a encore des pays où on considérerait comme un crime de lèse-
culture de transporter des engrais sur une prairie ; cependant nous pouvons heureusement dire que les progrès sont
sensibles de ce côté, grâce aux prédications réitérées de tous
nos agronomes, grâce à l'exemple pratique donné par une
foule de jeunes cultivateurs instruits dans nos écoles.

L'irrigation surtout s'est étendue, et nous le devons à
quelques hommes éclairés dont l'institution des primes d'honneur a, dans ces dernières années, révélé les noms. C'est
ainsi que MM. Dutacq frères ont conquis sur la Moselle
d'immenses grèves qu'ils ont su convertir en excellentes
prairies arrosées, donnant ainsi un exemple qui a été suivi
dans le pays par MM. Gallois, Boh, Aubertin, Ismert, etc.
Dans la Meurthe ce sont MM. Binger et Cerfbeer. Les comptes rendus des concours décrivent aussi les belles opérations
de même nature accomplies par MM. le baron de Rivière
dans l'Ain, baron de Veauce dans l'Allier, Darodes dans les
Ardennes, Lapie Mengaud dans l'Aude, Rodat, Barascud et
Durand dans l'Aveyron, Jules Bonnet dans les Bouches-du-
Rhône, de Laboire dans le Calvados, Beyrand dans la Cha-
rente, Vitalis dans l'Hérault, Furia dans le Jura, Boisteaux
dans la Loire-Inférieure, comte de Quatrebarbes dans le
Maine-et-Loire, Pracomtal dans la Manche, Janot dans la
Haute-Marne, le marquis d'Havrincourt dans le Pas-de-
Calais, Dauzat Dembarère dans les Hautes-Pyrénées, Hé-
nault dans les Pyrénées-Orientales, Rudolf dans le Haut-
Rhin, Muller, Schlumberger dans le Bas-Rhin, Tholin dans
le Rhône, Goin dans le Saône-et-Loire, Bargné dans la
Lozère, etc.

Ainsi, sur les points les plus divers de la France, on a
compris l'importance fondamentale des prairies ; on entretient et améliore, on crée, on arrose ; nul doute que l'école
d'irrigation créée par M. Du Couédic sur sa belle exploitation

du Lézardeau (Finistère), ne vienne promptement et puissamment en aide à ce progrès en formant des agents capables de diriger les travaux d'établissement et des irrigateurs habiles. Souhaitons que dans les vallées tourbeuses s'organisent des syndicats chargés d'ouvrir des canaux de desséchement au moyen desquels les propriétaires pourront convertir les marécages en prairies ; souhaitons enfin que les propriétaires, édifiés sur leurs vrais intérêts, sachent sacrifier tant d'étangs malsains et peu productifs pour les transformer en prés, source d'améliorations pour leurs domaines.

C'est le bétail, disent les uns, qui manque à la culture française et la rend inférieure à celle de nos voisins. Remontons plus haut, c'est le fourrage qui fait défaut en quantité ; aussi, le bétail reste-t-il souvent chétif, et ne donne-t-il que des produits insignifiants ; améliorons la production fourragère d'abord, puis viendra le bétail et bientôt le sol. C'est ainsi que tout s'enchaine, mais encore faut-il procéder rationnellement si l'on veut atteindre un résultat économique, sinon je n'ai plus rien à dire, et c'est affaire d'argent. Ce que tout cultivateur doit bien se persuader, c'est que les prairies sont l'âme de la ferme.

CHAPITRE PREMIER

DU CLIMAT, DU SOL ET DU SOUS-SOL.

§ 1. Du climat.

Les climats ne sont pas tous également favorables à la production des fourrages, cela est de notion élémentaire ; on sait que les climats marins présentent de moins grandes différences de température aux diverses saisons que les climats continentaux. Sur le littoral des mers, l'air, constamment chargé d'humidité salée, s'oppose au rayonnement de la terre; mais il se dessèche à mesure qu'il avance sur les continents. Dans le nord de l'Afrique et le midi de la France, au contraire, l'atmosphère est composée d'un air desséché par les sables du Sahara et qui brûle toute végétation en été.

Faisant une application pratique des faits recueillis par la météréologie, MM. de Gasparin et Bella ont divisé le centre et l'ouest de l'Europe en régions agricoles. M. de Gasparin appelle région des herbages la Hollande, la Belgique, l'Écosse, l'Irlande et une partie de l'Angleterre, située à l'ouest d'une ligne qui descendrait de Durham au nord à Dorchester au sud. M. F. Bella trouve en France quatre régions de pâturages : 1° Celle des pâturages d'automne, d'hiver et de printemps au sud d'une ligne passant par Nantes, le Mans, Paris, Sens, Charolles, Lyon et Grenoble ; 2° celle des pâturages de printemps et d'automne, située au nord-est de la précédente et limitée au septentrion par une ligne passant par Paris, Soissons et Mézières ; 3° la région des pâturages de printemps, d'été et d'automne, bornée au sud-est par la précédente, et au sud-ouest par une ligne qui irait de Paris à Rouen ; 4° enfin la région des pâturages de printemps, d'été, d'automne et d'hiver, formant le triangle renfermé entre Nantes, le Mans et Paris au sud-est, Paris et Rouen au nord-est, comprenant par conséquent une portion de la Normandie, de l'Anjou, du Maine, et presque toute la Bretagne.

L'Angleterre ne comprend que deux régions : 1° celle des pâturages pérennes à l'ouest d'une ligne passant par Stirling, Selkirk, Richmont, Scheffield, Leicester, Aylesbury, Windsor et Chichester ; 2° celle des pâturages de printemps, d'été et d'automne, à l'est de la précédente. Les vents du sud-ouest, si fréquents en hiver, amènent sur l'île du Royaume-

Uni les chaudes vapeurs de l'océan Atlantique qui s'opposent au rayonnement de la terre, et dégagent, en se précipitant sur le sol, une quantité considérable de chaleur latente. Telle est la cause de l'extrême douceur des hivers en Irlande et sur la côte occidentale de l'Angleterre. En témoignage, nous pouvons ajouter qu'on rencontre dans le comté de Devon, auprès de Plymouth, plusieurs végétaux qu'on croirait exclusivement propres à l'Espagne.

Une température exempte de maxima en été et de minima en hiver est celle qui convient le mieux, en effet, à la production des fourrages, si on y ajoute une répartition régulière des pluies. Le tableau suivant nous donnera la répartition des pluies dans chacune de nos quatre régions de pâturages :

Régions.	VILLES.	Quantité de pluie annuelle.	QUANTITÉ DE PLUIE PENDANT LE				Différence entre la températ. moyenne de l'été et de l'hiver.
			Printemps	Été.	Automne.	Hiver.	
		millim.	millim.	millim.	millim.	millim.	
1re	La Rochelle.	656	132	126	223	175	11°,4
	Marseille. ..	510	118	55	205	132	13°,7
2e	Strasbourg..	667	159	220	175	113	17°,0
	Grenoble. ...	914	203	167	361	183	17°,7
3e	Lille.	756	173	274	165	144	15°,3
4e	Nantes.....	1,292	283	301	356	352	10°,2

A Londres, il tombe par an **623** millimètres d'eau, et la différence de température moyenne entre l'été et l'hiver est de 15°,53 ; elle n'est que 11°,74 à Lancaster, de 10°,60 à Édimbourg, de 9°,49 à l'île de Man, et de 6°,70 aux îles Feroë. Ainsi, température aussi régulière que possible et sans extrêmes trop sensibles, atmosphère à la fois tiède et humide ; sous les climats méridionaux, on peut remédier à la sécheresse du climat, dans certains cas, par l'irrigation au moyen des cours d'eaux ou des sources, ou encore, des

engrais liquides. Ce n'est point à dire qu'on ne pourra faire
de prairies ou d'herbages qu'en Normandie ou en Angleterre ; la création des prés est une question d'engrais surtout et d'eau ; si le climat est rude, le pâturage se continuera
moins longtemps chaque année, mais le produit fauchable
peut être très-bon nonobstant.

§ 2. Du sol.

Aucun sol ne refuse la prairie lorsqu'il est convenablement traité, quoique, à vrai dire, tous n'y soient pas également bien disposés ; sont-ils légers, il faut les faire plomber
par le bétail et la culture, et les arroser ; sont-ils tourbeux
ou humides, il les faut dessécher ; sont-ils argileux, chaulez
et drainez ; nettoyez des mauvaises herbes, fumez, cultivez,
puis semez. Ce sont des soins, des dépenses, mais le résultat,
s'il est bon, vous dédommagera amplement.

Les terres siliceuses sont le plus ordinairement situées
aux bords des fleuves et des rivières ; si on peut les arroser par une pièce d'eau, si ces eaux sont vaseuses, il se produit rapidement un léger colmatage qui modifie les propriétés trop perméables de ces terrains. Les grèves de la Moselle
transformées par M. Dutacq étaient graveleuses, sableuses
ou caillouteuses, et laissaient perdre beaucoup d'eau pendant les premières années ; à la quatrième, elles en absor-
baient déjà six fois moins ; mais lorsqu'elles sont situées en
plaines ou qu'on ne peut les arroser qu'avec de l'eau de
source, c'est aux engrais qu'il faut demander le succès.

Les terres argileuses, lorsqu'elles renferment une suffisante proportion de chaux, qu'elles jouissent d'une certaine
profondeur et sont bien assainies et drainées, lorsque enfin
on peut leur fournir de la fraîcheur en été par l'irrigation,
peuvent facilement être converties en excellentes prairies
ou même en herbages d'embouche. Les prés de la Norman-

die reposent pour la plupart sur des sols de cette nature ; il est vrai qu'ils sont fumés presque tous les quatre ou cinq ans.

Les terres calcaires produisent, en général, de l'herbe succulente, mais en petite quantité. Quand la chaux domine dans la composition du sol, la formation des prairies est difficile à cause du déchaussément qui détruit souvent les plantes pendant le premier hiver ; les argilo-calcaires et calcaires siliceuses, surtout quand on peut les arroser, fournissent d'excellentes prairies.

Les terres tourbeuses, suivant qu'elles sont plus ou moins asséchées, produisent des roseaux propres seulement à servir de litières, des foins grossiers et aigres, ou enfin des foins un peu gros, mais assez recherchés par le bétail à cornes ; seulement l'exploitation de ces prés est, de même que le fanage des foins, difficile et coûteuse quand la tourbe est profonde et n'a pas été assainie ; c'est donc là que doivent tendre tous les efforts.

Les prairies demandent plus de fraîcheur que les terres arables, et les terrains de plaine produiront plus en fourrages artificiels ; aussi est-ce dans les vallons, sur les coteaux garnis de sources, qu'on cherche à établir les prés. On ne saurait d'ailleurs tirer un parti plus économique des terrains bas, humides, situés le long des cours d'eau et exposés à leurs ravages ; la pente et l'exposition n'ont à cet égard qu'une faible importance ; mais ce qui en a davantage, c'est un débouché pour les eaux nuisibles ou pour celles qui ont servi à l'irrigation, et auxquelles il est urgent de donner une issue suffisante.

§ 3. Du sous-sol.

Le sous-sol ou portion du sol située au-dessous de la couche que remue la charrue dans les cultures, peut sensiblement, d'après sa nature, modifier les propriétés physiques du sol ; ainsi, un terrain siliceux reposant sur un sous-sol argileux, se comportera comme un sol argilo-siliceux ; et réciproquement un sol argileux placé sur un sous-sol de sable perméable, jouira des mêmes propriétés que s'il était silico-argileux.

Les bancs de roches continues sans fentes rapprochées, comme les schistes communs, la pierre meulière, etc., font l'office de sous-sols argileux, imperméables à l'eau. Les roches fendillées au contraire, comme la pierre à chaux ordinaire, certains tufs calcaires et ferrugineux, etc., font office de sous-sol perméables à l'eau, sinon aux racines des plantes.

Le sous-sol doit donc être considéré au double point de vue de l'assainissement pour les prairies basses et humides, et de l'irrigation pour les prairies hautes et moyennes. Il est des tourbières qu'on pourrait assainir par un fossé qui, à leur point le plus haut, prendrait à la profondeur voulue les eaux qui s'infiltrent à travers la couche perméable du sous-sol ; d'autres qu'on assécherait par un fossé qui colligerait les eaux amenées par chacun des deux coteaux qui les dominent. On a desséché quelques terrains au moyen de boit-tout ou puisards artificiels ; d'autres qu'on a arrosés en faisant jaillir du sous-sol les eaux qui y étaient emprisonnées.

Il est enfin des sols tellement perméables que l'irrigation ne saurait fournir à réparer les pertes causées par la chaleur solaire, sous certains climats, et dans certaines circonstances, à moins d'avoir à sa disposition des puits artésiens, comme sur quelques points de l'Algérie, des canaux comme dans la Provence, ou des rivières et d'immenses réservoirs comme en Espagne.

CHAPITRE II

DE LA VÉGÉTATION SPONTANÉE DU SOL.

De ce que chaque sol 'a ses aptitudes, et chaque plante ses préférences, il résulte que chaque nature de terrain possède une végétation naturelle qui lui est propre; des plantes qui s'y développent, les unes sont utiles au cultivateur pour la nourriture de son bétail, les autres sont indifférentes ou inutiles, les autres, enfin, nuisibles. Or, il est toujours bon de connaître ses amis d'un côté, ses ennemis de l'autre ; quand on s'est compté, on mesure ses forces et on dirige ses attaques en conséquence.

I. Dans les terres siliceuses, nous compterons, parmi les plantes spontanées et utiles des prairies : l'agrostis des champs (*agrostis spica-venti*) qui fournit un fourrage fin, de bonne qualité, mais un peu dur ; la canche blanchâtre, (*aira canescens*) que les moutons broutent bien ; la fétuque ovine (*festuca ovina*) une plante chère aux moutons ; la fétuque dure (*festuca duriuscula*) un peu inférieure à la précédente ; la fétuque rougeâtre (*festuca rubra*) bonne aussi, mais moins succulente que l'ovine ; le pâturin comprimé (*poa compressa*) qui fournit à peine quelques feuilles et des tiges courtes et grêles ; la brise vulgaire (*briza media*) fourrage court, peu sapide, mais que tous les bestiaux recherchent assez, excepté le cheval. Toutes les plantes précédentes sont de la famille des graminées ; la sauge des prés (*salvia pratensis*) de la famille des labiées, aromatise le foin ; l'achillée mille-feuilles (*achillea millefolium*) de la famille des composées, garnit bien le sol et est recherchée de tous les bestiaux quand elle est jeune ; la luzerne orbiculaire (*medicago orbicularis*) qu'on trouve dans le midi de la France ; le trèfle filiforme (*trifolium filiforme*) si recherché des moutons et des vaches ; toutes deux sont de la famille des légumineuses ; la spergule des champs (*spergula arvensis*) de la famille des rosacées, est précieuse pour les moutons.

Comme plantes inutiles nous rencontrons : la jasiône des montagnes, le réséda jaune, le géranium sanguin, la drave printanière, le plantain corne de cerf, l'alysse calicinale, les cistes hélianthème et moucheté, la véronique en épi, la bugle pyramidale, la bétoine officinale, etc., qui, sans avoir de mauvaises qualités, occupent la place des plantes utiles.

Au nombre des plantes nuisibles par leurs qualités mêmes, nous compterons : le stipe empenné (*stipa pennata*) fam. des graminées, dont les barbes dures peuvent, en s'introduisant dans les viscères des moutons, leurs causer des accidents graves ; le brome stérile (*bromus sterilis*) de la même famille possède aussi des barbes longues et rudes qui peuvent rendre l'usage de ce foin dangereux pour les moutons ; l'anémone des bois, qu'on trouve dans les prés ombragés, cause le pissement de sang aux vaches ; l'ail sauvage (*vineale oleraceum*) qui communique au laitage et au beurre une saveur désagréable, et envahit parfois des prairies entières ; le millepertuis crêpu (*hypcrium crispum*) est un poison assez violent pour les bêtes à laine.

II. Dans les terres calcaires, nous trouvons au nombre des plantes utiles des prairies : dans la famille des graminées la flouve odorante (*anthoxanthum odoratum*), fourrage fin, odorant et très-recherché ; la houque laineuse (*holcus lanatus*) et la houque molle (*holcus mollis*), qui fournissent de bon foin pour les bêtes à cornes et les chevaux ; le brome des prés (*bromus pratensis*) foin estimé quand il est coupé de bonne heure ; dans la famille des composées, la chicorée sauvage (*cichorium intybus*), qui fournit un foin dur et grossier, mais repousse bien sous la dent des bestiaux ; dans la famille des ombellifères, le boucage saxifrage (*pin-*

pinella saxifraga) qui convient très-bien aux vaches laitières ; dans la famille des rosacées, la pimprenelle (*poterium sanguisorba*), meilleure en pâturage qu'en foin ; parmi les légumineuses, la luzerne (*medicago sativa*), le sainfoin (*hedysorum onobrychis*), le trèfle des prés (*trifolium pratense*), la minette dorée (*medicago lupulina*).

Au nombre des plantes inutiles, citons : la sauge sclarée, la centaurée jacée, la germandrée petit-chêne, la chironie ou petite centaurée, la carotte sauvage, qui sont dédaignées par le bétail, fournissent au fanage un foin très-médiocre et envahissent sans cesse les prairies.

Comme plantes nuisibles, nous signalerons ; la colchique d'automne (*colchicum autumnale*) de la famille des liliacées que le bétail ne touche cependant que quand il est très-pressé par la faim, mais qui est fortement vénéneuse ; la jusquiame noire (*hyosciamus niger*), de la famille des solanées, qui est narcotique et vireuse ; le rhinanthe crête-de-coq (*rhinanthus crista galli*), plante parasite de la famille des pédiculaires qui vit aux dépens des racines des graminées, finit promptement par infester tout un pré et ne fournit qu'un fourrage ligneux et insapide.

III. Dans les sols argileux, nous désignerons comme plantes utiles : dans la famille des graminées, le vulpin genouillé (*alopecurus geniculatus*) qui donne un foin un peu dur, mais fournit un bon regain et un bon pâturage ; le phléau ou fléole des prés (*phleum pratense*) que les Anglais appellent timothy-grass ; l'agrostis commune (*agrostis vulgaris*) qui donne un fourrage fin et bon ; la houque molle et laineuse (*holcus mollis, lanatus*) ; les bromes doux et des prés (*bromus mollis, pratensis*) ; la fétuque élevée (*festuca elatior*) et la fétuque des prés (*festuca pratensis*) ; le pâturin ou poa commun (*poa trivialis*) ; l'avoine élevée (*avena elatior*) qui demande à être coupée de bonne heure pour faner ; dans la famille des labiées, la menthe pouillot (*mentha pu-*

legium) et la menthe sauvage (*M. Sylvestris*), qui aromatisent les foins ; dans les légumineuses, le trèfle blanc ou rampant (*trifolium repens*), le trèfle des prés (*trifolium pratense*), le lotier corniculé.

Parmi les plantes inutiles, les joncs aggloméré, bulbeux, à crapaud (*juncus conglomeratus, bulbosus, buffonius*) qui forment des touffes souvent très-rapprochées et ne donnent point de fourrage, tandis qu'ils prennent la place des plantes utiles. Les sarrasins des oiseaux, persicaire, ou renouée (*polygonum aviculare, persicaria*) ; les oseilles rumex, petite, (*rumex acetosa, acetosella*), le bugle rampant (*adjuga reptans*), la prunelle officinale (*prunella vulgaris*), les myosotis annuel et vivace (*myosotis annua, palustris*), la chrysanthème grande marguerite (*chrysanthemum leucanthemum*), qui toutes sont dédaignées du bétail, en vert comme en sec, et étouffent des végétaux plus utiles.

Enfin au nombre des plantes nuisibles de ces terrains, nous rencontrons : dans la famille des cypéracées, les carex ou laiche dioïque et glauque (*carex dioica et glauca*) dont les feuilles coupantes peuvent occasionner des désordres parmi les viscères des petits ruminants ; dans la famille des pédiculaires, le rhinanthe crête-de-coq (*rhinanthus crista galli*) parasite qui vit sur les racines des graminées ; les renoncules scélérate, rampante et âcre (*ranunculus sceleratus, repens, acris*) qui, vénéneuses pour les chevaux et le gros bétail, ne sont mangées sans inconvénient que par les moutons et les chèvres quand la faim les pousse ; le genêt anglais (*genista anglica*) dont le bétail mange bien les jeunes pousses, mais dont les tiges épineuses peuvent présenter des dangers pour leurs intestins.

IV. Les plantes utiles des prairies tourbeuses sont en petit nombre et d'autant plus rares que le sol est moins égoutté. Quand le terrain est bien raffermi par le pâturage des bestiaux, qu'il est assaini par des canaux, des fossés ou des drains, la végétation normale de ces prairies est à peu près celle des prés argileux. Quand elles sont à l'état de marais, on y trouve une graminée, la fétuque flottante (*poa* ou *festuca fluitans*), des laiches ou carex, des joncs, des renoncules, des roseaux, des chains noirâtres (*schœnus nigrans*), la linaigrette (*eriophorum latifolium*), des scirpes de marais (*scirpus palustris*), des souchets longs (*cyperus longus*), des butomes ou jonc fleuri (*butomus ombellatus*), des fluteaux d'eau (*alisma plantago*), des sagittaires (*sagittaria sagittifolia*), le triglochin des marais (*triglochin palustre*), la renouée amphibie (*polygonum amphibium*), la renouée poivre d'eau (*polygonum hydropiper*), la cardamine élégante (*cardamine elegans*),la pédiculaire des marais, la scrophulaire aquatique (*scrophularia aquatica*), l'eupatoire à feuilles de chanvre (*eupatorium cannabinum*), le séneçon des marais (*senecio paludosus*), l'œnanthe aquatique, fistuleuse, globuleuse ou safranée (*phœllandrium œnanthe, œnanthe fistulosa, globulosa, crocata*), la berce (*heracleum spondylium*), les renoncules aquatique, àcre, langue, flammule, ficaire (*ranunculus aquatica, acris, lingua, flammula, ficaria*), le pigamon des prés (*thalictrum flavum*), le populage des marais (*caltha palustris*), le comaret desmarais (*comarum palustre*) ; toute une flore spéciale des plantes inutiles ou nuisibles que la faim seule peut obliger les animaux à consommer.

A l'ancien Institut agronomique de Versailles, M. Boitel, aujourd'hui inspecteur général de l'agriculture, avait fait une étude assez intéressante sur la végétation spontanée d'une mauvaise prairie tourbeuse très-humide , parce qu'elle reposait à 0^m, 30 sur des marnes vertes plastiques, qu'on avait l'intention de drainer. Non-seulement, il a noté ces plantes, mais il en a encore déterminé les proportions respectives, l'espèce la plus commune ayant reçu le n° 6, et le chiffre diminuant à mesure que l'espèce devient plus

rare. Nous empruntons le tableau suivant au Recueil en-
cyclopédique d'agriculture 1851, p. 220.

Proportions.	NOM FRANÇAIS des ESPÈCES.	NOM LATIN des ESPÈCES.	Proportions.	NOM FRANÇAIS des ESPÈCES.	NOM LATIN des ESPÈCES.
6	Jonc commun..	Juncus communis.	2	Cresson fleuri.	Cardamine pratensis.
5	Plantain lancéolé.	Plantago lanceolata.	2	Aigremoine.	Agrimonia eupatoria.
4	Colchique d'automne.	Colchicum autumnale.	1	Valériane dioïque.	Valeriau. dioica
3	Prêle, queue de cheval.	Equisetum arvense.	1	Populage des marais.	Caltha palustris
3	Renoncules diverses.	Ranunculus acris, bulbosus.	1	Oseille ordin., crêpue.	Rumex acetosa, crispus.
3	Laiche.	Carex riparia.	1/15	Trèfle ordin., blanc.	Trifolium prateuse, repens.
3	Millepertuis des marais.	Hypericum tetrapterum.	1/20	Orchis à larges feuilles.	Orchis latifolia.
2	Bugle.	Adjuga genevensis.	1/40	Flouve odorante.	Anthoxanthum odoratum.
2	Chardon des marais.	Cirsium palustre.			

D'après de Perthuis, les botanistes auraient calculé en
Bretagne que : 1° sur quarante-deux espèces de plantes que
contenaient quelques prairies moyennes, il y en avait dix-
sept de convenables à la nourriture des animaux, et que les
vingt-cinq autres étaient inutiles ou nuisibles ; 2° que dans
les hauts pâturages, sur trente-huit espèces, il ne s'en trouvait que huit d'utiles ; 3° enfin, que dans les prairies basses,
il n'y en avait que quatre sur vingt-neuf.

Enfin, M. N. Nicklès a trouvé, dans les prairies de l'Alsace, les rapports suivants entre les plantes fourragères, indifférentes et nuisibles, en 100 parties de foin :

LOCALITÉS.	Plantes fourrag. dans 100 parties de foin.	Plantes indiffér. dans 100 parties de foin.	Plantes nuisibl. dans 100 parties de foin.
Au pied des collines et dans les vallées. — Prairies irriguées........	84,8	12,8	2,4
Rive gauche de l'Ill, au pied des collines, aucune culture...........	54,5	40,5	5,0
Milieu de Rieth. Sol graveleux, aucune culture...................	45,2	46,8	8,0
Rive droite de l'Ill. Alluvions inondées en hiver, aucune culture....	36,0	48,0	16,0
Rive droite de l'Ill. Alluvions inondées en hiver. Noir animal.......	59,5	30,4	10,1
Prairies d'Ebersmünster. Aucune culture.....................	49,8	46,6	3,6
Prairies d'Ebersmünster, arrosées par des travaux d'art...........	66,6	29,4	4,0
Commencement de Rieth. Aucune culture.....................	56,1	38,6	5,3
Commencement de Rieth. Amendées avec de l'eau de lizée...........	96,1	2,9	1,0

(*Des prairies naturelles en Alsace et des moyens de les améliorer*, par M. Nicklès, couronné par la Société d'agriculture du Bas-Rhin.)

Dans les provinces de la Lys (Nord), où l'herbe est fine et bien serrée au pied, on rencontre comme principales espèces : l'avoine élevée (*avena elatior*), le ray grass (*lolium perenne*) et la jacée (*centaurea nigra*); puis les trèfles champêtre, filiforme et blanc (*trifolium campestre, filiforme, repens*); la fléole des prés (*phleum pratense*) et noueuse (*nodosum*); les vulpins des prés, des champs, genouillé et bulbeux (*alopecurus pratensis, agrestis, geniculatus, bulbosus*); la fétuque élevée (*festuca elatior*) et des prés (*pratensis*); les pâturins des prés et annuel (*poa pratensis, annua*); la houlque laineuse (*holcus lanatus*). Dans les prairies des Helpes (Nord), inférieures à celles de la Lys, mais encore bonnes, on trouve comme base : la flouve odorante; la houlque molle; le dactyle aggloméré; les fétuques rouge, ovine, duriuscule, hétérophylle et glauque; l'avoine jaunâtre ; les pâturins à feuilles étroites et des bois ; la canche bleuâtre ; la queue de chien (*cynosurus cristatus*) ; la mélique uniflore ; le grelot (*briza media*) ; le lotier corniculé ; le trèfle blanc ; les plantins grand et lancéolé. Dans les parties tourbeuses, on trouve des laiches (*carex*), des salicaires (*salicaria*), la rue (*ruta*), l'oseille (*rumex*), l'œnanthe (*œnanthe*), la berle ou berce (*heracleum*), des linaigrettes (*criophorum*), des crêtes-de-coq (*rhinantus*), et des pas d'âne (*tussilago*). (Rendu, *Agric. du Nord*, p. 304-307.)

Un sol d'une nature chimique particulière étant donné, si on le place dans certaines circonstances physiques déterminées, il ne tardera pas à se garnir d'une flore distincte, sans même avoir été remué, cultivé, fumé, ni surtout ensemencé, c'est un fait constant et connu de la plupart des cultivateurs. D'où viennent les germes nouveaux, les semences des plantes qui apparaissent pour la première fois, il serait bien difficile de le dire. Certaines semences se conservent fort longtemps dans le sein de la terre sans pourrir ni perdre leur faculté germinative, la folle avoine, la chrysanthème, la marguerite des jardins, la chrysanthème des prés, la moutarde sauvage par exemple ; mais que dire si c'est une lande vierge et qui n'a point été remuée depuis des siècles ? Les vents et les oiseaux apportent, de fort loin souvent, des graines d'une flore toute distincte, c'est vrai, mais pourquoi ne se développent-elles que lorsque les circonstances physiques et chimiques ont été modifiées à leur convenance ? Pourquoi les cendres lessivées font-elles pousser le mouron des oiseaux sur les terres de la Sologne ? Pourquoi les terres qui ont été chaulées et marnées se couvrent-elles d'une mousse très-fine qui les tapisse, dès que la chaux et la marne sont épuisées ? — Parceque chaque plante est l'expression d'un état physique et chimique particulier au sol, de même que chaque race d'animaux domestiques est l'expression des circonstances au milieu desquelles un type primitif a vécu depuis un temps plus ou moins long.

Cette question a été soulevée en 1854 dans le *Journal d'Agriculture pratique* (n°s des 5 janvier et 20 février), par M. Giraud ; nous eûmes à cette occasion un motif suffisant de rendre compte, dans le n° du 20 février de ce recueil, d'une expérience faite par nous en Bretagne à ce sujet en 1850. Depuis plusieurs années, nous avions été témoin de la végétation développée en Sologne, à Hupemeau, chez M. Ménard, par l'emploi des cendres lessivées ; désireux de renouveler cette expérience en étudiant le degré de puissance des engrais pulvérulents, nous choisîmes, sur une lande sèche, un carré de 5 mètres. Il y avait cinq ans que cette bruyère, depuis longues années disposée en petits billons, avait été refendue, puis plantée en lignes de glands, châtaignes, faînes ; la plus grande partie du semis avait manqué faute de soins. Pendant l'hiver de 1850, la bruyère avait été fauchée, et en avril 1851, les bruyères et les ajoncs, la seule végétation d'alors, étouffaient les jeunes chênes, châtaigniers et hêtres, étiolés et rabougris.

Le 16 avril, nous répandîmes du guano à la dose de 650 kilog. par hectare environ. Dès le 15 mai, il était facile de distinguer l'espace expérimenté, par la vigueur de sa végétation et la couleur plus foncée des plantes. Les jeunes plantes avaient aussi une végétation plus robuste que ceux du terrain voisin non fumé. Le 8 juillet, presque tous les pieds de bruyère étaient morts ; les graminées apparaissaient mêlées de quelques autres plantes, mais l'ajonc était toujours la seule légumineuse qui se montrât ; sa végétation ne paraissait pas sensiblement favorisée. Le 25 août, voici la flore qu'on rencontrait sur notre carré d'expérience : quelques pieds d'*erica scoparia* et *cinerea*, le *polygonum aviculare*, le *senecio jacobœ*, l'*hyeracium pilosella*, le *tragopogon pratense*, l'*agrostis cetacea*, l'*agrostis vulgaris*, les *festuca ovina* et *glauca*, la *tomentilla erecta*, le *poa decumbens*, le *rumex acetosella*, un *gnaphalium*. A cette époque, je quittai le pays, et j'ignore ce qu'est devenu ce petit coin de terre. Je pense qu'au printemps suivant les graminées auront été entremêlées de quelques légumineuses qui, peut-être, fussent apparues dès la première année si le guano eût été répandu avant l'hiver. Tout incomplète qu'elle soit, cette expérience ne manque pas d'un certain intérêt peut-être.

A cette question la science n'a point donné de solution satisfaisante, faute d'expériences directes, et d'études assez nombreuses et suivies. Qui expliquera d'ailleurs pourquoi dans certains terrains calcaires, en plantant certaines variétés de chênes, à proximité d'une vigne, on obtient une récolte de truffes? Sans doute chaque plante a ses préférences, comme chaque sol ses aptitudes ; sans doute on peut expliquer jusqu'à un certain point la diffusion des germes, mais ne pourrait-on pas dire aussi que chaque sol produit sa végétation, propre en harmonie avec sa nature et sa richesse, et présumer même que la création se continue chaque jour pour obéir aux lois de la nature? La génération spontanée a des partisans sérieux, et jusqu'à condamnation définitive, on ne doit point en faire fi ! la végétation a des mystères que l'homme n'a pu tous sonder encore, témoin, entre autres encore, la transformation des céréales sérieusement observée par MM. Raspail, Fodéré, Lindley, le marquis de Bristol, sir Arthur Hervey, sir Richard Philips, le docteur Weissemborn, M. de Schauroth, M. Monseignat, Mathiole, Pline et Galien.

Cette digression, après nous avoir un peu éloignés de notre sujet, nous y ramène : en travaillant à l'amélioration du sol, on arrive toujours à transformer la végétation. On change sa composition chimique par les marnages, les terroyages et les engrais ; on modifie ses propriétés physiques en le desséchant ou en l'arrosant. Pour arriver à un résultat

plus prompt, on détruit par les cultures la végétation naturelle, et on sème de nouvelles semences appropriées à la
nature et à l'état du sol ; on maintient enfin l'équilibre dans
la végétation, en détruisant les plantes inutiles ou nuisibles
par les sarclages. Mais répandre des semences sur un terrain auquel elles ne conviendraient pas, c'est perdre son
temps et son argent, parce que la végétation naturelle prendrait toujours le dessus ; on ne viole pas la nature, impunément du moins !

CHAPITRE III

DISTINCTION DES DIVERSES NATURES DE PRAIRIES.

D'après leur situation et leur nature, on divise les prairies en : prairies hautes, moyennes, basses, marécageuses
embouches et prairies arrosées.

Les prairies hautes ou sèches placées ordinairement
dans les plaines ou au sommet de coteaux à pentes douces,
reposent le plus ordinairement sur des sols siliceux (granitiques, graveleux, pierreux, etc.), ou silico-argileux ou
enfin silico-calcaires. La sécheresse du printemps nuit souvent à leur première coupe, celle de l'été détruit le plus
souvent tout regain et même le pâturage. Ce qui leur manque, c'est la fraîcheur et il faut s'attacher à leur en procurer
par l'arrosement, même d'eau de source s'il est possible,
sinon, par des fumures en couvertures. Le produit de ces
natures de prairies est le plus exposé, parce qu'elles ne
donnent une récolte abondante que dans les années humides.

Les prairies moyennes, ordinairement situées au bas des
pentes, sur le dernier penchant des vallées, reposent le

plus souvent sur des sols un peu plus compactes, argilo-siliceux, ou même argileux. La sécheresse a moins de prise
sur elles, souvent même elles ont besoin d'être drainées,
c'est-à-dire débarrassées de l'humidité des plateaux qui,
suintant entre deux couches de terre, vient sourdre à la
surface. Elles donnent suivant la fécondité du sol une ou
deux coupes ou une coupe et un regain. L'exposition, pour
elles, est importante, et celle du midi est la plus avantageuse, parce que, froides souvent de leur nature, le soleil
hâte leur précocité au printemps et favorise la dessiccation
du foin. Le drainage, l'irrigation et la fumure combinés
fournissent d'excellents moyens d'amélioration à leur égard,
et ce sont peut-être celles des diverses natures de prairies
qui, après les embouches et les près irrigués, fournissent
le produit le plus économique.

Les prairies basses, ordinairement situées dans les vallées,
le long des petits cours d'eau, des rivières et des fleuves,
sont plus ou moins fraîches, plus ou moins humides selon
la nature très-diverse des sols sur lesquels elles sont placées (du sable à l'argile). De ces prairies, les unes reposent
sur les alluvions siliceuses des rivières et des fleuves, les
autres sur des loams d'alluvion, d'autres sur une couche
plus ou moins épaisse d'argile ou de tourbe. Trop fréquemment elles sont exposées aux inondations des cours d'eau
débordés ; leur valeur alors dépend de la nature des eaux
apportées par le ruisseau ou la rivière, et de l'époque à laquelle surviennent ordinairement ces débordements. S'ils
ont lieu en hiver et que l'eau soit chargée de calcaire et
d'un limon fertilisant, la prairie est bonne et marche vers
une constante amélioration ; s'ils ont lieu en été, lors de la
fonte des neiges, le pré se garnit de joncs et de mauvaises
herbes, et la récolte fort chétive en quantité et qualité peut
être envasée, couchée, ou même entraînée.

Les prairies marécageuses sont presque toujours situées

au fond de vallées sans écoulement ou barrées par des obstacles naturels ou artificiels ; parfois il manque à ces vallées
un canal qui donne issue aux eaux, d'autres fois les eaux,
retenues par des chaussées d'étangs, refluent en amont et
rendent le terrain marécageux. Ce terrain d'ailleurs est
presque toujours d'argile ou de tourbe, impraticable en hiver et souvent même en été pour le bétail ; nous avons dit
quelle en était la végétation, quelquefois haute et garnie,
mais toujours grossière, dure et acide. On les améliore en
les desséchant, en les tassant, parfois en les cultivant ou en
les écobuant. Mais c'est la cause qu'il faut détruire d'abord :
« *sublatâ causâ, tollitur effectus.* » L'amélioration des marais
est souvent une opération fort avantageuse, malgré les
grands travaux d'art qu'elle exige dans certains cas ; la
marge est grande du marais à la prairie, et celle-ci, quand
elle est bien établie, peut être fort productive en quantité
et en qualité.

Les embouches, ou herbages d'embouche, sont des prés
bas ou moyens, situés le plus fréquemment en vallées, frais
en été, non trop humides en hiver, créés de longue main
par le colmatage de riches cours d'eau, ou l'apport de terreaux ou fumiers. Les embouches sont destinés à l'engraissement du bétail, mais les sols enrichis de vieille date, bien
soignés, bien entretenus, possèdent seuls le don de produire de l'herbe ayant des qualités engraissantes. Lorsque,
comme en Normandie, le bétail ne quitte l'herbage ni le
jour ni la nuit, il faut à la rigueur lui porter moins d'engrais, et davantage au contraire si le bétail rentre la nuit
à l'étable ; c'est un peu une affaire de climat et de coutume
locale, mais il faut que la terre y trouve son compte (voir
Herbages du Bray, par M. Briaune, *Journ. d'agric. prat.*
Ire série, t. IV, p. 309).

Les prairies arrosées sont hautes, moyennes ou basses ;
l'eau d'irrigation provient de sources, d'égouttement des

terres, de pluies recueillies dans les fossés, de ruisseaux, de
rivières, de fleuves ou de canaux. La qualité des prés arrosés dépend de la qualité même de ces eaux, de la nature
et de l'abondance du limon qu'elles charrient, de leur température, de leur abondance, de la saison pendant laquelle
on en peut disposer, de la manière, enfin, dont on a su combiner l'irrigation et l'assainissement. Plus le sol est siliceux, plus le climat est chaud, et plus l'arrosage acquiert
d'importance. En général, le produit des prés arrosés est plus
assuré que celui d'aucun autre, parce qu'ils n'ont que peu
ou point à redouter les sécheresses du printemps et de l'été,
et qu'on peut presque toujours améliorer la qualité des eaux
qu'on a à sa disposition. Il y a des prairies arrosées, qui en
Lombardie fournissent six ou sept coupes ; mais elles reçoivent tous les égouts d'une grande ville ; on appelle ces
prairies des marcites. En Espagne, en Portugal, en Italie,
dans tous les pays méridionaux, enfin, les prairies arrosées
atteignent des valeurs extrêmes. En France, elles doublent
ou triplent de valeur comparativement à des fonds de même
nature, mais non arrosables ; c'est un moyen d'amélioration
beaucoup trop négligé chez nous, faute de capitaux, d'hommes spéciaux et de savoir (1). Aussi devons-nous souhaiter le succès de l'école pratique d'irrigation de M. Ducouédic au Lézardeau. MM. Molette, dans le Charollais, Simon,
dans diverses contrées de la France, deux hommes habiles
et dévoués, permettent, par ce qu'ils ont fait, d'apprécier ce
qu'il reste à faire par des agents instruits.

(1) Nous saisirons cette occasion pour recommander d'une manière
spéciale l'*Ingénieur agricole :* hydraulique, dessèchement, irrigations, etc., par M. Jules Laffineur, ingénieur civil et agronome. (*Bibliothèque des professions industrielles et agricoles.*)

CHAPITRE IV

MODE DE VÉGÉTATION DES PRAIRIES ET DES PLANTES QUI LES COMPOSENT.

Selon la nature du sol et du sous-sol sur lesquels elles sont situées, selon leur exposition en plaine, en coteaux, au sud ou au nord, selon la nature et la provenance des eaux qui s'infiltrent dans le sol plus ou moins abondamment et de celles qu'on amène artificiellement à leur surface, suivant enfin la couleur et la richesse du sol, les prairies sont précoces ou tardives au printemps.

Quand vient le renouveau, les sols légers, perméables, secs, exposés en pente au sud, s'échauffent rapidement et la végétation se développe quinze jours, trois semaines, souvent un mois plus tôt que pour les sols situés en plaine ou en vallées, compactes et humides. Le réveil des plantes, en effet, n'a lieu que dès que le sol a pu absorber un certain nombre de degrés de chaleur et atteindre une certaine température variable selon les diverses plantes. Si le sol est humide, la chaleur est employée à vaporiser l'humidité surabondante, et le sol ne s'échauffe que lentement. Les composts, les terreaux noirs déposés à sa surface absorbent les rayons calorifiques et le rendent plus précoce ; les stimulants, en déterminant une fermentation latente mais sensible des éléments organiques, contribuent aussi à l'échauffement du terrain ; il en est de même de la chaux, qu'on la considère comme amendement ou comme stimulant.

Les effets du dessèchement sont tels que, à $0^m,20$ de profondeur, un terrain drainé jouit d'une température de $5°,5$ c. plus élevée que le même sol non drainé, et ce fait s'explique suffisamment quand on sait que la chaleur des éléments spécifiques du sol (argile, sable, chaux) étant en moyenne

de 0°,2, celle de l'eau est de 1 ; il faut donc cinq fois plus
de chaleur pour élever à la même température un poids
donné d'eau que pour un même poids de terres mélangées.

Mais la végétation, si elle redoute l'humidité stagnante,
a besoin aussi de fraîcheur, les prairies surtout ; il faudrait
donc se garder de trop assécher le sol, si surtout on ne
peut l'arroser ; il ne faut pas surtout confondre les mots
fraîcheur et humidité. Les terres trop sèches voient leur végétation brûlée dès les premières chaleurs du printemps, et
ce phénomène dépend en partie de la manière dont vivent
les plantes de nos prairies. Elles forment, en général, un
gazon épais de plantes graminées pour la plupart, à racines
superficielles et traçantes ; ces racines tendent toujours à se
rapprocher de la surface du sol où elles trouvent le mieux
leur nourriture, par les feuilles d'arbres, les débris végétaux, les stimulants, les engrais, le limon que leur apportent les eaux. Constamment elles émettent de nouvelles ra-
dicules plus superficielles que celles qui les ont nourries
jusque-là, et qui meurent, contribuant ainsi à augmenter
la couche d'humus, richesse accumulée pour l'avenir. «Les
« herbes des prés, dit M. de Gasparin, ne parviennent à
« tout leur développement qu'autant que, par la succession
« des années, elles se sont formé au-dessus du sol miné-
« ral un terreau azoté pour leurs racines. Quand le gazon
« n'est pas complétement formé et que les racines des plan-
« tes reposent encore sur le sol minéral, si celui-ci n'a pas
« une richesse naturelle assez élevée, les récoltes des prai-
« ries sont encore peu abondantes, et elles ne parviennent
« à leur maximum qu'après plusieurs années de végétation
« et de nombreuses fumures, excepté dans les terrains riches
« et perméables. Jusqu'à ce point maximum, le fumier dis-
« tribué aux prairies ne produit pas tous ses effets, et ce
« n'est que quand elles y sont parvenues qu'on peut espé-

« rer de voir reproduire sa véritable valeur. » (*Cours d'a-gric.*, t. I, p. 690)

On voit combien est faux le calcul d'après lequel certains cultivateurs avides retournent leurs prairies pour mettre en œuvre le trésor amassé par la nature et l'épuiser aux dépens de l'avenir. Ce n'est point en retournant une prairie qu'on l'améliore, ce n'est point surtout en l'épuisant par des cultures céréales, mais bien en la fumant souvent, de manière à favoriser la production de la couche de terreau qui seule lui donnera la puissance productive en qualité et quantité; c'est aux amendements, aux stimulants, aux engrais, à l'arrosage qu'il faut avoir recours avec discernement et suivant les circonstances. Pour cela, il faut étudier la végétation naturelle au sol et la seconder par les moyens les plus économiques, en faisant disparaître les plantes inutiles ou nuisibles.

La plupart des plantes des prairies ont des racines traçantes; quelques légumineuses seules sont pivotantes, la luzerne par exemple; on a peine à comprendre comment une végétation aussi pressée peut se perpétuer, souvent depuis un temps immémorial, sans autres engrais que ceux du ciel et des animaux sauvages, tout en donnant chaque année peu ou prou. Il faut vraiment que la terre soit une bien bonne mère, elle que tant d'inhabiles traitent de marâtre ! Que deviennent ici la théorie des alternances, celles des sécrétions et des excrétions? Je l'ignore; car le sol ne paraît ni s'épuiser ni même s'effriter sous la prairie; tout au plus tend-elle à revenir à la longue à l'état sauvage, c'est-à-dire que la végétation propre au sol tend à dominer en étouffant successivement les plantes qui lui sont étrangères; ce sont les plantes à racines stolonifères (chiendent, *triticum repens*, avoine noueuse ou bulbeuse, *avena bulbosa*, seu *stolonifera*, etc.) qui s'emparent le plus rapidement du terrain, se multipliant à la fois par leurs graines et par leurs racines; chaque espèce, dit M. de Gasparin, cherche à s'étendre en combattant ses voisines, et c'est après une longue série de luttes que l'équilibre s'établit et que chacune d'elles finit par occuper le rang relatif à sa force de végétation et à la facilité de sa multiplication.

La multiplicité des genres, des espèces, des individus, ne suffit point seule pour expliquer ce phénomène d'une végétation pérenne; graminées et légumineuses, deux familles presque exclusivement, vivent sur un sol auquel elles demandent des éléments semblables pour chacune d'elles; encore les légumineuses ne forment-elles souvent qu'une très-rare exception. Ce sont donc les débris végétaux accumulés dans la couche du terreau, qui fournissent aux besoins des plantes qui leur succèdent. Grande leçon qui n'est point assez méditée par les défricheurs avares qui croient améliorer une prairie tandis qu'ils la ruinent. Les Anglais ont un proverbe qui défend de toucher à la hache; je n'ai jamais vu personne encore défendre de toucher aux prairies; si, quelqu'un pourtant, le bon sens, qu'on ne saurait ici appeler le sens commun.

CHAPITRE V

DES PRAIRIES ÉLEVÉES.

Les prairies élevées, qu'on appelle aussi prés hauts ou préaux, sont peut-être les plus communes en France. Elles sont, en général, situées sur des coteaux plus ou moins élevés, sur des plateaux plus ou moins secs, et leur produit n'est point toujours fauchable; ce qui leur manque, en général, c'est la fraîcheur permettant à la couche de terreau de se former; aussi, la mousse s'en empare-t-elle souvent.

Si le sol n'est point naturellement frais au printemps et en été, s'il n'est point irrigable, il est très-probable qu'il produirait plus en culture qu'en prairie ; les produits, du moins, y seraient plus assurés : mais si l'on peut disposer d'eaux de sources, il en est tout autrement ; avec de bonnes eaux, fussent-elles claires, on peut obtenir d'excellentes récoltes de foin sur du sable même.

Parfois aussi, les prairies hautes ont besoin, malgré leur situation, d'être assainies ; des sources sans issues, des égouttements de terrains supérieurs rendent certaines parties marécageuses ; c'est au drainage qu'il faut avoir recours alors. Et notez que les terrains les plus élevés ne sont point toujours les plus secs ; j'ai vu tels prés en pente sensible coupés à chaque pas de fondrières sur lesquelles il eût pu être dangereux de marcher ; puis à côté, le sol aride était brûlé par les premières chaleurs du printemps qui arrêtaient toute végétation. Un fossé ouvert à la partie supérieure et assez profond pour détourner les suintements, suffit souvent pour améliorer ces terrains. Il ne reste plus, comme partout et toujours, qu'à améliorer le sol pour améliorer le produit.

Les soins d'entretien consistent, pour les prés hauts, à détruire la mousse s'il y en a, au moyen d'un hersage au printemps. On emploie dans ce but une herse à dents de fer plus ou moins longues suivant que le sol est plus ou moins tenace et qu'on peut charger de pierres au besoin ; on herse en long d'abord, puis, si besoin est, en travers ; il faut choisir un temps frais sans être humide, au mois de mars, et ne pas s'effrayer de voir quelques plantes arrachées par l'instrument. Après l'opération, on peut répandre un peu de bon florin de greniers, ou quelques semences de plantes de prairies choisies selon l'aptitude du terrain. Mais ce qu'il ne faut pas oublier, c'est que l'apparition de la mousse dénote ou l'épuisement du sol ou son humidité trop grande ;

dans le premier cas, il faut fumer en couverture, arroser avec du purin, ou répandre des engrais pulvérulents ; dans le second, il faut assainir par des fossés ouverts ou par des drains en pierres, en fascines, ou en tuyaux.

Si l'on peut disposer d'eaux de pluies amenées par des fossés d'écoulement, ou d'eaux de sources ou de fontaines, il faut se hâter d'utiliser ces précieuses ressources suivant les principes que nous indiquerons un peu plus loin. Si ces eaux n'agissent point chimiquement en apportant au sol des particules terreuses ou organiques, elles lui apportent du moins la fraîcheur au printemps et en été, tandis qu'en hiver, par leur température plus élevée que celle de l'atmosphère, elles entretiennent et activent la végétation. Le beau domaine de Martinvast, dans le département de la Manche, présente une quarantaine d'hectares de prés hauts ainsi arrosés par des eaux de sources, sortant des bois situés un peu au-dessus, et dont les produits, presque toujours assurés, sont remarquables pour leur quantité et leur qualité.

Signalons aussi un soin toujours négligé, et cela, bien à tort, le sarclage : qui veut la fin veut les moyens, et si, dans les terres de bruyères, on n'arrache la grande et la petite oseille qu'on nomme Doches en Normandie ; si dans les terres calcaires, on ne détruit les chardons, l'arrête-bœuf, la grande consoude ; si, dans les terres humides, on n'extirpe les joncs, les laîches et les renoncules, les plantes utiles disparaîtront chaque jour, et on n'aura plus qu'un mauvais pâturage. Cela a été dit et répété, depuis Olivier de Serres, par tous les agronomes qui se copient et se répètent mutuellement, mais bien peu l'ont pratiqué, faute d'un calcul bien simple pourtant. Je n'ose espérer d'être plus heureux que mes honorables prédécesseurs. *Vox clamans in deserto!*

Quant à l'étaupinage, il y a bien à dire encore, mais ici, il y a un intérêt plus direct ; il s'agit de payer moins cher les tâcherons qui faucheront le pré. Aussi a-t-on généralement soin, au printemps, de faire étendre les taupinières, si nombreuses dans les prairies élevées. On a bien controversé sur la taupe ; les uns lui ont voté des remerciements pour ses bienfaits ; les autres la font poursuivre à outrance. Ce que Dieu a fait est en général assez bien fait, le pessimiste le plus endurci ne le contesterait pas ; néanmoius, je présume qu'on a trop adulé la taupe qui ne détruit point la courtilière, qui se nourrit de quelques vers inoffensifs, de quelques larves d'insectes peu redoutables, qui bouleverse le sol et les cultures, les rigoles et les canaux d'irrigation ; établit des pertes d'eau longtemps occultes, et pour très-peu de bien fait souvent beaucoup de mal. La taupe a son rôle dans l'agriculture sauvage, elle n'en a plus dans l'agriculture civilisée. *Quarè delenda Carthago.*

Si le sol des prairies hautes est léger, on trouvera, sous tous les rapports, grand profit à les enclore de haies plantées de grands arbres qui fixent l'humidité de l'atmosphère et tempèrent les vents desséchants de l'été. Il y a à considérer, en outre, l'économie du gardiennage des bestiaux, et le produit en bois, qui peut ne pas être à négliger. Si le sol est humide, on aura avantage encore à le cerner de fossés plantés de têteaux qui laissent circuler l'air et produisent aussi du bois de chauffage tout en garantissant la propriété et le bétail.

CHAPITRE VI

DES PRAIRIES MOYENNES

Les prairies moyennes reposent sur des sols frais, ou du moins sont irriguées ou irrigables ; ce sont celles qui donnent, en général, le produit moyen le plus avantageux.

quant à la qualité et à la quantité, savoir : plus de qualité que les prés bas, plus de quantité que les prés hauts. Leur produit est plus certain, leur exploitation est plus facile que pour les deux autres natures de prairies, parce qu'elles n'ont à redouter ni les excès de la sécheresse ni ceux de l'humidité ; la fenaison et la rentrée du foin sont beaucoup plus économiques que dans les prés bas, l'irrigation permet souvent d'obtenir une seconde coupe ou du moins un regain abondant.

Quand elles ont été bien établies, quand l'irrigation est bien dirigée, que l'assainissement est bien conçu, la sole se conserve sans autres variations que l'influence des saisons ; il arrive bien parfois qu'un hiver rigoureux détruit quelques espèces, qu'un été très-chaud fait quelques vides, mais le terrain se regazonne vite sous l'influence de l'eau et des soins. L'essentiel, à l'égard des prairies moyennes, est de combiner dans de justes proportions l'arrosage et le desséchement, assez de fraîcheur, mais pas trop d'humidité, puis vient l'engrais placé alors dans les conditions où il peut produire tout son effet utile, et on ne tarde point ainsi à obtenir un de ces herbages succulents qui font la fortune de la Normandie ou du Charollais.

Toutes les prairies moyennes ne sont point arrosées cependant ; quelques-unes situées sur des plateaux argileux, d'autres sur des pentes ou dans de légers vallons, possèdent par elles-mêmes assez de fraîcheur pour que le gazon puisse s'y établir, et même y prospérer, avec quelques soins. Mais il faut assainir par des saignées couvertes ou par des rigoles les endroits marécageux ; il faut détruire par des sarclages les plantes nuisibles ; favoriser par les engrais la croissance des plantes utiles ; protéger la végétation tout entière contre les dégâts du bétail pendant les saisons humides ; étendre soigneusement les excréments du bétail et la terre des taupinières, etc.

Ce sont ces prairies qu'on peut pousser à la plus haute valeur productive ; les herbages d'embouche du Cotentin, du pays d'Auge, du Merlerault, du pays de Bray, sont des prairies moyennes, rarement irriguées, mais régulièrement fumées ; les herbages du Charollais sont des prés moyens aussi, mais soumis à d'intelligentes irrigations. Il y a, en général, peu de dépense à faire pour les améliorer ; presque tout se borne à les entretenir soigneusement et à les exploiter avec intelligence, ainsi que nous le verrons plus loin.

CHAPITRE VII

DES PRAIRIES BASSES

Les prairies basses sont situées aux bords des ruisseaux, des rivières, des fleuves, ou reposent sur le sol argileux ou argilo-siliceux des vallons ; quand elles sont assises sur la tourbe, elles sont presque toujours marécageuses, à moins que la couche ne soit peu épaisse ou que le desséchement ne soit complet.

Ce à quoi on doit s'attacher d'abord, c'est à les préserver des crues du cours d'eau qui les baigne et des inondations qui les menacent. Autant une eau limoneuse qui les vient baigner en hiver peut leur être favorable par les particules organiques qu'elle dépose sur le sol, autant une eau froide, aigre (neiges fondues, eaux de bruyères ou de landes incultes), peut leur être nuisible en toutes saisons, surtout lorsqu'elle survient pendant la fenaison, et en tout état de choses, lorsqu'elle vient baigner, rouiller et envaser, parfois même enlever les foins sur pied ou coupés.

Lorsqu'on a des inondations à redouter, il ne faut donc

épargner aucune dépense pour s'en préserver par des digues dans lesquelles on établit un ou plusieurs barrages,
afin de pouvoir profiter des eaux favorables et se garantir
des crues nuisibles. M. de Poncins, dans l'Allier , entreprit
la création de vingt hectares de prés arrosés, après avoir
construit deux levées pour se garantir contre la Loire, et
avoir endigué la rivière du Lignon, et malgré ces dépenses
considérables, il fit là une opération lucrative. Dans le val
de la Loire, ce ruisseau si avare en été, ce torrent si terrible parfois en hiver, c'est l'État qui, presque partout, a, par
des travaux d'art, protégé les riverains; mais combien reste-
t-il à faire sur les rivières et les ruisseaux mêmes, témoin
les inondations du mois de juin 1856, pour assurer aux cultivateurs la pleine jouissance de leurs propriétés ! Sans demander toujours et en tout à l'État d'agir pour nous aux frais
de tous, aidons-nous nous-mêmes en attendant le ciel, et
commençons par mettre nos récoltes à l'abri.

Il y a d'autres prairies situées sur le rivage des rivières
d'où elles pourraient tirer le principe de leur fécondité, par
l'irrigation et le colmatage. C'est ainsi, comme nous le ra-
conterons plus loin, qu'ont été créés tant d'hectares de prés
excellents sur les bords de la Durance et de la Moselle, et
sur les rives de tant de ruisseaux et de torrents même.

Recevoir l'eau ne suffit pas cependant, il faut lui donner
un écoulement prompt et facile après qu'elle a produit tout
son effet utile; sans quoi on n'a bientôt plus qu'un maré-
cage : le desséchement est la conséquence nécessaire de
toute irrigation, mais, pour cela, il faut une disposition naturelle ou artificielle du sol par la pente, ou l'emploi relativement coûteux des machines. L'arrosement établi, il reste
à le régulariser, à entretenir les canaux, les vannes, à déterminer les saisons, la durée, la quotité des arrosages, à
surveiller l'assainissement, pour obtenir la fécondation du
sol, la végétation active des plantes, la qualité des produits.

Les prairies basses, arrosées de bonnes eaux, peuvent le plus souvent se passer d'engrais ; c'est le limon qui le remplace ; si elles ne sont point arrosables, il faut fumer en couverture ; si elles ne peuvent être arrosées qu'avec des eaux froides ou acides, il faut s'attacher à corriger les qualités de ces eaux avant de les admettre sur les prairies. Enfin, si elles sont trop humides, il faut les assainir. Nulle dépense, en agriculture, ne sera plus vite remboursée en capital et intérêts, que celle intelligemment appliquée aux prairies.

CHAPITRE VIII

DES PRAIRIES MARÉCAGEUSES

Les prairies marécageuses, c'est-à-dire dans lesquelles l'humidité est à la fois surabondante et stagnante faute d'écoulement, sont ou argileuses ou tourbeuses ; ce sont des marais ou des marécages. Lorsque l'eau n'y stagne que pendant une partie de l'année, en hiver, elles sont un peu moins mauvaises et on peut y récolter du foin grossier, mais souvent assez abondant.

Les marais produisent des carex, du jonc, des roseaux, de grandes herbes peu nourrissantes et dures, propres à peu près exclusivement à servir de litière, puis un pâturage pour le bétail, quand le sol est assez solide pour le porter. Les prairies argileuses, humides faute d'écoulement sont tardives, mais elles peuvent parfois fournir du foin médiocre pour le bétail à cornes. Il faut souvent bien peu de dépenses pour améliorer les unes et les autres : l'endiguement d'un ruisseau, le détournement d'une source, l'ouverture d'un ou de plusieurs fossés, l'approfondissement ou le curage d'un petit cours d'eau, le percement d'une digue naturelle ou artificielle.

Les prairies tourbeuses sont les plus longues et les plus difficiles à améliorer quand la couche de tourbe atteint une certaine épaisseur, un mètre par exemple; il faut chercher d'abord, par la pente, et au moyen d'un canal principal de desséchement, un écoulement pour les eaux, on ouvre ensuite, en pattes d'oie, d'autres fossés plus étroits qui débouchent dans ce canal; quand le sol est un peu essuyé, on peut commencer le drainage, en établissant les tuyaux sur des planches ou sur une couche de sable; dès lors, le bétail y peut entrer, et le tassement qu'il opère favorisera singulièrement l'assèchement du sol, si l'on a soin de ne permettre le pâturage que par les temps secs. A défaut de bestiaux, on pourrait employer un lourd et long rouleau en pierre qu'on promènerait le plus souvent possible sur le sol où les fossés ouverts, sauf le canal principal, sont devenus inutiles. Mieux vaut le pâturage toutefois, comme résultat et comme économie, en y utilisant de jeunes animaux d'abord, puis des vaches de petit poids, et en trois ou quatre ans, le sol est assez raffermi pour permettre l'accès à toute espèce de bétail.

Les prairies argileuses, dès qu'on a donné un large et facile écoulement à l'eau jusque-là stagnante, par un canal de desséchement, peuvent immédiatement être drainées, et dès lors, elles peuvent être établies, entretenues et exploitées comme des prairies basses ou moyennes, fumées, pâturées et fauchées. Lorsque l'herbe y pousse trop grossière et trop dure, les roulages ont pour résultat de la rendre plus fine.

Il est bien entendu que les prairies marécageuses doivent être, autant que possible, soustraites à la cause qui les avait amenées à cet état : il ne suffit pas de donner, en aval, écoulement aux eaux, il faut aussi détourner, ou canaliser les eaux qui arrivent en amont, endiguer les cours d'eau qui pourraient faire redouter leurs débordements, ou ce qui

revient au même comme résultat matériel, mais non pécu-
niaire, exhausser le sol de la prairie.

La récolte des foins de ces prairies, jusqu'à ce qu'elles
soient suffisamment affermies et asséchées, est longue, coûteuse et difficile ; les plantes, hautes, dures, peu garnies au
pied, se coupent mal ; la fenaison demande beaucoup de
temps, de main-d'œuvre et de soins ; la rentrée ne se fait
pas toujours sans accidents parce que le sol fonce sous les
chevaux et les voitures ; le pâturage est dangereux pour le
bétail, sous le double point de vue des accidents et de l'hygiène ; enfin leur végétation est très-tardive, et la fenaison,
déjà si difficile, s'opère rarement par le beau temps.

Il y aura donc tout profit à améliorer au point de vue du
produit brut; mais il sera prudent de faire avant tout un
devis estimatif des travaux d'art et des dépenses d'amélioration ; après quoi on évaluera le produit brut moyen du
pré amélioré, sa valeur locative et sa valeur foncière, com-
parées à celles de prés de même nature, et déjà améliorés ;
si la dépense devait dépasser la valeur foncière future,
mieux vaudrait s'abstenir ou tenter l'opération par d'autres
moyens. Dans de semblables budgets, au surplus, il faut
toujours faire une large part à l'imprévu, aux accidents et
aux études, et s'adresser à des hommes spéciaux et habiles
non moins que probes.

CHAPITRE IX

DES PRAIRIES ARROSÉES

On peut arroser les prairies de toute nature, hautes,
basses, moyennes ; celles marécageuses ne devront l'être
qu'après qu'elles auront été assainies.

L'irrigation consiste à amener sur le sol, à diverses époques, à certains intervalles, des quantités variables d'eaux dont les qualités sont très-diverses dans le but d'enrichir la terre des molécules organiques ou inorganiques que cette eau tient en suspension ou en dissolution, et de donner à la végétation la fraîcheur qui lui manque. L'eau agit donc, tantôt mécaniquement en limonant le sol, tantôt chimiquement en lui apportant divers sels solubles, tantôt enfin physiquement en lui prodiguant la fraîcheur et en abaissant ou en élevant sa température.

Suivant le but qu'on veut atteindre, suivant la qualité de l'eau dont on peut disposer, toutes les natures de prairies peuvent donc être irriguées ; toutes se trouvent fort bien d'eaux limoneuses en hiver, d'eaux de sources même pures en été. C'est ainsi qu'on augmente le produit en qualité et quantité, et souvent avec fort peu de dépenses, et le plus important, c'est qu'on soustrait la récolte aux éventualités défavorables des saisons. Aussi la valeur locative et la valeur foncière des prairies sont-elles très-élevées. Plus le sol est léger et siliceux, plus les eaux sont riches, plus le climat est chaud, et plus aussi l'arrosement produit d'effets. Les marcites de la Lombardie donnent 4 à 5 coupes en vert par an, représentant 12 à 16,000 kilogrammes de foin.

Dans le midi de la France, dans le département de Vaucluse, M. de Gasparin, par le seul fumier, a obtenu un produit moyen annuel presque aussi élevé, 15,300 kilos de foin par hectare et par an. Les marcites ne sont point en général des prairies pérennes ; les légumineuses, le trèfle surtout, les composent presque exclusivement ; les graminées n'y forment que l'exception ; et comme le trèfle disparaît après trois ou quatre ans, il faut alterner la prairie avec la culture. Quelques-unes de ces marcites sont composées de ray-grass d'Italie, celles des environs de Milan, par exemple, arrosées par les eaux d'égouts de la ville,

3.

donnent jusqu'à huit coupes et 20,000 kilog. de fourrages secs par année moyenne. Suivant Berra, 240 perches de marcites suffisent à l'entretien annuel en fourrages de 50 vaches.

Depuis l'automne jusqu'au commencement du printemps, on fait couler doucement sur la marcite une quantité d'eau également répartie dans un système de rigoles agissant par reprise d'eau. Le seul mouvement de ces eaux suffit pour empêcher la gelée d'atteindre les plantes ; la température du sol s'élève plus que celle de l'atmosphère, la végétation continue presque sans interruption, et c'est un merveilleux spectacle de voir dans un pays tantôt brûlé par d'excessives sécheresses, et tantôt couvert de neiges et de frimas, des prés toujours humides et verdoyants. Aussi, ces prairies se vendent-elles de 12 à 16,000 francs l'hectare.

En France, le climat ne permet pas d'aussi merveilleux résultats, et puis, il faut le dire aussi, on ne sait pas créer ni arroser les prairies comme en Italie, en Suisse, en Espagne même ; cependant, les prés irrigués jouissent d'une bien plus haute faveur que ceux qui ne sont ni arrosés ni arrosables, et comme, en moyenne, une prairie se vend sur le pied de 1 franc par kilogramme de foin sec annuellement récolté, il y a toujours profit à établir les irrigations et à fumer les prairies. A mesure qu'on avance vers le nord, l'importance des arrosements diminue, parce que le climat plus humide fournit au sol assez de fraîcheur, en Hollande, en Angleterre, par exemple ; mais dans le centre et surtout le midi de la France, l'eau peut jouer un rôle très-important dans la production des fourrages.

L'irrigation, cela est facile à comprendre, change la végétation naturelle du sol ; mais celle qu'elle détermine dérive encore de la nature du sol et de celle des eaux. Ainsi, dans les marcites, les plantes les plus nombreuses, celles qui forment la sole du pré, sont, d'après M. Heuzé : Les *poa annua* et *trivialis*, le *phalaris arundinacea*, le *trifolium repens* et

pratense, le *plantago lanceolata*, le *lolium italicum*, l'an-
thoxanthum odoratum, le *cynosurus cristatus*, le *lotus corniculatus*, la *medicago falcata* et *lupulina*, le *plantago major*, et
le *cichorium intybus*.

Dans les prairies calcaires arrosées du Dauphiné, ce sont :
le *lolium perenne*, le *dactylis glomerata*, le *bromus pratensis*,
l'*onobrychis sativa*, les *trifolium repens* et *montanum*, le *mo-
linia cærulea*, l'*aira cæspitosa*, le *poa nemoralis* et le *san-
guis orba officinalis*.

Dans les prairies granitiques de l'Auvergne, on rencontre :
le *dactylis glomerata*, le *holcus mollis*, le *poa pratensis*, l'*a-
vena elatior*, le *cynosurus cristatus*, le *lolium perenne*, le
trifolium pratense et le *lotus corniculatus*.

« Dans les prairies arrosées du Charollais, beaucoup de
« graminées vivaces et annuelles, nous apprend M. Dela-
« fond, acquièrent une vive végétation par l'eau qui baigne
« le sol : les petits trèfles blancs, roses, et le trèfle à fraise
« que les herbagers appellent *triolets*, poussent avec une
« grande vigueur dans les lieux ainsi rendus frais par l'irri-
« gation, enfin toutes les bonnes plantes se rapprochent, se
« serrent, et se tassent pour former un gazon touffu qui,
« avec l'eau imprégnant le sol, donne à la prairie une fraî-
« cheur qu'elle conserve très-longtemps, même pendant les
« longues sécheresses de l'été. »

Dans les prairies arrosées, créées par MM. Dutacq frères sur
les bords de la Moselle, les herbes dominantes sont la houque
laineuse, et plusieurs variétés de pâturins des prés, commun, annuel, puis viennent quelques vulpins, l'avoine élevée, et quelques autres graminées. La renoncule aquatique
et le phalaris roseau croissent dans les canaux et les principales rigoles alimentaires, et on doit les faucher tous les
ans parce qu'elles mettent obstacle au cours de l'eau.

En Suisse, beaucoup de prairies arrosées avec des eaux
calcaires, en voient leur végétation tellement favorisée

qu'elles atteignent la même richesse de végétation que celles qui reçoivent les égouts des villes et des villages. Crüd en a vu qu'on affermait jusqu'à 560 francs l'hectare.

CHAPITRE X

DES PRAIRIES D'EMBOUCHE

On appelle prairies d'embouche, embouches ou herbages, des prés enclos, dans lesquels on engraisse à l'herbe des bœufs et des moutons.

Ce qui caractérise les herbages, c'est une abondante et vigoureuse végétation favorisée par un climat tempéré, une fraîcheur sans humidité, un terrain profond, des plantes variées et sapides. C'est dire qu'ils sont presque toujours situés dans les vallons, qu'ils sont irrigués ou irrigables avec les eaux des coteaux supérieurs ou des ruisseaux qui sillonnent la vallée ; qu'en outre, ils reçoivent des engrais abondants et de diverses natures, des soins intelligents destinés à régulariser et à améliorer leurs produits. Que de prairies, que de pâturages marécageux même, pourraient être lucrativement convertis en herbages ! Expliquons-nous : Toute terre un peu profonde, reposant sur un sous-sol légèrement perméable, ni sèche ni humide, qu'on peut arroser suffisamment et suffisamment assainir, peut être amenée à l'état d'herbage ; non pas que par le fait seul qu'on l'aura chargée de bestiaux, l'herbe qui y croîtra doive du jour au lendemain acquérir la faculté engraissante, cela ne peut résulter que de l'accumulation dans le sol d'une vieille force due naturellement aux déjections du bétail, artificiellement aux engrais qu'on y apporte et à ceux qu'y amène l'irrigation ; mais on pourra facilement et promptement arriver à douer cette terre des propriétés exigées pour l'engraissement du bétail.

Il y a des prairies fort productives, très-favorables à la production du lait, qui n'engraisseraient que difficilement et en un temps relativement très-long les bestiaux qu'on leur confierait ; les bons embouches donnent une herbe sans cesse renaissante et très-nutritive. C'est moins la nature du sol qui la produit, que la couche de terreau qui s'est accumulée à sa surface, formée du détritus des plantes et de l'accumulation des engrais ; la fraîcheur du sol et de l'irrigation, la chaleur du soleil font le reste.

En Normandie, la culture des herbages est fort ancienne, mais elle a surtout été perfectionnée depuis moins d'un siècle. Les engrais ont été donnés avec plus de profusion ; l'irrigation a été appliquée ou plutôt régularisée ; l'exploitation de l'herbe a été mieux combinée ; les soins d'entretien sont devenus enfin plus intelligents et plus réguliers. Aussi, les cinq départements qui composent cette ancienne province engraissent-ils chaque année, pour les marchés de Paris seulement, plus de 60,000 bœufs et vaches, outre une exportation de bêtes grasses pour l'Angleterre, qui prend chaque année aussi plus de développement. Les départements de l'Orne et du Calvados possèdent, le premier, 35,000, le second 16,000 hectares d'embouches. La valeur foncière de ces herbages s'élève de 3,500 à 10,000 francs l'hectare ; leur valeur locative varie de 100 à 350 francs l'hectare.

Dans le Charollais, la culture des herbages est beaucoup plus récente ; elle ne remonte guère qu'aux dix premières années de notre siècle ; le desséchement des étangs, l'art des irrigations, le prix croissant de la viande et des élèves de la race indigène en furent les mobiles ; MM. Mathieu, A. Adam, Brière et Benoît d'Azy, etc., furent les promoteurs du mouvement, et aujourd'hui, le Charollais et le Nivernais envoient à Paris près de 10,000 bœufs, dont le plus grand nombre (6,500 à 7,000) sont engraissés à l'herbage, non compris la consommation locale et l'approvisionnement de Lyon et même des grandes villes du Midi. Nous avons pu voir à Saint-Révérien, Saint-Saulge, Moulins-Engilbert, dans le Nivernais ; à Saint-Bonnet de Joux, Toulon-sur-Arroux, Bourbon-Lancy, dans le Charollais, des herbages qui, dans la belle saison, ne le cèdent point en apparence à ceux de la vallée d'Auge. Mais on n'a plus là la ressource des engrais de mer, on n'use point assez de la chaux, on est moins prodigue d'engrais, le climat est plus rude en hiver, et les herbes soht moins sapides. Ces herbages sont enclos de fossés ou de barrières, rarement plantés de haies vives et d'arbres.

Dans le Berry, la belle vallée de Germigny (cantons de Nérondes, la Guerche, Sancoins) possède des embouches d'une grande richesse, en sol argilo-calcaire, à peine inférieurs à ceux de la Normandie. Elle se subdivise en vallées d'Orcenais, de Saint-Pierre, de Bannegon et de Germigny.

En Angleterre, on rencontre des herbages dans la plupart des vallées, principalement dans les comtés de Durham, York, Somerset, Glocester, Buckingham, Warwick, Leicester, etc. ; en Écosse dans ceux de Galloway, etc. Leur aspect, leurs qualités sont presque les mêmes qu'en Normandie ; les herbes y sont moins nutritives peut-être, mais plus abondantes, car elles continuent souvent de végéter en hiver ; mais ils sont moins soignés peut-être. En effet, dans les îles Britanniques, on n'engraisse presque jamais exclusivement à l'étable : on met en chair plutôt dans les herbages, et on termine à l'étable avec les turneps, les farines et les tourteaux.

En Allemagne, les bords du Rhin au-dessous de Dusseldorf, de la Lippe, de la Ruhr, d'après M. Moll, sont riches d'herbages excellents. Mais les embouches sont rares en Belgique, en Hollande, en Suisse, où l'on fabrique plutôt et mieux du lait que de la viande, en Italie et dans les autres royaumes méridionaux où le climat est trop élevé, en Russie où il est trop bas, en Amérique où le sol n'a pas une assez haute valeur et où l'on se borne à exploiter les pâturages naturels. Voici comment dans la partie septentrionale de la Prusse Rhénane, on traite les embouches d'après M. Moll : on ne les fauche que tous les six ou sept ans. Lobbes évalue leur produit moyen en foin et regain au chiffre énorme de 80 à 90 quintaux métriques par hectare (8 à 9,000 kilogrammes) ; ce produit indiquerait une fertilité supérieure ou au moins égale à celle des meilleurs herbages de la Normandie (7,000 à 9,000 kilogr.) (*Journ. d'agric. prat.*, 1re série, t. V, p. 110). Ces embouches sont arrosés, il faut le dire, par les inondations du Rhin.

CHAPITRE XI

ÉTABLISSEMENT DES PRAIRIES

Les prairies étant la base principale de toute bonne agriculture, et devant en quelque sorte durer éternellement, leur création est un des travaux agricoles qui demandent le plus de soins et d'habileté : En créant des prés, on travaille à la fois pour soi, pour ses enfants et pour ses concitoyens ; et comme, lorsqu'on opère rationnellement, le résultat est très-prompt, on ne peut arguer d'égotisme.

La proportion de la valeur foncière pour des terres de même nature et de même richesse est, en moyenne, la suivante : terres arables, 1,500 fr. l'hectare ; prairies moyennes non arrosées, 2,500 fr. ; prairies arrosées, 4,500 fr. ; herbages d'embouche, 6,000 fr. ; la valeur foncière laisse donc une marge de 1,000 fr. pour convertir une terre en prairie, de 2,000 fr. pour irriguer cette prairie, et de 1,500 pour la convertir en herbage ; la valeur locative enfin, se calcule en moyenne à 2,75 pour 100 de la valeur du fonds pour les terres arables, à 3 p. 100 pour les prairies, 3,25 pour les prés arrosés et 3,50 p. 100 pour les herbages, à cause de la plus grande sécurité des produits annuels ; on fait donc de tous points une œuvre avantageuse en améliorant les prairies, et l'intérêt des capitaux consacrés à l'achat, à l'amélioration ou à la création, s'élève en raison directe des produits obtenus ; c'est un placement avantageux aussi bien pour le présent que pour l'avenir.

Mais nous devons distinguer l'établissement des prairies sèches et moyennes, celui des prairies arrosées, et enfin celui des herbages d'embouche.

§ 1. Création des prairies sèches et moyennes.

Nous ne pouvons mieux faire ici que de citer M. de Dombasle dans son *Calendrier du cultivateur :*

« Le premier soin doit être d'amener le sol, par des en-
« grais, au meilleur état de fertilité possible, et de le net-
« toyer parfaitement des plantes nuisibles ; sans cela, il n'y
« a aucun succès à espérer. Cette condition n'est pas oné-
« reuse à remplir, puisque dans presque tous les cas, on
« peut y parvenir par la culture des récoltes préparatoires
« qui payent bien elles-mêmes les engrais et les soins qu'on
« leur consacre. C'est toujours dans la récolte de grains
« qui suit immédiatement une récolte sarclée et fumée qu'on
« doit semer la nouvelle prairie. Si la culture qui a précédé
« la récolte sarclée a été bien dirigée, de manière à ne pas
« trop épuiser le terrain et à ne pas le laisser infester d'her-
« bes nuisibles, le succès est à peu près infaillible ; on aura

« dans peu de temps une aussi bonne prairie que la situa-
« tion du terrain peut le permettre. On peut semer la graine
« de pré, soit à l'automne, soit au printemps; dans le plus
« grand nombre de circonstances, le moment le plus favo-
« rable est au mois de mars ou d'avril, avec l'avoine ou
« l'orge, etc., ou en février ou mars, sur un blé d'hiver,
« en enterrant très-peu la semence dans tous les cas. Ce-
« pendant, lorsqu'on veut semer la prairie seule, il vaut
« mieux le faire dans le mois de septembre..... Mais comme
« on doit supposer qu'il est question d'un terrain fort riche,
« puisqu'on le destine à former un pré, on doit prendre des
« précautions pour éviter que la céréale ne soit trop épaisse,
« ce qui pourrait étouffer les jeunes plantes, et surtout
« qu'elle ne verse, ce qui les ferait infailliblement périr.
« On doit donc semer très-clair la céréale que l'on destine
« à être associée à une jeune prairie. Une très-bonne com-
« binaison consiste à faucher pour fourrage, vers l'époque
« de la floraison, l'avoine dans laquelle on a semé des grai-
« nes de prés. Le terrain offre ainsi une production abon-
« dante de fourrage dès la première année, et la jeune
« prairie, ayant de l'air de bonne heure, se garnit bien à
« l'automne.

« Les graines de pré étant en général très-peu volumi-
« neuses, ne veulent être que très-peu enterrées; ainsi, si
« on les sème seules, on égalisera bien d'abord la surface
« du terrain par des hersages; on répandra ensuite les se-
« mences qui ne seront couvertes que par un coup de herse
« très-légère, ou même par un simple coup de rouleau, si
« le sol est bien meuble. Si l'on sème sur une céréale d'au-
« tomne, on ne couvrira de même que par un hersage qui
« ne remue que la surface du sol. La binette à main pré-
« sente ici, comme pour toutes les semailles de prairies
« artificielles, le moyen le plus parfait, et que l'on doit pré-
« férer toutes les fois que l'on peut disposer d'un nombre

« suffisant de bras. Avec les céréales de printemps, on
« pourra enterrer d'abord suffisamment la céréale par les
« moyens ordinaires, puis répandre les graines de pré et
« les couvrir, comme je l'ai dit pour les semailles faites à
« l'automne ; on pourra aussi, dans quelques cas, attendre
« que la céréale soit levée et bien enracinée, pour répandre
« les graines de pré que l'on couvrira de même. Lorsque
« les graines ont été couvertes à la herse ou à la binette,
« c'est toujours une excellente opération que de faire passer
« immédiatement sur le sol un rouleau pesant, spéciale-
« ment le rouleau squelette, pourvu que la terre soit suffi-
« samment ressuyée. Le tassement produit sur le sol accé-
« lère et facilite beaucoup la germination des graines.

« Avec ces soins, on est à peu près sûr d'avoir, dès l'an-
« née suivante, une prairie garnie. Soit qu'on la destine à
« être pâturée ou fauchée, on fera bien de la faire pâturer
« par les moutons la première année, c'est-à-dire celle qui
« suit celle de la semaille : il ne faut pas craindre qu'ils y
« fassent de tort ; au contraire, rien ne contribue plus à faire
« taller les graminées et à épaissir l'herbe, que de la faire
« brouter bien ras par les moutons : si on les y mettait l'an-
« née de la semaille, on ferait un grand tort à la prairie,
« dans beaucoup de cas ; mais, l'année suivante, les plantes
« sont assez fortes pour n'être pas déracinées, et alors, plus
« elles sont broutées près du collet, plus elles repoussent
« de tiges. On doit considérer cette pratique comme le meil-
« leur moyen de former de bonnes prairies. Les années sui-
« vantes, on fauchera ou on pâturera cette prairie, selon les
« convenances de l'exploitation. »

Il y a deux moyens de se procurer les graines de prés
dont on a besoin pour l'ensemencement : les récolter ou les
acheter ; l'un est plus assuré, l'autre est plus coûteux ; il
n'y a donc guère à hésiter, toutes les fois qu'on peut choisir.

Trop généralement, on emploie des graines de foin ra-

massées au fond des greniers, c'est ce qu'on appelle du florin. C'est un moyen de garnir le sol à peu de frais, mais
c'est le hasard à peu près seul qui décidera de la qualité des
plantes et de leur aptitude à se développer sur le sol ; si
d'ailleurs, le sol est pauvre, les graines fussent-elles excellentes et d'espèces choisies, on n'obtiendra jamais qu'un
mauvais pré.

Bien rarement on prend le soin de récolter ces semences,
ce qui, cependant, est facile et peu dispendieux. On peut en
effet, au moment de la maturité, faire récolter à la main par
des enfants les graines des plantes qu'on désire mélanger
pour la création des prairies ; pour cela, on réserve une
prairie de bonne qualité dont le sol soit à peu près identi-
que à celui qu'on veut ensemencer ; on y trace, à la faux,
des allées qui divisent la prairie en planches de 1^m,50 de
large au plus ; ces enfants peuvent ainsi, sans nuire à la
récolte se procurer parfaitement pures et isolées toutes les
semences qu'on désirait.

Le plus souvent, enfin, on achète ces graines chez les
grainetiers ; mais on n'est pas toujours certain de les obtenir pures, saines et non trop anciennes. Aussi, parfois,
éprouve-t-on des insuccès dont on ignore la cause ; la semence ne lève pas ou lève claire, le sol dégarni est saisi
par la sécheresse en été ou par le déchaussement en hiver,
et, l'année suivante, tout est à recommencer, avec perte de
temps et d'argent.

Nous avons indiqué plus haut la végétation naturelle des
prés situés en diverses natures de sol ; sur chaque terrain,
les plantes des prairies réussiront d'autant mieux qu'elles
se plairont davantage ; il ne faudrait donc point récolter sur
des prairies calcaires les semences destinées à emblaver
des prairies argileuses, ni acheter des graines de plantes des
prairies fraîches pour les semer en prés hauts : chaque
plante à chaque sol. D'un autre côté, un pré s'établit d'au-

tant mieux, s'améliore d'autant plus qu'il est composé d'un plus grand nombre de plantes utiles ; son fourrage a, pour l'alimentation des animaux, d'autant plus de valeur qu'il est composé d'un nombre plus varié de graminées et de légumineuses ; il en résulte qu'en établissant une prairie, il faut faire choix et mélange des meilleures plantes aptes à prospérer sur le sol, suivant sa nature chimique et sa constitution physique.

Les indications ne manquent pas à cet égard, chaque auteur a indiqué son mélange, celui qui lui a le mieux réussi. Mais les circonstances sont rarement identiques et il faut décider avec prudence, c'est-à-dire après expérimentation en petit, et surtout après une étude sérieuse de la végétation spontanée du sol. Néanmoins, nous ne pouvons nous dispenser de reproduire les mélanges qui paraissent pouvoir être le plus généralement adoptés.

MM. Moll et Jacquemin, pour les sols riches et frais, conseillent les plantes et les proportions suivantes :

	kil.		kil.
Ray-grass anglais	8,0	ou plus simplement :	
Fromental ou avoine élevée	16,0		
Pâturin ou poa des prés	1,500	Fléole des prés	4
Fétuque des prés	8,0	Vulpin des prés	8
Fléole des prés	1,500	Fétuque flottante	12
Vulpin des prés	3,0	Ray-grass anglais	24
Dactyle pelotonné	8,0	Trèfle rouge des prés	6
Brome des prés ou brome doux	8,0	Trèfle blanc rampant	6
Paturin aquatique	10,0	Luzerne	6
Fétuque flottante	10,500	Fromental ou avoine élevée	16
Ensemble	69,500	Ensemble	82

Pour les terres humides, on conseille le trèfle blanc, l'agrostis traçante, le poa aquatique, la fétuque flottante et autres graminées qui végètent d'une manière plus ou moins vivace dans les sols de cette nature. Quant aux terrains maigres et secs, on s'accorde à recommander le ray-grass anglais, le trèfle blanc, le dactyle pelotonné, le brome des prés, la fétuque ovine, le sainfoin, si le sol est calcaire, etc.

M. Crüd avait expérimenté le mélange suivant dont il ne paraît pas avoir obtenu de remarquables résultats, sans doute à cause de la maigreur du sol : avoine élevée ou fromental, les graines dans leurs balles, 75 kilog. ; ray-grass anglais, 20 kilos ; vulpin des prés, 20 kilos ; fétuque 20 kilos ; houque laineuse, 20 kilos ; et si le sol est humide ou doit être irrigué, 4 à 6 kilos de graine d'agrostis blanche (*agrostis alba*) et quelques autres graminées nutritives et abondantes. Ce dont il faut, dans le choix des mélanges, tenir non moins grand compte que des aptitudes du sol, c'est l'époque de maturité des diverses plantes. « Les diverses « plantes qui forment les prés mûrissent à des époques fort « différentes ; de sorte que si l'on ne fait pas attention à « cette circonstance, on peut recueillir dans un pré des es- « pèces de plantes toutes différentes de celles qu'on veut « multiplier. Si l'on voulait obtenir un mélange d'espèces « semblables à celui du pré dont on récolte la semence, il « serait nécessaire de diviser ce pré en deux ou trois par- « ties, et de les faucher successivement, à l'époque de la « maturité de chaque espèce ; on ne recueillera guère dans « chaque lot que les graines des espèces de plantes.dont « la maturité a coïncidé avec le moment de la récolte, et « l'on mêlera ensemble toutes les graines que l'on aura « ainsi recueillies. Cette précaution n'est au reste néces- « saire que pour former des prés que l'on destine à être pâ- « turés, car; pour les prairies à faucher, il est désirable que « les diverses plantes qui les composent arrivent à maturité « à peu près à la même époque. » (M. de Dombasle, *Calendrier du bon cultivateur*).

La plupart des prairies fournissent, outre la coupe, un

regain non toujours fauchable qu'on utilise par le pâturage ; il est donc souvent précieux d'avoir des plantes précoces mélangées à des plantes tardives, et à celles qu'on pourrait appeler remontantes. Dans d'autres cas, et par divers motifs, on peut préférer soit les plantes précoces à peu près uniquement, parce que, en les fauchant de bonne heure, on obtient un foin régulier quant à la qualité, soit des plantes tardives, afin d'espacer et de diviser les travaux de la récolte. Pour satisfaire à ces indications utiles, nous donnerons le tableau suivant qui comprend : 1° la quantité de kilogrammes de semence de chaque plante pour ensemencer un hectare lorsqu'on la sème seule ; 2° le degré de précocité de chaque plante, représenté par le nombre de degrés de chaleur qu'elle a subi avant la floraison, depuis le moment où la température s'est élevée au-dessus de 8° c. ; 3° le produit moyen de chaque plante semée seule, en foin, par hectare.

TABLEAU.

NOMS DES PLANTES.	PRÉCOCITÉ.	PRODUIT MOYEN EN FOIN.	SEMENCE par hectare.
	Degrés cent.	kilos.	kilos.
Flouve odorante	474	2,000	50
Vulpin genouillé	750	2,000	30
Vulpin des prés	825	4.500	20
Pâturin des prés	1,050	3,000	18
Brome stérile	1,050	3,500	50
Fromental ou avoine élevée	1,200	5,000	100
Paturin commun	1,200	3,000	25
Brome des prés	1,250	3,500	50
Brome dressé	1,250	6,500	50
Brome mou	1,250	4,000	50
Fétuque rouge	1,310	4,000	40
Fétuque hétérophylle	1,340	3,000	40
Dactyle pelotonné	1,510	8,000	50
Fétuque ovine	1,510	2,000	30
Brize moyenne	1,510	2,500	45
Ray-grass d'Italie	1,600	6,000	50
Ray-grass anglais	1,630	3,500	40
Fétuque durette	1,630	4,000	40
Fétuque loliacée	1,630	6,000	50
Ray-grass pill rieffel	1,650	5,000	35
Cynosure cretelle	1,760	2,000	25
Canche flexueuse	1,760	3,000	35
Fétuque élevée	1,900	4,000	50
Fétuque géante	1,900	8,000	50
Houque laineuse	1,940	6,000	25
Paturin aquatique	2,100	4,000	70
Fétuque flottante	2,100	4,000	18
Fléole des prés (Timothy)	2,100	8.000	10
Brome inerme	2,180	4,500	50
Canche cespiteuse	2,180	3,000	30
Houque molle	2,180	6,000	25
Agrostis traçante	2,270	4,500	15
Brome rude	2,550	4,000	50
Brome des champs	2,550	5,000	55

Les Anglais conseillent en effet plusieurs mélanges de graines de différentes précocités. Le suivant se fauche vers la mi-mai : ray-grass anglais, brome mou, paturin annuel, flouve odorante, vulpin des prés. Celui-ci se fauche dans la première quinzaine de juin : fétuque fausse ivraie, fétuque des prés, fétuque durette, paturin des prés, paturin commun, brise moyenne. Les plantes suivantes doivent être fauchées dans la dernière quinzaine de mai : ray-grass d'Italie, ray-grass vivace, fétuque des prés, brome dressé, dactyle pelotonné, paturin commun, arrhénatère fausse avoine. Enfin le dernier mélange se fauche vers la mi-juillet : orge des prés, cynosure crételle, paturin fertile, paturin des prés, avoine jaunâtre, houque laineuse, fléole des prés (V. Demoor, *Prairies*, p. 13-14).

Les Anglais emploient souvent pour créer des prairies, le gazonnement artificiel ; voici, dans ce cas, comment ils opèrent : Après avoir convenablement préparé, ameubli et nivelé le terrain, ils y plaquent en lignes des bandes de gazons de $0^m,30$ de large environ sur $0^m,40$ de long., qui ont été enlevées, au moyen de la pioche à écobuage ou écobue, à la surface d'une autre prairie. Ces bandes de gazon sont distantes les unes des autres de $0^m,30$ à $0^m,40$; lorsque les gazons sont disposés sur le sol, on les bat è la main avec une batte plate, ou mieux, on fait passer un lourd rouleau de fonte, de pierre ou de bois. Ainsi tassés, sous ce climat humide, les gazons reprennent rapidement et ne tardent pas, par leurs racines et leurs graines, à garnir toute la superficie ; à la deuxième année, on a obtenu ainsi une bonne prairie fauchable. Néanmoins, ce mode de création me semble inférieur au semis le plus coûteux que lui. En outre, à moins de détériorer ainsi un pré de très-bonne qualité, on n'obtient qu'une prairie dont les herbes peuvent laisser beaucoup à désirer par leur composition relative, leur précocité et leurs qualités nutritives.

On forme, dans quelques circonstances, des prés d'une seule essence ; c'est ainsi que nous avons vu en Bretagne, employer exclusivement ici le brome stérile, là le ray-grass pill ; qu'en Angleterre, on emploie le fléole des prés, sous le nom de timothy ou celui de catle's tail grass (herbe à queue de vache). Le ray-grass anglais, cultivé seul, peut fournir des gazons, des pâturages, voire même des prairies temporaires d'une certaine durée.

Un ancien maître de poste de Saverne (Bas-Rhin), puis

propriétaire à la Jouanne près Gien (Loiret), a prétendu avoir
découvert un système de création des prairies, applicable
sur les plus pauvres et les plus secs terrains, et avec lequel
opérant sur une lande de la valeur de 300 à 500 fr. avec une
dépense de 1,000 à 1,200 fr. il obtiendrait après la quatrième
ou la cinquième année, un excédant de fumier qui lui per-
mettrait de produire le froment au prix de revient maximum
de 10 fr. par hectolitre, le produit en fourrage sec serait
de 10,000 kil. de foin, au prix moyen de revient de 14 fr.
les 1,000 kil. M. Goetz avait créé à la Jouanne des prairies dont
quelques-unes avaient été améliorées selon son système ; elles
étaient devenues assez bonnes, ainsi que nous avons pu
nous en convaincre *de visu*, et elles avaient été améliorées
par d'abondantes fumures successives, ainsi que nous l'a-
vons appris des domestiques de M. Goetz. On conteste les
chiffres de M. Goetz et on discute dans le vide, puisque
M. Goetz n'a point divulgué sa manière d'opérer ; le point
de vue économique reste donc tout entier à élucider. Quant
au fait pratique, il faut faire la part raisonnable à l'exagé-
ration de tout inventeur (en admettant qu'on puisse ainsi
qualifier M. Goetz), et à cet égard, nous croyons qu'il est
dans le vrai, en formant artificiellement, avec le terreau,
une couche très-riche et aussi épaisse que possible, la seule
dans laquelle les prairies puissent prospérer ainsi que nous
l'avons dit. M. Goetz a établi des prairies à Lamotte-Beu-
vron (Loiret), à Raimbouillet (Seine-et-Oise), à Vincennes, à
Fouilleuse (Seine), à Châlons (Marne), dans les Landes, sur
les domaines de la liste civile, et ceux du domaine privé de
l'empereur, et tous paraissent avoir bien réussi pour le
présent ; on a objecté à M. Goetz qu'il faudrait entretenir la
fécondité de ces prairies, pour entretenir leur produit ; ce
n'est pas un reproche sérieux et on pourrait aussi bien l'a-
dresser aux plus riches embouches de la Normandie. Si on
dépense 1,200 fr. sur une terre qui en vaut 300, et qu'on

obtienne ainsi une prairie ayant une valeur de revient de 1,500 fr. et une semblable valeur vénale, on aura fait une opération louable sous le double rapport de l'intérêt privé et de l'intérêt public ; on aura porté le produit net du sol de 60 fr. à 200 fr. peut-être, en retirant de ses fonds un intérêt suffisant, et en donnant à l'amélioration du domaine un puissant levier.

Les principes de la culture améliorante, la seule rationnelle, nous démontrent jusqu'à l'évidence qu'aucune dépense ne doit être négligée pour obtenir des fourrages artificiels et surtout naturels ; c'est la base de la culture, c'en est le point de départ, et l'engrais nous semble bien mieux placé sur une lande pour en obtenir du foin, que le noir animal ou les autres engrais, pour en obtenir du colza, du seigle ou du sarrasin ; le grain produit de l'argent, mais comme on convertit rarement cet argent en engrais appliqués aux fourrages, on marche vers l'épuisement du sol ; le fourrage, une fois la première dépense de création ou d'amélioration faite, conduit incessamment vers l'augmentation de fécondité des terres arables. M. Goetz n'a peut-être point inventé, mais il a pratiqué un fait d'observation sanctionné par la science ; puisse-t-il trouver de nombreux imitateurs !

Tout ce que nous venons de dire s'applique à la création des prairies ordinaires ; au chapitre 12, nous nous occuperons de l'établissement des irrigations ; mais nous devons traiter ici de la création des herbages d'embouche.

§ 2. Création des prairies d'embouche.

La première opération devra consister à établir les travaux de prise d'eau et ceux d'assainissement, en ménageant un ou plusieurs réservoirs où le bétail pourra se baigner et s'abreuver ; on entourera le champ, dont la superficie la plus convenable économiquement est de 80 à 100 ares, de fossés plantés de haies et d'arbres, formant à la fois clôture et abris. Les fossés serviront à la fois à l'égouttement, s'il y y a besoin, et à préserver les jeunes plantations de la dent du bétail; les haies éviteront les frais de gardiennage et préserveront du dommage des bestiaux étrangers aussi bien que de ceux que les animaux de l'herbager pourraient aller causer chez les autres; les arbres fourniront un abri pendant les chaleurs de l'été et les mauvais temps du printemps et de l'automne; il sera bon même d'en planter quelques-uns, disséminés sur la surface de l'herbage, contre lesquels les animaux iront se frotter, à l'ombre desquels ils aimeront à aller ruminer en repos. Enfin, on ménagera dans la partie la plus sèche, autant que possible, une entrée pour l ebétail et les voitures.

Si le terrain est en pâturage, on le défrichera à la charrue par un labour superficiel, de façon à obtenir des tranches de gazon larges mais peu épaisses et retournées à plat; ce travail se fera vers le mois de juillet ou celui d'août. On laissera sécher et pourrir ce gazon jusqu'au printemps; alors on donnera plusieurs hersages croisés, puis un labour moyen en travers, suivi encore de plusieurs hersages croisés; en mai, nouveau labour, hersages et roulages sur lesquels on pourra semer un sarrasin; après la moisson, quelques hersages croisés pour faire germer les mauvaises herbes, et en novembre, profond labour d'hiver; au printemps, betteraves abondamment fumées, soigneusement sarclées; à l'automne suivant, avoine ou blé d'hiver semés un peu clair et dans lesquels on répandra au printemps un mélange de graines fourragères, ainsi que nous l'avons indiqué plus haut, ou tel autre approprié à la nature du sol. Après la moisson, on pourra donner un ou plusieurs roulages pour niveler le sol et tasser le collet des plantes; pendant l'hiver qui suit, on établira les travaux d'irrigation et d'assainissement à la surface de l'herbage ; les rigoles seront étroites, peu profondes et suffisamment distancées, mais on n'y mettra l'eau qu'au printemps et avec discrétion. On récoltera le fourrage à la faux, interdisant l'accès au gros bétail pendant toute cette année et même le printemps de la suivante, afin de laisser les plantes s'enraciner et former leur collet ; les jeunes élèves de l'espèce ovine doivent seuls utiliser le regain. Ce n'est qu'à l'automne de la seconde année qu'on permettra l'entrée au gros bétail, le sol étant bien ferme et l'eau ayant été retirée à l'avance. A partir de la troisième année, on récolte par le bétail lui-même, qui doit y rester nuit et jour, rendre au sol en déjections ce qu'il lui a enlevé en fourrages.

On a pu, on a même dû, à chacun de ces deux premiers printemps, répandre en couverture sur le sol des compost de terres, de vases, de fumiers, etc., préparés à l'avance. C'est des engrais prodigués au sol que dépend la qualité nutritive de l'herbe ; de la fraîcheur, mais pas d'humidité. Lorsque le terrain est devenu humide par des pluies continuelles, il faut faire sortir le bétail dont les pieds s'enfoncent dans le sol, détruisent les bonnes herbes, et produisent autant de petits marais où ne tarderaient pas à croître les herbes paludéennes. Dans les premières années encore, il ne faut charger l'herbage que d'un nombre modéré de bestiaux, sans quoi ils brouteraient trop près du collet ; ou du moins, doit-on proportionner à leur nombre le temps pendant lequel on leur abandonne l'herbage.

Je sais bien que d'ordinaire, on y met beaucoup moins de façons, et qu'on se borne, pour créer un herbage, à couvrir une ancienne prairie de quelques engrais plus ou moins abondants, laissant le reste au temps et à la nature. Avons-nous besoin de démontrer qu'il peut y avoir profit, disons plutôt qu'il doit y avoir profit à dépenser 6 à 800 fr. par hectare, pour doubler ou même tripler la valeur foncière et

locative, et qu'il y a toujours avantage à bien faire les
choses une première fois, plutôt que de dépenser une
somme peut-être double en plusieurs années, pour un produit inférieur en qualité et en quantité.

Nous pourrions citer un boucher, marchand de vaches à
Chartres, qui n'a pas craint de transporter à 43 kilomètres
de chez lui les engrais de son abattoir et de ses étables, sur
quatre hectares environ de prairies qu'il venait d'acheter
auprès de Dreux, dans la vallée de la Blaise, et qui, en trois
ans, a converti en herbages d'embouche ces anciennes et
médiocres prairies, doublant ainsi au moins leur valeur
foncière ; et croit-on que cet homme ait fait là un mauvais
placement, malgré les circonstances anti-économiques dans
lesquelles il se trouvait placé ? Et que d'hectares de prairies,
dans la vallée de l'Eure, depuis Chartres jusqu'à son entrée
en Normandie, dans la vallée de la Blaise et de l'Avre,
pour le seul département d'Eure-et-Loir ; combien, dans
celle du Loir, et dans tout le reste de la France, pourraient
avec des travaux intelligents, se changer en herbages aussi
riches que ceux de la Normandie !

Dans le Charollais, c'est à M. Mathieu, fermier à Aulnay,
puis propriétaire à Saint-Pierre-du-Mont, qu'on dut, en 1810,
la première amélioration des prairies et leur conversion en
herbages ; utilisant les eaux pluviales des terres culmi-
nantes, celles des sources et des ruisseaux qui parcouraient
le flanc des coteaux, il les réunit dans des réservoirs et les
employa à l'irrigation. Cette innovation prit faveur et fut
promptement imitée par ses voisins ; elle s'étendit bientôt à
toute la contrée. « Bientôt, dit M. Delafond, les mauvais
« bois, les pâtureaux, les pâtis, les coteaux incultes surtout,
« les vignes rapportant peu, furent convertis en prairies...
« pendant deux ou trois ans, ces pâturages de nouvelle
« création sont livrés aux vaches et aux élèves, et ce n'est
« qu'après un temps qui doit nécessairement varier, selon

« la nature, la qualité du sol et la valeur fécondante de
« l'eau qui sert à le baigner, mais qui généralement ne
« dépasse pas quatre, six, ou dix années, au plus, qu'ils
« servent à l'embouche des bœufs. Ces nouveaux pacages,
« enclos par des haies et particulièrement par des bar-
« rages en gros fil de fer, et plus rarement par des murs
« en pierres sèches, sont aérés, très-sains, et peuplés par
« un nombreux et beau bétail de race charollaise qui y
« conserve une santé parfaite et y engraisse bien et promp-
« tement. » (*Progrès agricole dans la Nièvre*, page 44.)

M. Briaune a donné sur les herbages de la vallée de
Bray (Seine-Inférieure), des détails intéressants que nous
ne pouvons mieux faire que d'analyser : Essentiellement
argileux, le sol contient néanmoins assez de silice pour
n'être pas complétement imperméable ; en outre, les coteaux qui bordent la vallée sont calcaires et fournissent au
sol la chaux qui lui manque, entraînée par les pluies.
L'hectare de terre vaut 1,500 à 1,600 fr., et se loue de 40 à
45 fr.; l'hectare d'herbages vaut 4,000 fr. et se loue 100 fr. Il y
a donc une marge de 2,400 fr. pour convertir une terre en
herbage. « Enclore un terrain propre à s'enherber, le plan-
« ter d'arbres, l'enrichir par les excréments du bétail, voilà
« le principe. Puis le pâturage s'améliore, et bientôt il
« peut nourrir tout le bétail nécessaire à la fumure qu'exige
« son entretien..... dès lors le fumier qu'il exigeait, le foin
« qui produisait ce fumier sont un supplément pour les
« autres terres, un moyen de former de nouveaux her-
« bages, dont l'extension finit par porter sur une partie du
« domaine toutes les ressources qui s'étendaient aupara-
« vant sur le domaine entier. » Le plus communément,
pour former ces herbages, on laboure la terre à 0ᵐ,20
ou 0ᵐ,25 de profondeur, on la fume, on y plante des
pommes de terre que l'on fait suivre d'une céréale d'hiver
fumée de nouveau, puis on sème au printemps du trèfle

blanc. La céréale enlevée, on fait parquer le jeune trèfle par des moutons; l'année suivante on le fait pâturer par le gros bétail, et souvent on le parque une seconde fois; alors les graminées ne tardent pas à couvrir le terrain, l'herbage est formé et il rentre dans les conditions générales d'entretien. Sur le plateau de Forges, où l'on a converti d'anciennes bruyères en pâturages, on a commencé par l'écobuage. Parfois on a semé le trèfle tout de suite sur l'écobuage, mais les meilleurs cultivateurs ne l'ont semé qu'après une ou deux fumures, et ils ont gagné en temps et en fertilité.

Pour les prairies, il a suffi de les enclore et de les assainir, soit par des fossés d'enceinte, soit par des fossés d'égout, de manière à les débarrasser de toute humidité surabondante. On ne plante plus dans les herbages, mais tout le monde est d'accord sur la nécessité des clôtures continues. En effet, sans clôture, pas de tranquillité pour le bétail, et sans tranquillité, pas de profit; le pâtre et le chien sont la plus chère de toutes les barrières. Ici, la clôture précède la mise en herbage; les uns plantent la haie sur le revers d'un large fossé, les autres enclosent avec des fils de fer. On a reconnu, en Normandie comme en Angleterre, et cela, depuis longtemps, qu'un pâturage d'où les bestiaux sortaient la nuit ne tardait pas à se détériorer, tandis qu'il s'améliore par le séjour continu des animaux, aussi les bêtes à l'engrais, non plus que les vaches, ne rentrent-elles point à l'étable durant toute la saison du pâturage. Les herbages propres à l'engraissement sont généralement ceux qui, placés sur un bon sol, ont été enrichis par une longue répétition de parcages. La terre y est recouverte d'une couche de matières animales et végétales décomposées, qui fournit à l'herbe une nourriture riche et succulente et préserve la racine de la sécheresse de l'été.

Voici comment le savant auteur estime les frais de création d'un hectare d'herbages dans le pays de Bray :

Fumure des racines 70,000 kilos ; plus, fumure de la
   céréale 30,000 kil. ; ensemble, 100,000 kil. à 7 fr.
   pour 100, dont les deux tiers pour l'herbage, soit.   467 f. 00
Graine de trèfle blanc, 25 kilos à 1ᶠ,25.   37   50
Parcage d'un hectare pendant deux ans, à 100 fr.
   par an et intérêts.   207   50
Intérêts pendant deux ans de l'engrais et de la se-
   mence.   37   80
Loyer du sol pendant deux ans.   80   00
Frais de clôture par hectare, en moyenne.   200   00

       Ensemble.   829   80

Ce qui ajoute à 1,600 fr., valeur, avons-nous dit, de la terre arable, porte le prix de revient de l'herbage à 2,429ᶠ,80, tandis qu'il atteint une valeur foncière échangeable de 4,000 fr.; bénéfice 1,570ᶠ,20. Le loyer a été porté de 40 à 125 fr., ce qui porte l'intérêt de l'amélioration de 6 à 8 p. 100 du capital employé. Dans le travail dont nous venons de faire un résumé à peu près textuel, l'ancien professeur de Grignon conclut ainsi : La seule comparaison entre la main-d'œuvre de la culture arable et celle de la culture des herbages dispensera d'entrer dans plus de calculs, et l'on jugera tout de suite que si le pâturage rapporte 64 fr. de bénéfice net au fermier par hectare, le labourage ne lui en rapporte pas moitié, et que par conséquent, la tenue en herbages permanents est pour le pays de Bray la véritable agriculture normale. (*Journal d'agriculture pratique*, 1ʳᵉ série, t. IV, 1840-41, page 307 et suivantes).

CHAPITRE XII

ÉTABLISSEMENT DES IRRIGATIONS ET CONDUITE DES EAUX

L'établissement des irrigations comprend plusieurs questions distinctes qui sont : 1° L'étude des eaux, leurs qualités, leur volume, etc.; 2° les réservoirs nécessaires pour emmagasiner ou recueillir les eaux ; 3° les rigoles destinées à distribuer l'eau à la surface du sol ; 4° le nivellement ou la disposition à donner à la superficie du terrain, afin d'y distribuer l'eau d'après le système d'arrosement qu'on a adopté ; 5° enfin, les divers systèmes d'irrigation qu'on peut pratiquer suivant le volume de l'eau, la configuration du sol, etc. Nous passerons donc ces divers points en revue.

Disons d'abord que l'irrigation a tantôt pour but de procurer seulement de la fraîcheur à la terre, quand on ne dispose que d'eau claire, de source ou de ruisseau ; tantôt de favoriser la végétation en élevant la température du sol en hiver, en l'abaissant en été, quand on peut utiliser des eaux près de leur sortie des sources ; tantôt encore d'obtenir à la fois de la fraîcheur et des engrais quand les eaux contiennent du limon en suspension ; en dernier lieu enfin de limoner le sol en hiver en faisant déposer par les eaux le limon qu'elles contiennent, c'est alors le colmatage.

§ 1. Qualité des eaux.

Les eaux qui sortent de terre sont, en général, à une température sensiblement plus élevée en hiver, sensiblement plus basse en été que celle de l'atmosphère ; elles peuvent dès lors, par cette seule action physique, favoriser la croissance des prairies, ces eaux fussent-elles, comme c'est le cas ordinaire des eaux de sources, parfaitement pures, ou riches seulement de sels inorganiques (carbonates de chaux, de soude et de potasse, etc.). Il y a bien peu de rivières, de ruisseaux, de canaux, dont les eaux ne contiennent en dissolution ou en suspension certains éléments organiques (molécules terreuses, humate de chaux, etc.), qui, s'infiltrant dans le sol, y agissent comme engrais ; quelques-unes de ces eaux, dans les temps de crues, sont tellement riches en limon qu'en les laissant déposer sur le sol elles l'enrichissent parfois d'une couche fertilisante très-épaisse.

En général, dit M. Puvis, toutes les eaux donnent aux plantes de quoi suffire aux deux principaux actes de la vie végétative, à l'absorption dans le sol de sucs séveux par les racines, et à la transpiration des feuilles dans l'atmosphère, et tout en remplissant ce double but, elles laissent encore dans l'individu ceux des principes végétaux qu'elles contiennent et qui peuvent convenir à sa nature.

Les eaux des terrains siliceux sont riches surtout en potasse qui aide puissamment les plantes, à absorber dans l'atmosphère ceux de leurs principes constituants qu'elles n'ont pu rencontrer dans le sol. Les eaux des terrains calcaires fournissent aux plantes de l'acide carbonique, de l'oxygène et de la chaux, trois des principes les plus nécessaires à la végétation. Enfin, les eaux des terrains argileux sont en général froides, crues, et peu favorables, à moins qu'elles n'aient traversé des champs bien cultivés où elles ont pu s'enrichir de principes organiques; en outre, elles sont souvent chargées d'oxyde de fer dont la surabondance est nuisible à la végétation.

Géologiquement, les eaux qui proviennent des terrains anciens (granits, micaschistes, etc.), chargées de sels de soude et de potasse, comme dans le Limousin, sont précieuses pour l'arrosage ; celles qui sortent des grès rouges, riches en potasse surtout, comme celles qui découlent des Vosges et des Alpes (Moselle, Meurthe, Isère, Durance, etc.), sont peu inférieures aux précédentes. Les eaux des terrains volcaniques, saturées de bicarbonate de soude, comme dans une partie des Pyrénées et de l'Auvergne (Vichy, Riom, Plombières, etc.), viennent en troisième lieu. Les eaux du lias (couches alternatives de marnes bleuâtres et de calcaire argileux), sont très-fertilisantes, parce qu'elles se sont enrichies d'un grand nombre de substances solubles dérobées aux couches qu'elles ont traversées. Les eaux de l'Oxford-Clay (marne argilo-calcaire) sont aussi très-bonnes; ce sont celles qui arrosent la riche vallée normande du pays d'Auge. Celles qui proviennent de la grande-oolithe (couches de marne, sable, oolithe ferrugineuse, calcaires compactes, argiles très-fines), sont en général limpides et froides, et favorisent surtout la végétation des carex et des joncs. Celles de la craie sont très-limpides aussi et peu fertilisantes, quoique meilleures que les dernières. Enfin celles des terrains pyriteux où elles se sont chargées de sulfate de fer, sont impropres à l'irrigation partout ailleurs que sur les prairies calcaires. Les eaux qui proviennent des formations tourbeuses (terrains modernes) sont froides, crues, acides, et ne favorisent que la végétation des plantes des marais.

Nous avons parlé déjà des eaux de sources : « Dans les terrains granitiques et porphyriques, dit M. Heuzé, elles sont nombreuses mais faibles; dans les terrains volcaniques, elles sont peu nombreuses mais abondantes; dans les terrains calcaires, elles sont rares mais assez fortes; dans les terrains schisteux, houillers et du grès rouge, elles sont rares et faibles. » Quand elles dissolvent bien le savon et cuisent les légumes, elles sont bonnes; elles sont de bonne qualité encore quand elles font croître le cresson et nourrissent des écrevisses.

Les eaux des fleuves et rivières agissent physiquement en été en apportant de la fraîcheur au sol; elles agissent chimiquement en hiver en enrichissant le terrain du limon

qu'elles y laissent déposer ou filtrer ; il en est de même de
la plupart des ruisseaux. Les eaux d'égouttement recueillies par les fossés varient en qualité suivant la nature des
terres qu'elles ont lavées ; très-bonnes quand elles proviennent de terres bien cultivées et abondamment fumées ; nuisibles lorsqu'elles descendent des tourbières, des terres de
bruyères, des landes ou des forêts, crues, acides ou claires.
Les eaux d'étangs sont également ou bonnes ou mauvaises ;
bonnes quand les étangs sont vaseux et peuplés de poissons ;
mauvaises quand les étangs reposent sur un sol graveleux
et désert.

Il n'y a point d'eaux cependant dont on ne puisse corriger
les qualités neutres ou même nuisibles : sont-elles trop froides, on leur fait parcourir de longs trajets dans des rigoles
larges et peu profondes où elles puissent s'échauffer au contact du sol et de l'atmosphère, ou bien on les recueille dans
un réservoir assez vaste pour que, y demeurant un certain
temps, elles puissent prendre la température de l'air am-
biant. Sont-elles acides, on les réunit dans un réservoir où
on dépose de la chaux, des cendres, du fumier, avec lesquels
on les mélange par l'agitation. Pour améliorer les eaux gyp-
seuses, on y mêle des cendres, des purins, des débris de
boucherie en putréfaction, des fumiers, etc. Pour améliorer
les eaux tuffeuses, on les réunit dans de vastes bassins au
fond et autour desquels on met des fascines de bois très-ra-
meux et des branches de pin et de sapin sur lesquelles le tuf
se dépose promptement (Polonceau).

§ 2. Des réservoirs.

Lorsqu'on peut librement disposer des eaux d'une rivière
ou d'un ruisseau situés à un niveau un peu supérieur à celui des prairies qu'on veut arroser, un réservoir est inutile ;
il est indispensable lorsque les eaux dont on dispose ont be-

soin d'être améliorées avant leur emploi, ou bien lorsque provenant d'écoulement des terres, elles sont abondantes en hiver et nulles en été ; il faut bien alors s'approvisionner dans une saison pour l'autre.

Le réservoir peut consister simplement dans un barrage, semblable à celui d'un étang, réunissant les deux coteaux qui bordent une vallée quand celle-ci est assez étroite ; on barre ainsi l'écoulement de l'eau dont le niveau s'élève jusqu'à un point déterminé et qu'on règle au moyen de vannes ou d'écluses. D'autres fois, le réservoir peut consister dans une excavation pratiquée artificiellement au bas de la pente d'un coteau qui reçoit les eaux d'un plateau qu'on y dirige par des fossés; dans tous les cas, il est inutile que le réservoir soit creusé à un niveau inférieur à celui des prairies qu'on veut arroser, cela se comprend de soi. Sa capacité varie avec la quantité d'eau qu'on peut emmagasiner et avec celle qu'on veut recueillir d'après le climat, la nature et la surface du terrain qu'on désire irriguer.

L'établissement d'un réservoir suppose un sol imperméable de sa nature, et les matériaux qu'on emploie à sa confection doivent être rendus imperméables aussi : un sol argileux pour le fond, des terres argileuses et du ciment pour la chaussée. La configuration et la nature du sol déterminent le mode de construction et le chiffre des dépenses; tantôt, il suffit d'un simple barrage en bois annexé à une chaussée fort restreinte en terre; tantôt, de grands travaux d'art sont indispensables. Rarement on creuse le sol du réservoir, si ce n'est lorsqu'on a besoin de terre pour établir la chaussée; quant à celle-ci, sa longueur, son épaisseur, sa hauteur dépendent de la quantité d'eau qu'on veut emmagasiner, de la largeur de la vallée qu'on veut barrer, de la nature des matériaux dont on dispose ; règle générale, le sommet de cette digue doit être plus élevé de $0^m,50$ à $0^m,80$ que le niveau des plus grandes eaux. D'après M. Rieffel, en prenant la terre à proximité, on peut traiter à forfait pour le terrassement, à raison de 0ᶠ,60 le mètre cube de terrain déplacé ; un réservoir pouvant contenir l'eau nécessaire, sous le climat de l'ouest de la France, à l'irrigation de 20 ou 25 hectares de prairies, muni de deux à trois écluses, coûterait de 1,000 à 3,000 fr. Ces écluses qui servent à vider le réservoir ou à déverser son trop-plein, peuvent être placées à deux points différents de la hauteur du bassin, l'une au point le plus bas, l'autre au niveau moyen de l'eau : la première s'appelle écluse de fond ; la seconde, écluse de décharge.

La capacité du réservoir doit être calculée d'après deux bases : l'eau que l'on espèce recueillir, l'eau dont on a besoin. Pour obtenir le premier renseignement, il faut étudier la quantité de pluie tombée annuellement sur le bassin dans lequel on la recueille, en supposant qu'on n'en laisse point perdre, et calculant le déficit par l'évaporation et par l'infiltration. C'est là une question théorique assez complexe ; la pratique indique que, dans le centre de la France, on peut recueillir annuellement 1,000 hectolitres d'eau par hectare du bassin versant. Quant à l'évaporation qui se produit sur les eaux rassemblées dans le réservoir, elle s'élève en raison de la superficie exposée au soleil relativement à la profondeur de l'eau ; elle varie encore suivant le climat et la saison. Pour obtenir ce second renseignement, il faut étudier la nature et les besoins du sol, le nombre et la quotité des arrosements nécessaires, ce que nous chercherons à établir plus loin.

Parfois, les réservoirs atteignent de très-grandes dimensions ; c'est qu'alors, ils intéressent la propriété de toute une contrée, et sont l'œuvre d'une société ou de l'État. Le réservoir de Caromb, dans le département de Vaucluse, renferme 250,000 mètres cubes d'eau ; sa digue en maçonnerie a 17 mètres de hauteur et 78 mètres de longueur en couronne. En Afrique, le réservoir, encore inachevé, de Marengo, contiendra 1,500,000 mètres cubes d'eau et arrosera 1,000 à 1,200 hectares ; sa chaussée est haute de 24 mètres. L'Italie, l'Espagne, l'Inde, nous fourniraient de nombreux exemples de gigantesques travaux de ce genre.

§ 3. Les Canaux.

On a souvent été frappé de voir les rivières et les fleuves, les torrents mêmes, charrier à la mer leurs eaux plus ou moins limoneuses sans profit pour l'agriculture ; c'est là un malheur immense et presque général, mais il n'en faut point imputer la seule faute à l'agriculture qui trouve si difficilement des capitaux pour mettre en œuvre les forces si puissantes de l'association. Puis, nous sommes, il faut le dire, si accoutumés à voir l'État agir pour nous que nous attendons patiemment son secours. C'est Adam de Craponne qui, en 1554, entreprit à ses risques et périls le canal qui porte son nom ; il avait alors 50 kilomètres environ, et portait les eaux de la Durance à travers 18 communes, arrosant et fécondant 13,500 hectares environ. En 1581, ce canal fut continué d'Arles au Rhône à travers la Crau, par les frères Ravel. En 1666, de Riquet entreprit, à ses frais aussi, le canal du Midi, spécialement destiné à la navigation, mais qui, en 1797, d'après les calculs de Dupont de Nemours, avait augmenté de 20 millions le revenu des propriétés territoriales de cette partie de la France, et produit au trésor public, en taxes et impôts divers, plus de 500 millions.

La plupart de nos grands canaux d'irrigation, dans le midi de la France, sont d'une date ancienne, comme ceux de Craponne, qui dérive la Durance et a augmenté de plus de 30 millions la valeur des terres riveraines ; Boisjelin ; Crillon ; Carpentras, d'une longueur de 78 kilomètres et qui arrosent plus de 6,000 hectares ; qui utilisent les eaux de la Durance ; dé Donzère qui prend celles du Rhône ; ceux d'Alaric ; des

Alpines, qui arrose 32,000 hectares, appartenant à 17 communes ; de Bazer, de Pierrelatte, de Marseille, de Perpignan, etc. En Italie, où l'irrigation a plus d'intérêt encore qu'en France, on s'est depuis longtemps mis à l'œuvre ; nous pouvons citer les canaux de Naviglio Grande, construit de 1178 à 1257 ; de la Muzza, en 1220 ; de Treviglio ou Fosso Bergamasco, en 1305 ; de la Martesana, en 1460 ; ceux de Caluso, d'Ivrea, de la Sesia, de Bereguardo, de Pavie, du Crémonais, etc. ; en 1859, a été terminé le canal de Cigliano, long de 165 kilomètres ; en ce moment, on travaille à celui de Chivasso, qui arrosera 120,000 hectares, et coûtera au moins 54 millions (1).

Mais les canaux d'irrigation ne s'élèvent pas toujours au rang de travaux d'art publics ; ils n'ont souvent qu'une plus modeste taille ; ce n'est parfois qu'un simple canal ou fossé de dérivation qui prend l'eau dans un fleuve, une rivière, un ruisseau, pour la conduire sur les terres. Les beaux travaux de MM. Dutacq n'ont exigé qu'un barrage sur la Moselle au-dessous d'Épinal, et un canal de dérivation de 1,600 mètres, avec une pente de $0^m,0021$.

Les dimensions de ces canaux doivent être calculées d'après le volume d'eau qu'ils doivent charrier, et d'après la nature du sol qu'ils traversent, combinés avec la vitesse du liquide dans le canal. C'est là du reste, le travail d'un ingénieur qu'on devra toujours appeler à son aide pour les travaux quelque peu importants. Il s'agit, en effet, de calculer les remblais et déblais, la disposition des talus et des pentes.

(1) En ce moment (1865), deux grands canaux d'irrigation collective sont à l'étude dans le département des Basses-Pyrénées : l'un sera établi sur la rive gauche du gave de Pau, entre Artiguelouve et Lagor, traversera onze communes, et pourra arroser environ 3,000 hectares de terrain. Sa longueur sera de 20 kilomètres ; le second sera destiné à arroser une plaine de 6,000 hectares, comprenant 14 communes, et située sur la rive droite du gave d'Ossau, arrondissement d'Oloron. On prépare en outre la prochaine concession du canal de Saint-Martory, à Toulouse.

l'infiltration des eaux dans le sol, etc. Tout au moins devra-t-on recourir aux bons traités spéciaux, comme ceux de MM. Nadault de Buffon sur les *Irrigations*, de M. Hervé-Mangon, art. Irrigations dans l'*Encyclopédie pratique de l'agriculteur*, de M. Moll dans l'*Agriculture et Colonisation de l'Algérie*, etc. Nous nous bornerons ici à dire que la pente des canaux d'irrigation paraît devoir être renfermée entre 0^m,027 et 0^m,06 par 100 mètr., d'après M. Nadault de Buffon(1).

§ 4. La prise d'eau.

La prise d'eau d'un canal d'arrosage dans une rivière ou un ruisseau se fait quelquefois par une simple dérivation, sans aucun ouvrage spécial ; d'autres fois, elle exige un barrage, un déversoir, un aqueduc couvert, etc. ; mais si l'on veut dériver la totalité du cours d'eau ou élever son niveau, il faut des travaux plus compliqués ou du moins plus solides, un barrage avec déversoir, en aval de la pièce d'eau.

« Les canaux communiquant librement avec les rivières « et ruisseaux, sont exposés comme les cours d'eau naturels « à tous les inconvénients des inondations et à de fréquents « ensablements. Ce mode de prise d'eau ne convient donc « que pour de très-petites rigoles que l'on peut fermer avec « un gazon ou dans certaines circonstances tout à fait « exceptionnelles. » (Hervé-Mangon.) Dans les cas les plus ordinaires, on établit un barrage sur le ruisseau, en aval de la pièce d'eau ; ce barrage mobile permet de régler le volume de l'eau qui s'introduit dans le canal ; une vanne, mobile aussi, placée à l'entrée de ce canal permet, d'un autre côté, d'y interdire tout accès à l'eau pendant le curage ou lorsqu'on ne veut point irriguer.

La prise d'eau, canal d'amenée ou de dérivation, varie en

(1) Voir le *Guide pratique de l'ingénieur agricole hydraulique*, par M. Laffineur (Bibliothèque des professions industrielles et agricoles).

largeur, en profondeur et en hauteur suivant le niveau composé du cours d'eau et celui du terrain qu'on doit irriguer ; il varie surtout en longueur ; tantôt, il débouche immédiatement sur la prairie, dans la rigole principale d'arrosement, d'autres fois, il parcourt un ou plusieurs kilomètres. La pente qu'on doit lui donner est de 2 à 4 millimètres par mètre ; son parcours doit être tracé de manière à éviter les terrassements en remblais et déblais, et à l'amener au point le plus élevé, néanmoins, des prairies à arroser. Les talus seront d'autant plus inclinés que le sol aura moins de consistance, en moyenne 1^m,50 d'évasement par mètre de profondeur. Quand on opère sur des terrains perméables, il est prudent, pour éviter les pertes d'eau souvent considérables par l'infiltration, de glaiser toute la surface mouillée du canal, fond et talus.

§ 5. La rigole principale d'irrigation.

C'est celle qui prend l'eau dans le canal de dérivation ou dans le cours d'eau lui-même suivant les cas. Elle prend naissance au point le plus élevé de la prairie arrosée, c'est-à-dire à l'endroit même où a dû être amené le canal de dérivation. Elle n'est pas indispensable dans tous les systèmes d'irrigation, ni avec toutes les pentes du terrain. Lorsqu'on arrose par submersion, par exemple, la rigole principale d'irrigation devient inutile. Quand la pente du sol est peu sensible, on peut arroser sans rigole principale, en faisant des saignées temporaires sur le canal de dérivation ; on n'a point à craindre ici, en effet, que l'eau ravine le sol. Lorsque la pente est très-rapide et qu'il serait dangereux d'arroser à grande eau, le canal de dérivation sert en même temps de rigole principale et parfois même de rigoles secondaires. Ce n'est donc que dans les pentes intermédiaires, et avec certains systèmes d'irrigation, que les rigoles principa-

les deviennent indispensables pour se garantir de la surabondance des eaux et régler leur volume suivant la saison.
(Morin de Sainte Colombe, *Mais. rust. du* 19ᵉ *siècle*, t. 1ᵉʳ,
p. 247.)

Quant à son tracé, la rigole principale doit suivre le sommet du point de partage des pentes qu'elle doit desservir ;
sa pente est indiquée par celle du sol ; sa largeur, proportionnée à la longueur de son parcours, diminue à mesure
qu'elle approche de son point extrême, afin que les eaux,
dont le volume a graduellement diminué, y conservent la
même vitesse. Comme elle tend plutôt à se creuser qu'à
s'ensabler, il faut ne lui donner que la profondeur stricte-
ment proportionnée au volume des eaux auxquelles elle
doit donner passage.

§ 6. Des rigoles secondaires d'irrigation.

Les rigoles secondaires, variables en nombre, en dimensions, en disposition suivant le système qu'on veut suivre,
prennent l'eau dans la rigole ou les rigoles principales et la
conduisent dans les diverses parties de la prairie en la déversant de diverses manières, tantôt par infiltration, tantôt
par ruissellement. Il en est de même de leur direction qui
tantôt est parallèle, tantôt perpendiculaire à la pente du sol ;
tantôt on les fait courir avec une pente plus ou moins forte,
tantôt elles suivent le terrain à niveau. Nous aurons occasion, en traitant des différents systèmes d'irrigation, de dé-
crire leur orientation, leur tracé, leur mode d'action, leur
espacement, etc. Nous parlerons en même temps aussi des
barrages, pelles, etc., employés pour chaque système.

L'un des principes essentiels de toute irrigation, c'est que
l'eau doit courir sur le sol et ne point stagner dans le sous-
sol ; il faut donc que le desséchement marche de front avec
l'irrigation. En attendant qu'on ait combiné le drainage avec

l'arrosage, on peut employer les saignées ou rigoles à ciel ouvert ; il est vrai qu'on perd ainsi une certaine superficie de terrain et que ces saignées demandent tous les ans certains soins pour leur curage ; qu'elles donnent naissance à de mauvaises plantes aquatiques dont les semences se répandent sur la prairie. Aussi, à tous les égards, et même au point de vue de l'économie, le drainage nous semble préférable ; nous aurons occasion d'y revenir dans le chapitre suivant.

§ 7. Des rigoles de desséchement.

Les rigoles de desséchement varient en largeur, en profondeur, en rapprochement, suivant la nature chimique et physique du sol, suivant le mode d'irrigation employé et la quantité d'eau qui se déverse. Plus le sol est humide (argileux, tourbeux), plus elles doivent être rapprochées et profondes ; sur certains sols siliceux, comme dans les grèves de la Moselle, on peut souvent s'en passer, mais elles sont toujours indispensables dans le système d'irrigation par planches bombées.

§ 8. Des systèmes d'irrigation et de la disposition du sol.

On connaît quatre principaux systèmes d'arrosage, savoir : 1° par submersion ou inondation ; 2° par déversement ou reprise d'eau ; 3° par ados, planches bombées, ou dosses ; 4° par infiltration ou à niveau. Chacun de ces modes s'applique à des quantités d'eaux, à des sols, à des pentes distinctes.

A. *Irrigation par inondation*. On ne peut l'employer que lorsqu'on a une assez grande masse d'eau disponible à un moment donné, et que le terrain est très-peu incliné ; c'est dans les vallées, à l'époque de la crue des cours d'eau, qu'on emploie surtout ce système ; c'est en effet, dans la plupart des cas, la seule condition où le niveau des eaux soit supérieur à celui des prairies ; on peut inonder encore cependant lorsqu'on dispose d'un étang ou d'un vaste réservoir. Enfin, on peut, au moyen d'un cours d'eau dont on aurait la libre disposition, inonder en toutes saisons, c'est-à-dire tant que le cours d'eau est rempli, au moyen d'une vanne ou d'un barrage.

La prairie à arroser par submersion doit être, par des bourrelets de terre formant une sorte de petites digues, divisée en compartiments de superficie variable, suivant la pente plus ou moins rapide du sol ; car l'essentiel est de tenir le terrain couvert d'une couche d'eau de $0^m,10$ à $0^m,15$ de hauteur, partout égale ; de tenir l'eau en repos sur le terrain pendant un temps suffisant pour qu'elle s'infiltre suffisamment et dépose le limon qu'elle tenait en suspension. Ces bourrelets en terre, ces petites digues, larges de $0^m,40$ à $0^m,50$ à la base, hauts de $0^m,20$ à $0^m,25$, doivent être établis horizontalement. Moins le sol a de pentes, et plus ces digues peuvent et doivent naturellement être écartées les unes des autres ; terme moyen, elles sont placées de 40 à 50 mètres les unes des autres. La figure suivante fera comprendre cette disposition :

Sur le ruisseau, on a établi un barrage A qui fait refluer l'eau dans le canal d'amenée B, lequel la déverse dans le premier compartiment où elle est maintenue en repos au fond par la première petite digue C, C. Lorsque l'eau a atteint le sommet de la digue, elle déverse par-dessus pour aller remplir le second compartiment ; mais elle n'a point assez de vitesse, en dessous de la surface, pour entraîner le limon, qui dès lors se dépose sur le sol. Mais, en agissant ainsi, le premier compartiment serait toujours le mieux traité, et les derniers ne recevraient que de l'eau claire ;

aussi, quand le premier endiguement a reçu assez de limon, on perce la petite digue de manière à donner accès à

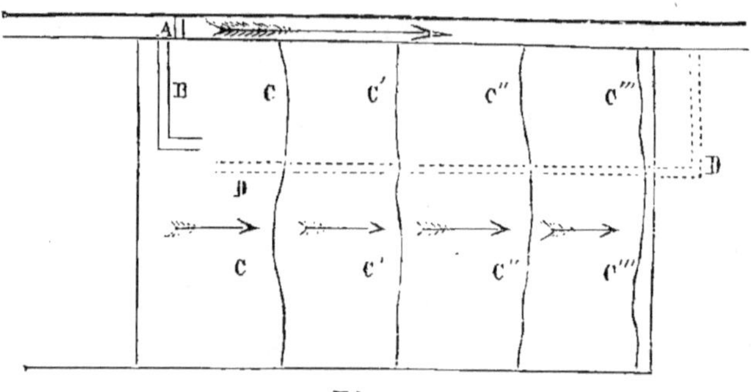

Fig. 1.

l'eau nouvelle qui continue d'arriver, dans le second compartiment, et ainsi de suite pour les suivants. Enfin, l'irrigation terminée, on perce toutes les digues dans le trajet de
la rigole d'assainissement DD, à laquelle un débouché a
dû être ouvert.

C'est ordinairement le printemps qu'on choisit pour inonder ou submerger les prairies ; les pluies de mars et avril,
en lavant les terres fraîchement remuées et fumées pour les
semailles, grossissent les cours d'eau alors riches en limons
fertilisants ; c'est l'époque aussi où les prairies ont besoin
d'être trempées afin que, vienne le soleil, la végétation
prenne un puissant essor. Néanmoins, on arrose encore
parfois, quoique les eaux soient presque pures, en hiver,
pour préserver les plantes de la gelée. On introduit, dans ce
cas, l'eau dans la prairie, et on l'y retient, sans lui donner
issue, de manière à ce que sa présence protége l'herbe ; on
la laisse courir doucement et en ménageant l'eau ; pourvu
que le courant soit suffisant pour empêcher la formation de
la glace, c'est assez. Une irrigation semblable empêche également les gelées blanches de brûler la pointe de l'herbe,
mais dès qu'on l'a mise en hiver, il faut laisser l'eau jus-

qu'au moment où on n'a plus la gelée à craindre avant que
le terrain soit bien ressuyé.

On laisse donc l'eau un temps variable sur le pré, 12 heures au plus quand on veut atténuer les effets d'une gelée
blanche, 4 à 5 jours quand on veut limoner au printemps,
6, 8, 10 jours et plus pendant les fortes gelées de l'hiver,
4 à 5 heures à peine, quand on n'a pour but, en été, que de
donner de la fraîcheur au sol afin de favoriser la pousse des
regains. Dès qu'on voit de l'écume se former à la surface de
l'eau, il est temps de la retirer ; aussitôt que l'herbe a atteint 0^{m},15 à 0^{m},20 de longueur, il ne faut plus la mettre,
sous peine d'envaser les foins. Mais, au printemps, et après
la coupe des foins, on peut arroser à plusieurs reprises et à
divers intervalles, selon le climat, la température, la nature
du sol, la quantité d'eau dont on peut disposer, mais à chaque fois, il ne faudra laisser l'eau qu'un espace de temps inverse de l'élévation de la température, par exemple, 6 à
8 jours pendant les fortes gelées d'hiver, 36 ou 48 heures
en février, 24 à 36 en mars, 12 à 24 en avril, mai et juin,
12 à 20 en juillet, etc. ; sans cette précaution, l'eau croupi-
rait, fermenterait et détruirait l'herbe, lui faisant autant de
dommage qu'elle aurait pu lui faire de bien.

Les frais d'établissement de ce système sont simples et
peu coûteux : un barrage dont la dépense varie selon la
largeur du cours d'eau, un canal d'amenée dont la largeur,
la profondeur et la longueur diffèrent selon le volume de
l'eau et l'éloignement de la prairie, l'établissement de petites digues qui s'engazonnent rapidement et ne demandent
plus que quelques soins d'entretien contre les travaux souterrains des taupes ; enfin l'établissement de la rigole d'asséchement. Un grossier terrassement pour combler les plus
fortes dépressions de terrain dans lesquelles stagnerait l'eau
est presque toujours suffisant ; le colmatage les remplira
rapidement ensuite.

L'irrigation par submersion est donc le système élémentaire le plus simple et le moins coûteux ; mais il suppose un sol peu accidenté, de faible pente, situé inférieurement à un cours d'eau dont on ait la libre disposition à certaines époques du moins, sans être exposé aux réclamations des usiniers inférieurs ; dont on soit propriétaire sur un parcours assez prolongé pour n'avoir pas non plus à craindre les plaintes des propriétaires supérieurs dont le reflux de l'eau pourrait endommager les fonds.

B. *Irrigation par reprise d'eau*, par ruissellement ou par déversement. Ce système convient sur les terrains qui n'ont pas une pente de plus de $0^m,02$ par mètre, mais qui en ont une d'au moins $0^m,01$. Elle convient encore lorsqu'on ne possède qu'une assez faible quantité d'eau, mais aussi, elle exige souvent des terrassements coûteux pour donner à la surface du sol des pentes régulières, condition indispensable du ruissellement et de l'utilisation de l'eau. On peut l'employer encore sur les terrains peu inclinés, mais il faut alors beaucoup de soin dans la disposition et l'établissement des rigoles. C'est le système le plus répandu, peut-être, en France, et surtout dans les Vosges.

Voici comment le décrit M. Moll qui a souvent traité cette question des arrosages : « Un canal d'amenée fournit l'eau « aux rigoles d'arrosage. La première reçoit directement « l'eau du canal, qui, après l'avoir remplie, se déverse « par-dessus le bord d'aval, et arrose l'espace situé immé- « diatement au-dessous. Reçue par la seconde rigole, qu'elle « remplit promptement et par-dessus le bord de laquelle « elle se déverse pareillement, cette eau arrose l'intervalle « qui sépare cette rigole de la troisième, et ainsi de même « jusqu'au bas de la prairie, où se trouve un canal d'écou- « lement unique, ou combiné avec des saignées destinées « à réunir les eaux surabondantes (les colateurs) et à en « faciliter l'écoulement. Une ou plusieurs rigoles de dis-

« tribution parallèles ou obliques à la pente permettent de
« conduire l'eau du canal directement sur l'une ou l'autre
« rigole d'arrosage. Celles-ci sont ordinairement horizon-
« tales ; mais on peut leur donner une légère pente à par-
« tir du point de jonction de la rigole de distribution, seu-
« lement, on a soin alors de recourir à de petits barrages
« mobiles, vannes à main, ou mottes de gazon.

« Ces rigoles se placent à 10 ou 15 mètres de distance les
« unes des autres dans les terrains assez compactes et d'une
« pente de $0^m,02$. Une pente de $0^m,01$ à $0^m,015$ surtout en
« sol léger n'admet plus qu'un intervalle de 3 à 4 mètres.
« On leur donne une section uniforme sur toute la longueur,
« en moyenne de $0^m,07$ de profondeur sur $0^m,20$ à $0^m,30$ de
« largeur. Dans cette méthode, on fait ordinairement suivre
« aux rigoles les sinuosités de la surface, en ayant soin d'en
« relever un peu les bords dans les dépressions ; on ne com-
« ble que celles où l'eau séjournerait, et on n'abaisse que
« les mamelons où elle ne pourrait arriver. En général, on
« s'attache à disposer les choses de façon que l'eau s'étende
« uniformément sur toute la surface, parvienne partout, et
« ne coule nulle part en filets séparés. »

La figure suivante contiendra les renseignements nécessaires à l'explication de ce système :

A est le réservoir ou le cours d'eau ; BB est la rigole principale d'irrigation ; C, C, C, sont les rigoles d'arrosement, et
D, D, D les rigoles secondaires. Les rigoles d'arrosement dès
que l'eau est retirée du pré fonctionnent comme rigoles d'asséchement et viennent se vider en E, fossé, cours d'eau ou
rigole principale d'assainissement. Les rigoles secondaires
D, D, sont horizontales, droites ou sinueuses suivant que le
terrain a été nivelé ou non, de façon à ce que, avec une
motte de gazon, on puisse faire déverser l'eau régulièrement
sur toutes les parties du pré. Leur profondeur est de $0^m,08$
à $0^m,25$; leur largeur au fond, de $0^m,05$ à $0^m,20$, leurs

bords sont inclinés en raison inverse de la consistance du sol. Pour faire jouer l'eau, il suffit de placer une plaque de

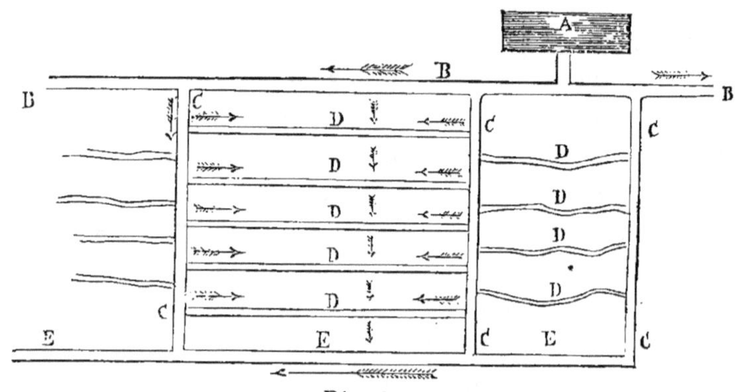

Fig. 2.

gazon dans la largeur de la rigole d'arrosement, au-dessous de l'entrée de la rigole secondaire ; de même aussi on établit, avec une petite vanne mobile en bois, un barrage dans la rigole principale B pour chasser l'eau dans les rigoles d'arrosement C,C. Suivant la quantité d'eau qu'on possède, on arrose toute la prairie à la fois, ou suivant la superficie, une, deux, trois ou quatre planches seulement.

Comme complément de ce qui précède, nous emprunterons à un travail de M. H. Delaporte, ancien répétiteur à Grignon, la description des travaux créés par MM. Dutacq frères, sur les grèves de la Moselle. « La Moselle a été « barrée au-dessous d'Épinal et les eaux sont dirigées sur « un canal de dérivation qui a une longueur de 1,600 mè- « tres, et une pente totale de 3^m,50, soit 0^m,0021 par mè- « tre, tandis que le lit de la rivière, depuis Épinal jusqu'à « Charmes, a une pente de 0^m,002. Le débit de ce canal de « dérivation peut être considérable et il est régularisé par « un barrage à écluse qui a coûté 500 fr. Le système d'irri- « gation qui a été adopté est celui connu sous le nom d'ir- « rigation par planches, sauf quelques parties où il y a irri-

« gation par reprise d'eau. » C'est la pente qui a déterminé, suivant les cas, l'un ou l'autre des systèmes adoptés; malheureusement, M. Delaporte ne nous dit point le résultat de cet essai comparatif eu égard à la nature des eaux et du sol.

On arrose par ruissellement pendant toutes les saisons, mais principalement au printemps, en été après la coupe des foins et en automne. Comme ce système suppose qu'on ne possède qu'une quantité d'eau relativement faible, il ne faut point mettre l'eau en hiver dès qu'arrive la saison des gelées ; le froid doit trouver le terrain sec. Au printemps, on peut assoler l'eau de manière à la mettre sur les mêmes planches tous les 4 à 8 jours d'abord, suivant la température de l'air, l'hygroscopicité de l'atmosphère et la nature du sol ; on éloigne ensuite l'intervalle des arrosages, et on les arrête dès que l'herbe a $0^m,20$ de hauteur.

L'établissement de ce système d'irrigation est plus coûteux que celui de l'immersion, parce qu'il nécessite presque toujours des terrassements plus ou moins importants; ainsi, à Grand-Jouan, M. Rieffel ne l'évalue qu'à 60 fr. par hectare, dont 10 fr. pour les travaux d'attelage, et 50 fr. pour ceux de main-d'œuvre ; en Lombardie, il revient en moyenne à 160 fr. et dans les Vosges, parfois, à 3 ou 4,000 fr.

On l'exécute à la pioche, la pelle et la brouette lorsqu'il y a peu de terre à remuer ; dans le cas contraire, on laboure le sol à la charrue, ou bien on le pioche, et les gros transports se font à la pelle à cheval hollandaise. M. le comte d'Esterno évalue à 300 fr. par hectare le premier établissement d'une prairie arrosée par reprise d'eau, et détaille ces frais ainsi qu'il suit :

Nivellement du sol, un labour et un hersage. 46 fr.
   —   pelle à cheval pour transport par les bœufs, et temps de ceux-ci.. 10
Nivellement à bras...................... 50
Prise d'eau ; vanne, canal de dérivation, par hectare...................... 30
Canaux secondaires pour canal d'amenée... 4
Rigoles principales et rigoles d'arrosement. 8
Empellements, au nombre de deux ou trois. 12
Fossés d'assainissement, 100 mètres........ 4
                                             164 fr.

Ensemencement, fumure, 25 hectolitres de chaux et épandage..................... 60
Graines de prés et main-d'œuvre.......... 60
Traits de herse et de rouleau............. 6
Épierrage...................... 10
                                             136 fr.

TOTAL .... 300 fr.

M. Rey, d'Autun, a dépensé pour établir des irrigations par reprise d'eau sur une superficie de 5 hectares :

Canal de dérivation de 0^m,80 de largeur sur 235 mètres de longueur.............. 17^f,80
Rigoles principales, 249 mètres......... 10 »
Rigoles secondaires et colateurs, 741 mèt. 9 25
Petites rigoles, 4,788 mètres........... 29 92
10 empellements à 6^f,40............... 64 »
Travaux de nivellement et de terrassem.. 242 »

TOTAL 372^f,97 ou à peine 75 fr. par hectare.

Nous ajouterons enfin, avec M. Hervé-Mangon, deux observations : la première, c'est que ce mode d'irrigation peut facilement s'appliquer dans les petites vallées, en faisant dans le cours d'eau une dérivation à faible pente tracée au flanc du coteau, et dans laquelle on fait les prises d'eau pour les terrains arrosables situés entre la rivière et la dérivation. Ces eaux surabondantes s'écoulent ainsi dans le lit du cours d'eau qui forme le colateur naturel de l'irrigation. La seconde, c'est que les parties du pré voisines des rigoles, du côté où elles déversent s'améliorent plus rapidement que les autres ; il est bon de déplacer les rigoles tous les deux ou trois ans, en comblant les anciennes avec la terre et les gazons extraits des nouvelles. (*Encycl. prat. de l'Agric.*, art. Irrigation, p. 308.)

C. *Irrigation par planches bombées, dosses ou ados.* Ce système n'est avantageusement applicable qu'aux prairies qui présentent une faible pente, et lorsqu'on dispose d'un volume d'eau relativement considérable ; mais, d'un autre côté, c'est le système qui, de l'aveu général, permet le mieux d'utiliser les eaux en les ménageant.

« Pour établir ce système, dit Burger, on donne plusieurs
« labours consécutifs et l'on divise le terrain en planches
« bombées dont la direction correspond à l'inclinaison du
« sol. Au sommet du billon qui dépasse de 0ᵐ,08 à 0ᵐ,11
« environ le bord supérieur du canal, on creuse un fossé ;
« celui-ci reçoit l'eau du canal et la répand de chaque côté
« de la planche bombée. Les billons qui séparent chaque
« planche forment les canaux d'écoulement ; ils conduisent
« l'eau dans un autre canal. Ce dernier sert à arroser les
« pièces situées plus bas. La largeur des planches est ordi-
« nairement de 13ᵐ,27 ; chacun de leurs côtés a 6ᵐ,63 de
« large. Leur longueur est bien différente ; elle dépend de
« l'inclinaison du terrain ; moins il y a de pente, plus la
« planche peut être longue et *vice versâ.* » (*Agr. de Lomb.*)

Cette description succincte de l'établissement des marcites a besoin de complément. En France, on bombe les billons de 0ᵐ,40 à 0ᵐ,60 de hauteur au milieu, et on donne aux planches 6 à 12 mètres de largeur. Dans les terrains siliceux, on donne moins de hauteur et plus de largeur ; on fait le contraire dans les sols argileux. Le maximum de longueur paraît devoir être de 35 à 40 mètres. Dans les sables de la Campine belge, les planches ont 25 mètres de lon-

---

(1) Voir aussi l'article *Agriculture* de M. Hervé-Mangon, dans le *Dictionnaire des arts et manufactures,* 5ᵉ livraison (Édition de 1865).

gueur sur 5 mètres de largeur, et chacun des plans inclinés qui concourent à leur formation offre une pente totale de $0^m,20$. Dans les Vosges, les planches ont 8 mètres ordinairement de largeur, dont 4 pour chaque aile, avec une pente du sommet à la rigole d'asséchement, de $0^m,01$ par mètre ; elles n'ont que 4 à 6 mètres de longueur.

Une rigole de distribution, rigole principale d'alimentation, canal ou cours d'eau même, livre l'eau à chacune des rigoles principales d'irrigation ; celles-ci cheminent sur le sommet de chaque planche ; leur largeur à l'origine est de $0^m,25$, leur profondeur de $0^m,05$ et leur pente de $0^m,0005$ par mètre ; leur largeur diminue successivement jusqu'au point où elles débouchent dans la rigole d'assainissement qui leur succède. Le fond de chaque planche est occupé par une rigole de desséchement qui recueille l'eau non utilisée, et arrivée au bout de la planche, devient à son tour rigole d'arrosement. La largeur de ces rigoles d'égouttement est de $0^m,15$ à leur naissance et elle s'augmente progressivement jusqu'à $0^m,30$ à leur terminaison ; leur profondeur est de $0^m,10$ à leur naissance et de $0^m,25$ à leur fin.

Au bas du pré, doit se trouver une rigole principale d'assainissement ou fossé, pour recueillir les eaux inutilisées, et leur donner un débouché facile et prompt. La largeur, la longueur, la profondeur de ce fossé dépendent de la quantité d'eau qu'il doit débiter, et de la pente du sol. La figure suivante permettra encore de se rendre mieux compte des détails de toute cette installation.

A est le cours d'eau sur lequel on a fait la prise d'eau B, qui conduit l'eau dans la rigole principale CC. Celle-ci la distribue à chacune des rigoles d'arrosement D,D,D qui se convertissent, après un certain parcours, en rigoles d'asséchement E,E,E, de même que les rigoles d'asséchement se convertissent plus bas en rigoles d'arrosement. La coupe placée au-dessous du plan, démontre assez clairement le

mode de disposition du terrain, des planches et des deux
services de rigoles.

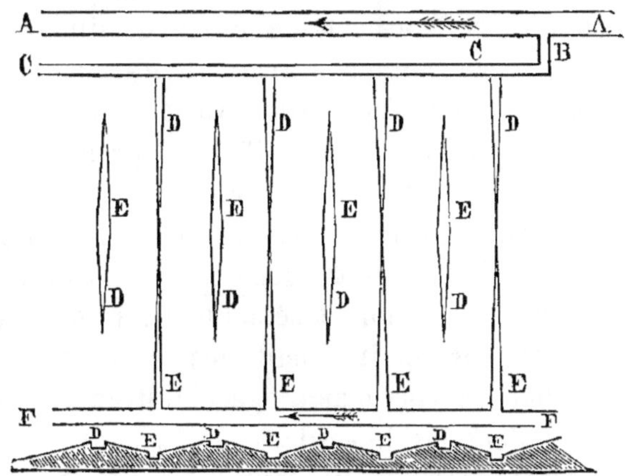

Fig. 3 et 4.

« Dans les prairies créées par MM. Dutacq sur les bords
« de la Moselle, — toujours d'après M. Delaporte, — la largeur
« des planches varie de 6 à 10 mètres avec une faible pente
« sur leurs flancs, et leur longueur va jusqu'à 200 mètres.
« Elles ont des rigoles d'arrosage très-larges à leur nais-
« sance. Ces dernières, loin d'être horizontales, comme
« l'indiquent les principes de l'art, possèdent une certaine
« pente, et ceci est indispensable, à cause du limon très-fin
« que charrient les eaux, et qui se déposerait en presque
« totalité dans celle-ci, sans que la prairie pût en profiter,
« si ces mêmes eaux ne conservaient pas une certaine vi-
« tesse. Malgré cela, une aussi grande longueur dans ces
« planches a des inconvénients, en ce que la pente des ri-
« goles, qui ne peut pas dépasser certaines limites, n'est pas
« suffisante pour empêcher le dépôt des parties ténues, et
« que la dimension que l'on est obligé de donner aux ri-
« goles amène nécessairement une perte de terrain qui n'eût
« pas existé avec des rigoles plus étroites, lesquelles sont

« toujours recouvertes presque entièrement par la végéta-
« tion vigoureuse qui croît sur leurs bords.

« Avant sa transformation en prairie, l'alluvion se pré-
« sente sous plusieurs aspects ; elle est constituée soit par
« de gros galets, soit par des graviers de plus petite dimen-
« sion, mélangés d'une proportion variable de substances
« terreuses plus ou moins fines. Dans le premier cas, elle
« est dite de première classe, et est considérée comme fond
« de pré tout à fait supérieur ; mais aussi, c'est à cet état que
« la grève demande la plus grande quantité d'eau pour être
« irriguée. Elle en exige immensément surtout dans les pre-
« mières années, car, petit à petit, les matières tenues en
« suspension par les eaux d'arrosage s'infiltrent dans les ga-
« lets, en comblent les interstices, et forment successive-
« ment, avec les détritus végétaux, un sol nouveau qui
« laisse filtrer l'eau avec beaucoup moins de facilité. Cette
« différence devient immense, car, après deux ou trois
« ans, il faut souvent un débit dix fois moins considérable
« que dans les premiers temps. Ce nouveau sol qui se forme
« ainsi sur l'alluvion est par lui-même d'une mauvaise na-
« ture pour la production de l'herbe ; il devient tenace, im-
« perméable, et s'il existait en épaisseur considérable, il
« serait peu apte à former prairie. Quoi qu'il en soit, ce li-
« mon argileux est précieux dans la grève, et l'on cherche à
« en faire déposer la plus grande quantité ; c'est surtout en
« automne et en hiver qu'il devient abondant ; il y a alors
« des crues considérables, et la Moselle en entraîne prodi-
« gieusement, ainsi que des parties terreuses fertilisantes
« qu'elle amène des montagnes ; aussi, dans ces saisons l'ir-
« rigation est très-avantageuse, sinon pour la production
« immédiate de l'herbe, au moins comme produisant une
« sorte de colmatage fort utile.

« Même dans les grands froids, M. Dutacq ne craint pas
« d'arroser et en grande abondance ; l'eau gèle bien à la

« surface, mais elle coule toujours au-dessous de la croûte
« formée, et l'herbe ne souffre pas, tandis qu'une couche
« légère serait entièrement congelée, la glace se formerait
« entre les graviers, et la végétation serait rudement at-
« teinte. Il est aisé de comprendre alors pourquoi M. Du-
« tacq reconnaît comme une nécessité ici, de donner une
« certaine pente aux rigoles d'arrosage des planches, à l'ef-
« fet d'entraîner la plus grande quantité de limon ; nous
« pouvons nous expliquer aussi pourquoi les deux ailes ou
« flancs de ces mêmes planches ont une très-faible déclivité
« dans un sol si perméable.

« D'abord, comme je l'ai mentionné, leur largeur est
« faible, puis, au bout d'un certain temps, la grève perd son
« haut degré de perméabilité, et sous ce rapport, elle ac-
« quiert petit à petit les propriétés des terres argileuses. Ce
« sont donc quelques années à passer dans des conditions
« anormales ; mais l'eau n'est pas comptée, car on en a à sa
« suffisance... En définitive, l'arrosage a lieu pendant pres-
« que toute l'année, sauf au moment des hâles de printemps
« qui arrivent généralement en mars, et qui durent ordi-
« nairement une quinzaine de jours. Si l'on arrosait à cette
« époque, les herbes resteraient trop tendres et trop acces-
« sibles au froid desséchant amené par les vents d'est et du
« nord. Ainsi, l'eau coule sur le sol presque jusqu'au mo-
« ment de la première coupe ; après la fauchaison et la ren-
« trée du foin, M. Dutacq tient à laisser passer quelques
« jours avant de la faire revenir sur le pré, et cela, dit-il,
« dans le but de permettre l'action de l'air et du soleil sur
« les tuyaux des graminées qui ont été coupées par la faux,
« et d'obtenir, par cela même, une pousse plus belle et plus
« vigoureuse. La cicatrisation s'opère rapidement ; la séve,
« qui aurait pu s'écouler en pure perte si l'on eût agi autre-
« ment, est refoulée dans le cœur de la plante et se reporte
« sur les nouveaux bourgeons qui prennent naissance.

« La création de ces prairies aux environs d'Épinal a pro-
« duit un bien immense dans le pays ; non-seulement la
« grève est devenue féconde et a vu sa valeur s'accroître
« jusqu'à 5,000 et 6,000 francs l'hectare, mais encore les
« terres arables voisines ont subi aussi une augmentation
« considérable dans leur prix, à tel point que ce qui valait
« 100 francs avant l'existence des prés vaut actuellement
« 1,000 francs. »

Nous avons tenu à reproduire ce long passage (*Voyages et Souvenirs agricoles*, par H. Delaporte, autographié, 1850), parce qu'il renferme d'excellentes indications pratiques qui abrégeront ce que nous aurons à dire plus loin sur un sujet semblable.

Les frais d'établissement d'une prairie arrosée par le système des planches bombées sont évalués ainsi qu'il suit par M. Hervé-Mangon (*Encycl. prat. de l'Agric.*, art. Irrigation, p. 312, et *Dictionnaire des arts et manufactures*), par hectare :

Terrassement pour la formation des ados.	160ᶠ	»
Toilette des terrassements.............	18	»
Buses en bois pour passage de l'eau......	18	»
Planches de roulage et brouettes.........	5	40

201ᶠ,40

Emploi et façon de 50 mèt. cubes de compost..................	65	»
Plantations servant d'abris.............	17	»
Achat de graines..................	72	37
Frais d'ensemencement...............	11	55
Journées d'ouvriers pour diriger l'eau pendant les sécheresses...................	27	50

193ᶠ,42

TOTAL............... 394ᶠ,82

Chez M. d'Angeville, dans le département de l'Ain, ces frais se sont élevés, y compris l'établissement de trois réservoirs, à la somme de 915 francs par hectare, sans doute à cause des nivellements nécessaires. A Tavernay, près d'Autun, M. Rey a pu établir l'irrigation par reprises d'eau, au prix de 75 francs par hectare ; mais ce sont des circonstances tout exceptionnelles.

Une modification du système d'irrigation par planches bombées a reçu le nom d'*irrigation par planches*. Voici en quels termes M. Moll décrit ce système bâtard et rarement usité en France. « Cette méthode est particulièrement ap-
« propriée aux localités sèches où l'eau a une grande va-
« leur. Elle exige comme conditions : 1° un terrain presque
« plat ; 2° un sol assez perméable, et la possibilité d'amener
« l'eau dans la partie supérieure. La surface du champ est
« divisée, dans le sens de la pente, en compartiments plus
« ou moins larges, plus ou moins longs ; 20 à 30 mètres
« de longueur, autant de largeur, sont les dimensions
« moyennes. On donne d'autant moins de longueur que la
« pente est plus forte. En tête de chaque série de comparti-
« ments, passe une rigole d'arrosage, et chaque comparti-
« ment est entouré sur les trois autres côtés, d'une petite
« levée en terre appelée coussinet, et dont la hauteur varie
« de 0^m,15 à 0^m,60. Lorsque le sol est peu perméable et
« qu'on dispose d'une quantité suffisante d'eau, on creuse
« en dedans, le long du coussinet inférieur, une rigole d'é-
« coulement dont la sortie est fermée par une petite vanne.
« Quand il y a plusieurs séries de compartiments les uns
« au-dessus des autres, on creuse dans le sens de la pente
« un canal de conduite qui reçoit l'eau du canal de dériva-
« tion et la donne aux rigoles d'arrosage. Ces dernières, de
« même que le canal de conduite, sont toujours établies en
« remblais, de façon à ce que le fond en soit à 0^m,10 à 0^m,15
« au-dessus du sol environnant. Il en résulte que la rigole
« d'arrosage de la série inférieure peut servir de coussinet
« pour les compartiments supérieurs.

« Suivant la quantité d'eau dont on dispose, on en met sur
« le sol une couche dont la hauteur varie de 0^m,02 à 0^m,05
« et jusqu'à 0^m,10. L'eau s'infiltre dans le sol sans aucune

« perte. Il se rapproche beaucoup de l'arrosage par submer-
« sion, et est très-usité dans le midi de la France pour les
« terres arables. » (*Agric. et Colonis. de l'Algérie*, t. II.)
Nous ajouterons que ce système est mixte entre ceux par
inondation, par reprise d'eau, par planches bombées et
par infiltration. La planche ci-dessous donnera une idée
plus nette de la disposition du sol et des rigoles:

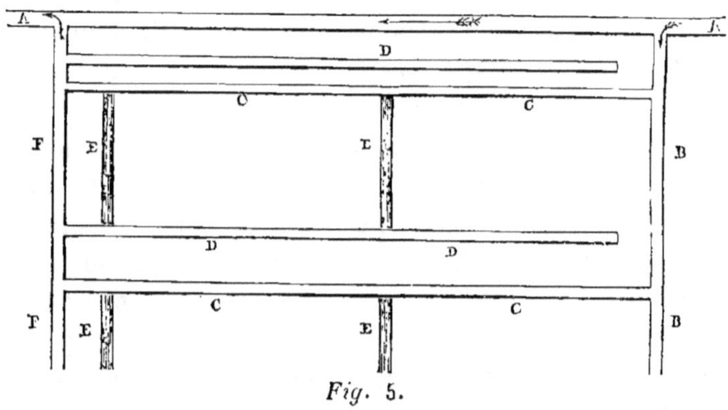

Fig. 5.

A est le cours d'eau sur lequel s'ouvre le canal de conduite ou d'amenée qui distribue l'eau dans les rigoles d'arrosement C, C. D, D, sont les rigoles d'écoulement ou d'assainissement qui se déchargent dans le canal ou fossé de
desséchement. Enfin F est ce canal de desséchement qui
rend le trop-plein au cours d'eau. E, E sont les coussinets
qui divisent la prairie en compartiments et contiennent l'eau ;
les rigoles d'arrosement, sur les deux autres côtés, continuent ces petites digues, étant établies en contre-haut du
sol. On évite ainsi une partie des frais de terrassement,
bien qu'il soit indispensable que le terrain présente une horizontalité presque parfaite pour que l'eau ne puisse être stagnante nulle part et produise tout son effet, sans nuire ; dans les
terrains ainsi disposés naturellement et quand on ne dispose
que de peu d'eau, ce système peut être préférable à ceux

par inondation, par reprise d'eau et par planches bombées.

D. *Irrigation par infiltration.* Nous ne pouvons mieux faire ici que de reproduire une notice publiée par nous en 1856 dans l'*Annuaire de la Société d'agriculture de Cherbourg*, t. IX, p. 18.

Comme tout système d'irrigation, elle exige d'abord une rigole alimentaire ou canal de prise d'eau, qui se fait au point le plus élevé possible ; 2° des rigoles alimentaires prenant origine sur la rigole principale, et parallèles à la plus grande pente ; 3° des rigoles secondaires faites à niveau, c'est-à-dire perpendiculaires à la plus grande pente ; 4° des rigoles de desséchement.

1° La rigole alimentaire principale, ou canal de prise d'eau, doit avoir une pente réglée et uniforme de son embouchure à son débouché, de 0^m,008 par mètre au moins, une profondeur de 0^m,12 à 0^m,20, et une largeur proportionnée au volume d'eau moyen qu'elle doit charrier. Il lui faut une pente assez forte pour qu'il s'y établisse un certain courant qui chasse l'eau dans les rigoles alimentaires sans la laisser déposer dans la rigole principale, mais cette pente ne doit pas être assez forte pour que l'eau ravine le fond et les bords de cette rigole de prise d'eau. Elle doit se terminer par un fossé ou un ruisseau, afin qu'on puisse détourner complétement l'eau du pré, quand il en est besoin.

2° Les rigoles secondaires d'alimentation sont parallèles, comme nous l'avons dit, à la plus grande pente du sol ; leur longueur varie selon la disposition du terrain ; leur profondeur doit être de 0^m,05 au plus, parce qu'elles sont toujours ravinées par le courant; leur largeur varie aussi selon le volume d'eau qu'on peut y introduire, en moyenne, 0^m,10. Elles suivent presque constamment la ligne droite.

3° Les rigoles d'arrosement sont faites à niveau. Pour cela, on emploie un niveau triangulaire à plomb, de un mètre de portée, où commence le nivellement à l'origine de

6

la rigole alimentaire, en donnant à la première portée $0^m,04$ de pente, afin que l'eau ait tendance à entrer, et ne laisse point de dépôts à l'embouchure. Les autres portées n'ont que $0^m,001$ à $0^m,002$ de pente, jusqu'à la dernière qui doit avoir $0^m,01$; seulement, l'embouchure des rigoles à niveau doit former avec la rigole alimentaire un angle de 25 à 30°, afin que le parallélisme augmente l'impulsion de l'eau. La longueur des rigoles à niveau, pour qu'elles fonctionnent bien, ne doit pas dépasser 8 à 10 mètres ; si on doit les faire plus longues, il faut leur donner plus de pente sur tout leur trajet, et on fait alors déverser l'eau au moyen de petits gazons qu'on place de distance en distance aux endroits convenables ; mais il vaut mieux les faire plus courtes et rapprocher davantage les rigoles alimentaires ; on regagne bien par le produit en fourrage le terrain occupé par les rigoles. Leur profondeur ne doit pas dépasser $0^m,05$; au contraire des rigoles alimentaires, elles tendent toujours à se remplir ; mais on doit avoir soin de les débarrasser de temps en temps des terreaux, des feuilles, de la terre remuée par les vers et les taupes ; leur largeur est en moyenne de $0^m,08$. Quand le sol est une surface à pente régulière, on espace les rigoles à niveau sur la rigole alimentaire de 7 à 8 mètres. Quand le terrain est accidenté, le coup d'œil indique l'endroit où elles doivent être placées, en général, sur le couronnement de toutes les petites élévations, afin qu'elles déversent convenablement. Nous conseillerons en outre de placer l'une en face de l'autre les rigoles à niveau sur celle alimentaire, afin qu'un seul gazon suffise pour y introduire en même temps le volume d'eau nécessaire.

Si nous supposons une petite vallée, vaut-il mieux y placer la rigole alimentaire dans le fond, ou en faire deux, une sur chacune des hauteurs ? Nous préférons le premier système qui nous donne une meilleure disposition des rigoles à niveau pour le ruissellement, et sans perte d'eau, les supérieures déversant dans les inférieures ; tandis que, dans le second système, la disposition des rigoles à niveau serait vicieuse, qu'il y aurait plus de terrain employé en rigoles, plus d'eau perdue, et qu'il faudrait en outre une rigole d'assainissement, but que remplit, dans le premier cas, la rigole d'irrigation.

S'il est avantageux d'amener par les eaux de la fraîcheur et des matières fertilisantes dans le sol, il n'est pas moins important ensuite de le débarrasser de cette eau, dès qu'elle a produit tout son effet. Aussi, au fond des vallées principales, doit-il toujours y avoir une rigole d'égouttement qui, dans certains cas, peut encore elle-même, servir de rigole alimentaire.

On doit, toutes les fois que cela est possible, combiner, dans les sols humides l'irrigation avec le drainage, et c'est alors que tous deux produisent sur les prairies leur maximum d'effet. Il n'y a plus d'engorgement à redouter pour les tuyaux qui sont incessamment lavés, et l'arrosement d'un autre côté coïncide avec un parfait desséchement. Le système d'irrigation par infiltration nous parait être, de tous, celui qui se prête le mieux à cette combinaison.

La figure suivante donnera l'explication matérielle de la disposition du système par infiltration.

A est la rigole alimentaire principale ou canal de prise d'eau qui la distribue aux rigoles secondaires d'alimentation BB ; sur celles-ci viennent s'ouvrir les rigoles à niveau qui suivent la presque parfaite horizontalité du sol, se croisant les unes avec les autres de manière à imbiber tout le sol ; enfin, au bas du pré, se trouve la rigole ou fossé d'assainissement DD qui doit rencontrer un débouché suffisant.

M. Hervé-Mangon décrit encore, sous le nom *d'irrigation par planches inclinées*, un système bâtard de celui par plan-

ches bombées, dans les termes suivants : « On a cherché à
« obtenir sur les terrains à faible pente les avantages de l'ir-

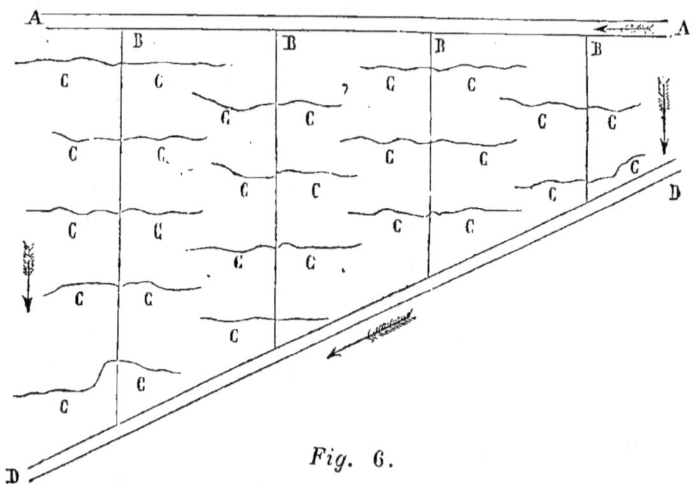

Fig. 6.

« rigation par déversement. On y parvient facilement en dis-
« posant le sol en planches présentant une inclinaison
« de 0ᵐ,04 à 0ᵐ,08 par mètre, et séparées par des ressauts
« brusques. On ménage une rigole d'égouttement au bas de
« chaque planche et une rigole d'arrosage au sommet.

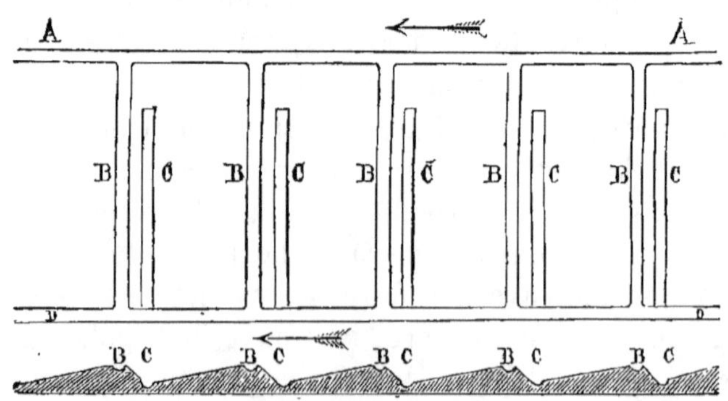

Fig. 7 et 8.

« La longueur des planches est limitée par celle des ri-
« goles d'arrosage, qui ne doivent pas avoir plus de 40 à

« 50 mètres, depuis leur embranchement sur la rigole ali-
« mentaire jusqu'à leur extrémité. Une longueur de **20** à
« **25** mètres est généralement préférable. La largeur des
« planches varie de 2 à 6 andains. Les rigoles d'arrosage et
« d'égouttement ne diffèrent pas d'ailleurs de celles décrites
« en parlant des ados (système des planches bombées) ; car
« les planches ne sont en réalité que des demi-ados, qui
« permettent quelquefois de profiter à moins de frais du re-
« lief naturel du terrain. » (*Encyc. prat. de l'Agric.*)

§ 9. Conduite des eaux.

Le premier principe de toute irrigation, c'est que l'eau
doit pouvoir arriver partout et ne séjourner nulle part ; il
s'agit donc de calculer les pentes des cours d'eau, du sol, la
masse d'eau disponible et celle nécessaire, et de préparer
l'assainissement prompt et rapide du sol. L'eau stagnante
ne produit que des herbes inutiles ou nuisibles. Pas un sé-
cheron qui ne doive, autant que faire se peut, être arrosé ;
mais aussi, pas une cuvette qui ne doive être vidée ; c'est à
l'habileté de l'entrepreneur ou bien au travail de nivellement
à parer à toutes les circonstances défavorables du sol.

Ce nivellement peut s'exécuter à la pioche, la bêche, la
pelle et brouette par des terrassiers à tâche ou à journée,
mais ce moyen ne peut convenir que pour les petits mou-
vements de terrain ; lorsque l'opération est importante, il
faut recourir aux instruments traînés par les animaux, la
ravalle ou pelle à cheval, ou pelle hollandaise, et le *nive-
leur*. Ces deux instruments sont bien connus et décrits partout. Le premier s'attelle de bœufs ou de chevaux, le second
se traîne par des hommes ; l'un est destiné aux longues distances, l'autre aux petites.

L'ouverture des rigoles se fait à la main ou à la charrue
spéciale appelée *rigoleur*. A la main, il faut toujours opérer

avec un cordeau tendu avec de petites piquettes en bois sur le trajet qui indique le nivellement ; on découpe ensuite le gazon avec la hache à prés dont nous donnons ci-dessous deux spécimens à manche droit ou courbe, plus ou moins grande.

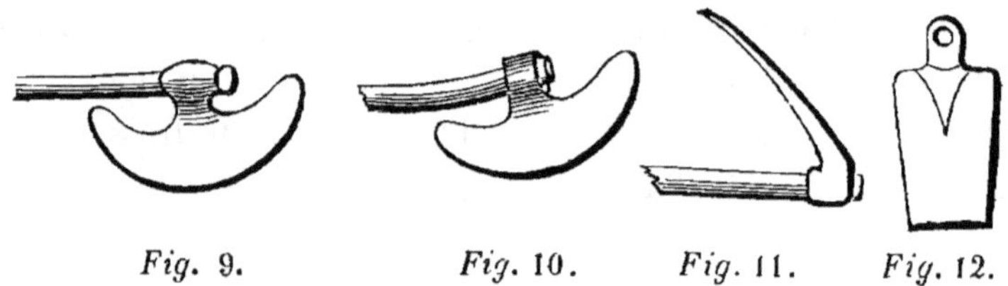

Fig. 9.   Fig. 10.   Fig. 11.   Fig. 12.

Les deux côtés de la rigole tracés au cordeau et découpés à la hache, reste à découper le fond et à sortir le gazon ; c'est l'affaire du fossoir à prés que nous représentons ci-dessus ; on lui donne la largeur des rigoles qu'on veut ouvrir, ou l'on a deux fossoirs, l'un pour les rigoles principales, l'autre pour les rigoles d'arrosement. Ces mêmes houes servent à lever dans le pré les gazons nécessaires à l'obstruction partielle ou complète des rigoles, et encore à curer ces rigoles, enlever les gazons qu'on y avait placés précédemment, à étendre les taupinières, fermer ou ouvrir les prises d'eau ; c'est le vade-mecum de l'irrigateur. Sa disposition et sa forme rendent suffisamment compte de son emploi.

MM. François Bella, Trescheller, Moysen, etc., ont inventé des instruments dits rigoleurs et destinés à ouvrir les rigoles neuves d'irrigation. Ce sont des charrues à deux coutres et à soc plat, dont l'usage s'est peu répandu ; la meilleure rigoleuse est celle de M. Bella, qui peut aussi être employée pour ouvrir, dans l'opération du drainage, les tranchées de drains et de collecteurs. Elle se compose d'un régulateur, d'un sabot qui règle la profondeur de la rigole ; de deux coutres coudés qui découpent les parois de la rigole ; d'une coutrière dans laquelle les coutres peuvent être

mobilisés, au moyen de mortaises, selon la largeur qu'on
veut donner aux rigoles ; enfin d'un age et de deux mancherons. La rigoleuse de M. Trescheller est très-simple ;
mais les coutres fixes donnent des rigoles de dimensions
invariables en largeur ; ce n'est en quelque sorte qu'une
charrue ordinaire, armée d'un soc à aile plate sur laquelle
est soudé un coutre vertical. Le rigoleur de M. Moyen est le
plus compliqué de tous, mais il permet de faire varier facilement la largeur et la profondeur des rigoles ; il est composé de deux ages superposés, dont l'inférieur est mobile
dans l'arrière-train et s'élève ou s'abaisse par une vis d'ap-
pel que manœuvre le laboureur assis sur l'instrument,
afin d'augmenter ou de diminuer la profondeur suivant le re-
lief du sol. La partie coupante se compose d'un soc et de
deux coutres inclinés en avant et l'un vers l'autre, et réunis
à leur extrémité inférieure par une pointe commune.

Les rigoleuses tranchent la terre (le gazon) verticalement
et horizontalement, et renversent la bande de gazon sur le
côté droit de la rigole, au moyen d'un petit versoir. Il ne
reste plus ensuite qu'à enlever ces gazons derrière l'instrument pour les employer en remblai dans les parties basses.
La rigoleuse Moysen ouvre des rigoles triangulaires, c'est-
à-dire dont la section verticale a la forme d'un triangle, et
dont on peut faire varier la profondeur et la largeur ; celles
de MM. Bella et Trescheller ouvrent des rigoles à section
rectangulaire. Si parfaits et si bien conduits cependant que
soient ces instruments, ils ne sauraient que bien imparfaitement remplacer la main de l'homme.

Pour régler l'arrivée de l'eau dans les rigoles principales
et d'arrosement, on emploie de petites pelles mobiles, en
bois ou en tôle, de forme arrondie ou carrée, mobiles ou
temporairement fixes, suivant l'importance du débit et de
la rigole. Pour les rigoles d'irrigation par reprise d'eau, on
se sert de mottes de gazon qu'on enlève avec la houe à

prés et qu'on replace lorsqu'on n'en a plus besoin ; formant
obstacle pour l'eau, elles la font déverser par-dessus la ri-

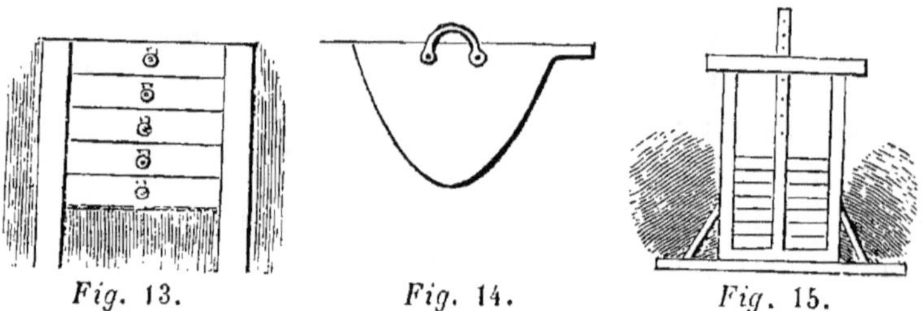

Fig. 13.   Fig. 14.   Fig. 15.

gole. Tels sont à peu près les seuls instruments qu'on emploie pour conduire les eaux sur les prairies.

Quant à la direction de ces eaux, leur mise sur la prairie,
la durée de leur séjour, l'opportunité de leur départ, on
peut formuler deux grands principes.

1° L'eau ne doit séjourner qu'assez longtemps pour produire un effet utile, et non pour nuire à la végétation ; cette
durée varie suivant la nature du sol et celle des eaux, la
saison de l'année, la période de croissance des plantes. En
général, mieux vaut ramener l'eau souvent et la laisser
moins longtemps ; plus le sol est argileux, plus on doit
s'éloigner de ce principe cependant. Les eaux aigres, acides ou limoneuses ne doivent être laissées que peu de
temps sur le terrain ; les premières favorisent la croissance
du jonc ; les dernières étouffent les plantes et les détruisent
rapidement. En hiver, la végétation plongée dans le som-
meil supporte mieux le séjour de l'eau qu'au printemps :
dès que l'herbe a commencé à pousser, il lui faut des arrosages fréquents mais peu copieux, jusqu'au moment où
on aurait à craindre la verse. Pendant les gelées, il faut
s'abstenir de mettre l'eau sur les prés, ou les en couvrir
d'une couche épaisse si on le peut.

2° Dès que l'eau a produit son effet utile, il est essentiel
d'assécher le plus promptement possible la superficie de la

prairie ; l'eau stagnante favorise la végétation des plantes aquatiques, et détruit les plantes utiles ; il est donc important de combiner le desséchement avec l'arrosage, et d'entretenir parfaitement curées toutes les rigoles d'assainissement, ainsi que les fossés de décharge, les cours d'eau, etc. Or, on reconnaît que l'eau a produit tout son effet utile dès qu'elle se couvre de bulles d'air à la surface ; c'est un signe que les parties organiques du sol ou même les racines des plantes fermentent et se putréfient.

La saison des irrigations commence à la fin de l'automne et se continue en hiver, au printemps et en été, suivant les cas, l'eau dont on dispose, et le système adopté.

L'irrigation par inondation commence dès qu'on a retiré le bétail des prairies, à la fin de l'automne ; elle se pratique en hiver et au printemps. « On introduit l'eau sur la prairie « en aussi grande quantité que possible, on l'y laisse sé- « journer huit à quinze jours, afin que la terre ait le temps « de s'en imprégner. Cependant, s'il survenait une tempé- « rature chaude, il faudrait examiner avec attention s'il ne « se manifeste pas quelque signe de putréfaction ; celle-ci « est indiquée par une écume qui se montre sur l'eau, au « bord du rivage. Dans ce cas, il est urgent de faire écouler « l'eau. On renouvelle l'inondation lorsque la terre est res- « suyée, après deux à trois semaines. On la continue ainsi « pendant tout l'hiver, tant qu'il n'y a pas de glace, en lais- « sant des intervalles de deux à trois semaines pour donner « de l'air au gazon. Lorsque la glace vient, on égoutte la « prairie, et on suspend les immersions. Au printemps, si- « tôt que les glaces sont fondues, on donne une forte inon- « dation qui dure de six à dix jours ; mais alors, plus qu'en « automne, il faut veiller aux signes de putréfaction, et « écouler les eaux sans retard quand ils se manifestent. Lors- « que la prairie est parfaitement ressuyée, une deuxième « inondation qui durera trois jours. La troisième inondation,

« après que la terre aura été très-bien égouttée, durera deux
« jours ; enfin, la dernière, un jour seulement. On cesse aus-
« sitôt que l'herbe commence à s'élever. En été, après l'en-
« lèvement du foin, on peut donner une inondation qui ne
« doit pas être prolongée au delà de deux jours. » (Martinelli, *Man. d'agric.*, p. 288.)

L'irrigation par reprise d'eau a lieu pendant toutes les
saisons, mais avec des buts différents ; en hiver, l'eau enrichit le sol des particules limoneuses qu'elle tient en suspension, et abaisse sa température au-dessous de celle
de l'atmosphère ; au printemps, elle fournit à la plante l'humidité dont elle a besoin et facilite la dissolution des principes organiques et inorganiques et par conséquent leur assimilation. On commence l'irrigation à la fin de l'automne,
et on y met l'eau pendant dix à quinze jours, pour que le sol se
sature d'eau et se raffermisse ; l'important, c'est que l'eau
coule en nappe peu épaisse sur toute la surface du pré, sans
former de filets nulle part. On laisse ensuite ressuyer le sol
pendant un temps égal. Si la gelée se manifeste, il faut retirer complétement l'eau et cesser l'irrigation, ou tout au
moins ne la mettre que pendant le jour. En février, dès que
le temps est un peu radouci, on rend l'eau aux rigoles, mais
dès lors, il ne faut pas la laisser plus de six à huit jours ; de
même pendant le mois de mars, en ayant soin de dessécher
dès qu'on remarque des signes de fermentation ; en avril et
mai, les arrosages ne doivent durer que trois à quatre jours
d'abord ; puis, à mesure que la température s'élève, un ou
deux jours ; à la fin de mai, une nuit seulement, toutes les
trois ou quatre nuits ; dans les premiers jours de juin, l'herbe
étant haute, il ne faut arroser que dans les cas d'une grande
sécheresse et ne donner que peu d'eau à la fois, afin qu'elle
pénètre par infiltration, sans risquer de verser et vaser
l'herbe. Après la fenaison, on remet l'eau pendant huit à
dix jours, on laisse ressuyer pendant un temps égal, puis on

la remet la nuit, suivant les besoins du sol et les circonstances de la température.

Les autres systèmes d'irrigation sont conduits d'après les mêmes principes que nous allons d'ailleurs résumer dans les aphorismes suivants, empruntés tant au règlement d'Hoffwill, qu'à divers auteurs et à notre propre expérience.

1° L'irrigation doit être suspendue pendant les grandes gelées, à moins qu'on ne puisse couvrir le sol d'une épaisse couche d'eau; elle doit être arrêtée aussi pendant que la neige couvre le sol, et aussi après la fonte de ces neiges dont l'eau est nuisible aux plantes.

2° En été, tant que la rosée repose sur le sol, il ne faut pas arroser, et si elle a été forte, il faut suspendre l'arrosement, pendant toute la journée, car la rosée fait plus de bien à l'herbe que l'eau.

3° L'irrigation détruit les insectes et les animaux nuisibles qui vivent dans l'épaisseur du sol aux dépens des racines; elle chasse les courtilières et les taupes, et chaque fois qu'on met l'eau sur le pré, il faut veiller aux taupes qu'elle en chasse, afin de les détruire; les taupes nuisent considérablement aux prairies arrosées, par leurs galeries dans lesquelles l'eau se perd et devient nuisible.

4° Quand il survient une gelée blanche en mars ou avril, il faut mettre toute l'eau sur les prés, afin de faire lentement dégeler l'herbe, dont la pointe, sans cette précaution, serait détruite. En mai, quand l'herbe est un peu haute, l'arrosement est inutile et ne remédierait à rien.

5° Pendant les grandes chaleurs, il ne faut arroser que le matin et le soir, de façon que le terrain se dessèche un peu pendant le jour, et qu'à midi il ne reste plus d'eau.

6° Il faut rapprocher ou éloigner les arrosages suivant que le terrain est plus ou moins perméable, que la température est plus ou moins élevée; veiller attentivement à ce que son séjour trop prolongé ne nuise pas à la végétation, et à ce que l'écoulement des eaux, après l'arrosage, soit aussi prompt, aussi complet que possible.

7° Les engrais qu'on veut donner aux prairies arrosées doivent être dissous dans l'eau, soit au printemps, soit après la fauchaille ; on les verse dans le réservoir, dont on agite l'eau avant de la lâcher sur le pré ; ces engrais peuvent être des composts terreux, du guano, de la cendre, du purin, etc. Si l'on veut fumer, le mieux est de le faire aussitôt après l'enlèvement des foins ; mais alors, il faut suspendre l'arrosage jusqu'au mois de mars, époque à laquelle on fait ramasser au râteau la litière restée à la surface du sol, pour la brûler et rendre ces cendres à la prairie.

8° Il faut avoir soin d'entretenir bien nettes toutes les rigoles servant à l'irrigation ; les rigoles alimentaires tendent sans cesse à se creuser ; les rigoles d'arrosement tendent au contraire à s'envaser ou à s'enherber. Mais il faut s'étudier, dans ce soin, à n'augmenter ni leur largeur ni leur profondeur ; si on avait eu ce tort qui n'est pas toujours facile à éviter, il faudrait changer les rigoles de places, et boucher les anciennes avec les gazons provenant de l'ouverture des nouvelles.

9° On doit chercher à utiliser autant que possible l'eau, au printemps, d'abord pour bien humecter le sol et surtout le sous-sol, qui, pendant les grandes chaleurs de l'été, fournira, par capillarité, de la fraîcheur aux plantes ; en second lieu parce que les eaux, à cette époque, sont limoneuses, et chargées de la terre et des engrais dérobés aux champs.

§ 10. Quantité d'eau nécessaire aux arrosages.

La quantité d'eau nécessaire pour les irrigations varie suivant la nature chimique et physique du sol, et suivant la température du climat. Plus le sol est léger, plus le sous-sol est poreux, plus le climat est sec et chaud, et plus grande

est la quantité d'eau nécessaire, et *vice versâ*. « En obser-
« vant, dit M. de Gasparin, l'effet des irrigations sur des
« terres de différentes natures, on reconnaît que la cause
« principale de la rapidité de ce desséchement est la quan-
« tité de sable siliceux et calcaire qu'elles contiennent.
« Cette quantité nous est donnée par la lévigation. Dans la
« Lombardie comme en Provence, il suffit d'arroser tous
« les quinze jours les prairies d'un terrain qui ne contient
« pas plus de 0,20 de sable ; quand il en contient 0,40,
« elles doivent être arrosées tous les huit ou dix jours, pen-
« dant les chaleurs de l'été ; au delà de 0,60, elles de-
« vraient l'être tous les cinq jours, et quand la terre contient
« beaucoup d'oxyde de fer, est fortement colorée, et a 0,80
« à 1 p. 100 de sable, on ne pourrait se dispenser de l'arro-
« ser tous les trois jours ; pour ces différentes terres et leur
« besoin relatif d'eau, nous trouvons une différence de
« 0,12 jours pour chaque centième de sable ajouté. (*Cours
« d'Agric.*, t. I, p. 417.) Ainsi encore, nous voyons que cha-
« que centième de sable exige environ une réduction de
« 0,5 jour dans l'intervalle qui sépare les irrigations. Il
« en résulte donc pour ce climat la nécessité de douze arro-
« sages du 1er avril au 30 septembre, pour les terrains qui
« ont 0,20 de sable, ou 12,000 mètres cubes d'eau ; de
« trente-six arrosages et 36,000 mètres cubes d'eau pour
« ceux qui ont 0,80 de sable, et enfin 400 mètres cubes
« d'eau par centième de sable que contient le terrain au-
« dessus de 0,20. » (*Ibid.*, t. I, p. 479.)

Il est facile par conséquent de conclure le tableau suivant :

Quantité de sable contenue dans le sol, en centièmes.	Nombre d'arrosages d'avril à septembre.	Volume d'eau pendant la saison, en mèt. cubes.
0,20	22	12,000
0,40	27	17,000
0,60	30	30,000
0,80	36	36,000

Sous un climat plus tempéré, l'évaporation étant moindre, la quantité d'eau nécessaire serait bien plus faible. Ainsi, M. Martinelli évalue la dépense moyenne d'eau par hectare et par 24 heures à un débit continu d'un demi-litre par seconde, ce qui forme sur le sol une couche d'un peu plus de $0^m,004$ de hauteur et un cube de 43 mètres par 24 heures. Du 1er avril au 3 septembre, comme dans les données ci-dessus, ce ne serait donc qu'une dépense de 6,708 mètres cubes. M. Puvis demande comme moyenne, au contraire, $0^m,20$ de hauteur d'eau par 24 heures, soit un écoulement permanent de 3 litres 21 par seconde et par hectare, ou, pour vingt-cinq jours d'arrosement, 50,000 mètres cubes.

On a construit le tableau suivant d'après la hauteur d'eau qu'on peut donner sur le sol pendant chaque arrosage :

HAUTEUR D'EAU par arrosage.	NOMBRE d'arrosages par mois.	NOMBRE DE JOURS entre les arrosages.	VOLUME D'EAU EN MÈTRES CUBES	
			par arrosage.	par saison.
$0^m,04$	4	7 à 8	400	9,600
$0^m,06$	3	10	600	10,800
$0^m,05$	4	7 à 8	500	12,000
$0^m,07$	3	10	700	12,600
$0^m,06$	4	7 à 8	600	14,400
$0^m,08$	3	10	800	14,400
$0^m,10$	3	10	1,000	15,000

Mais la quantité d'eau accordée par arrosage est souvent bien moins considérable parce que l'eau fait défaut, et qu'on ne peut donner que ce qu'on a. Ainsi, M. Heuzé a recueilli les chiffres suivants sur les irrigations de différentes contrées de la France et de l'Italie :

PROVINCES.	Durée des irrigations	Nombre d'arrosages.	Débit par seconde	Quant. d'eau par arrosages.	Quant. d'eau par saison.
	jours.		litres.	mèt. cubes.	mèt. cubes.
Auvergne.....	150	14	2,00	1,851	25,914
Provence.....	180	20	1,66	1,291	25,820
Provence.....	180	20	1,02	800	16,000
Ivrée........	180	20	1,00	777	15,540
Mortara......	180	20	0,80	622	12,440
Pavie........	180	20	0,75	573	11,460
Dauphiné.....	90	10	0,68	533	5,330
Languedoc....	160	16	0,58	500	8,000
Roussillon....	180	16	0,25	243	3,888
Roussillon....	180	16	0,17	148	2,368

On ne saurait préciser d'une manière absolue la quantité d'eau nécessaire à un terrain donné sans tenir compte, outre sa nature physique et chimique, et la nature du climat, du système d'irrigation employé ; ainsi, celui qui exige le moins d'eau est le système par infiltration, puis vient celui par reprise d'eau ; en troisième lieu, celui par planches bombées, et enfin, celui qui en exige la plus grande quantité, le système par immersion.

Il faut tenir compte en outre des pertes par infiltration de l'eau dans les canaux et rigoles, pertes que M. Keelhoff, en Campine, avec le système des planches bombées, a trouvé être de $0^l,037$ pour les rigoles de $0^m,28$ de profondeur, et de $0^l,0222$ pour celles de $0^m,05$ soigneusement damées, le tout par seconde et par mètre carré de surface infiltrante des rigoles de déversement. Pour les rigoles de distribution, l'infiltration par seconde était de $0^l,0148$ par mètre carré de rigole principale. Il faut faire entrer en ligne de compte, aussi, l'évaporation produite par l'atmosphère et la chaleur solaire, dans les réservoirs, évaporation évaluée par M. Surrell, pendant l'été, à $0^m,007$ dans les étangs de la Camargue, par 24 heures, et qui dans le centre de la France paraît être de moitié seulement environ de ce chiffre. En Bourgogne, on a trouvé que la pluie tombée dans l'année sur un mètre superficiel, étant égale à $0^m,7379$, l'évaporation en volatilisait $0^m,56.22$ cube ; il ne resterait donc pour l'écoulement dans le bassin du réservoir que $0^m,1757$ cube, par mètre de superficie, dont il faudrait défalquer encore les pertes par imbibition.

§ 11. Des moyens de se procurer l'eau.

Nous avons parlé déjà des diverses manières d'utiliser les cours d'eau pour l'irrigation des prairies, au moyen des canaux et des prises d'eau ; de les rassembler et de les emmagasiner dans les réservoirs. Il nous reste à traiter des moyens d'élever l'eau d'un cours d'eau, et de ceux de la faire jaillir du sol.

Les machines à élever l'eau sont nombreuses et appartiennent à différents systèmes ; les unes mettent en jeu les forces seules de la nature, les autres emploient les animaux, d'autres, enfin, la vapeur.

Parmi les premières, il nous faut citer les moulins à vent, et particulièrement celui de M. Durand ; une machine à élever l'eau, très-simple, inventée par M. Samain, de Blois, qui fonctionne seule comme récepteur hydraulique et rend 80 p. 100 d'effet utile ; la roue à bascule, que le courant lui-même fait mouvoir, etc. ; mais ces machines ne conviennent que pour des hauteurs assez restreintes. Viennent ensuite les norias qu'un à trois chevaux mettent en mouvement, et au moyen desquelles deux chevaux peuvent élever par seconde $1^l,35$ d'eau à une hauteur de 30 mètres, rendant ainsi près de 0,8 ; puis les pompes à manéges, les unes et les autres applicables seulement à de petites superficies irriguées. Enfin viennent les machines à vapeur pour l'épuisement ou l'irrigation ; l'une des plus estimées aujourd'hui est la pompe centrifuge perfectionnée par William Appold, par Gwinne et par Bessemer. Au lac de Haarlem (Hollande), quatre machines à vapeur épuisent par an 54,845,000 mètres cubes d'eau qu'elles élèvent à une hauteur moyenne de 4^m,95; c'est donc par machine et par an, 13,711,250 mètres cubes à élever à cette hauteur, ou 37,700 mètres cubes par 24 heures. Le maximum de hauteur auquel on ait cherché à élever l'eau au moyen des machines, en Hollande et en Angleterre, paraît être de 6 mètres.

On a utilisé assez récemment les puits forés ou artésiens dans notre possession d'Afrique, afin de se procurer de l'eau pour les irrigations. C'est peut-être le seul lieu où l'on ait cherché à appliquer dans ce but cette ingénieuse idée, qui n'est du reste praticable économiquement que dans des conditions particulières. Nous devons citer cependant comme ayant employé les forages à l'irrigation, dans les Pyrénées-Orientales, M. Fraisse qui obtint 5 à 6 litres d'eau par minute, M. Durand qui, au moyen de treize forages, obtint l'eau suffisante à l'irrigation de plus de 150 hectares de prés, pour une dépense de 25,000 francs environ. (M. Jaubert de Passa, — *Journ. d'Agric. prat.*, IIe série, t. VI, p. 525-527.)

On comprend que ce n'est pas ici le lieu d'entrer dans des détails techniques qu'on trouvera dans des traités spéciaux et dans des renseignements qu'il sera plus opportun de demander aux hommes compétents.

§ 12. Du prix de revient de l'eau pour l'arrosage.

Le prix de revient de l'eau employée aux arrosages varie suivant sa provenance, son origine et les moyens qu'on doit employer pour se la procurer ; nous n'avons donc pu avoir en vue, dans les chiffres suivants, que de donner une base comparative ; aussi avons-nous ramené à un même type le nombre de mètres cubes (1000) accordé par hectare, et celui des arrosages (20) par année. Ces chiffres sont empruntés à différents auteurs et notamment à MM. de Gasparin et Hervé Mangon :

PROVENANCE et MOYENS ÉLÉVATOIRES.	PRIX DE REVIENT du mètre cube obtenu.	PRIX DE REVIENT d'un arrosage par hectare.	PRIX de l'irrigation annuelle par hect.	
	f.	f.	f.	c.
Réservoirs de Grosbois............	0,025	25	500	»
Réservoirs de Cernay.	0,007	7	140	»
Canaux des Bouches-du-Rhône........	0,00,00,86,25	1,72,5	34	50
Canaux de Vaucluse.	0,00,00,65	1,30	26	»
— de Pierrelatte	0,00,01,25	2,50	50	»
— de Craponne.	0,00,00,33,75	0,67,5	13	50
— de Crillon. ..	0,00,00,6	1,20	24	»
— des Alpines..	0,00,00,81,25	1,62,5	32	50
— du Milanais..	0,00,00,74,07,5	1,48,15	29	63
— du Piémont..	0,00,00,93,75	1,87,5	37	50
Norias à cheval, 2 m. de profondeur.....	0,01,28	12,80	256	»
Id. 4 mèt...........	0,02,56	25,60	512	»
Id. 6 mèt.	0,03,84	38,40	768	»
Mach. à vap. 5 chev.	0,00,20,1	2,01	40	20
— 10 chev.	0,00,13,1	1,31	26	20
— 15 chev.	0,00,10,2	1,02	20	40

Ainsi, il est constant que l'eau empruntée à un cours d'eau naturel, sans ouvrage d'art, sans redevances ni charges d'aucune espèce, est celle qui coûte le moins cher ; en seconde ligne, vient celle fournie par les canaux à redevance ; puis l'eau élevée par les machines à vapeur ; en quatrième ligne, celle emmagasinée dans les réservoirs, et enfin celle élevée par les animaux, au moyen des pompes ou des norias.

Avant d'entreprendre la conversion d'une terre en prairie arrosée, il est donc prudent de s'enquérir des dépenses de travail du sol, de la quantité d'eau qu'on pourra recueillir, et aussi du prix de revient de cette eau. Nous croyons avoir fourni tous les éléments de ces calculs, ou du moins avoir donné une base moyenne. Nous croyons devoir cependant ajouter que plus le climat est chaud, plus l'irrigation a d'importance, et plus aussi la prairie peut la payer à un prix élevé ; c'est ainsi qu'en Afrique, en Espagne et dans l'Inde, on a pu continuer à se servir des norias, la machine élévatoire la plus coûteuse, et dont, en France, la prairie ne pourrait payer le service. Mais il ne faut pas oublier de faire entrer en compte, dans cette comparaison économique, que non-seulement l'irrigation augmente le produit des prés, mais encore qu'elle l'assure et la régularise en le mettant à l'abri de la sécheresse ; qu'elle augmente non-seulement la coupe à la faux, mais encore le regain ; qu'avec l'abondance des fourrages on arrive immédiatement à celle des engrais, et bientôt à celle de la viande et du grain.

CHAPITRE XIII

ÉTABLISSEMENT DU DESSÉCHEMENT

Nous avons dit qu'une condition essentielle de l'arrosage, c'était le desséchement ; il faut que l'eau puisse être promptement chassée dès qu'elle a produit son effet utile ; sans desséchement, on n'obtient qu'un marais. Parfois, le desséchement est intimement combiné avec l'irrigation elle-même, comme dans le système par planches bombées, d'autres fois, il en est complétement indépendant, et forme un système à part.

On comprend que le desséchement doit être calculé comme l'irrigation, et suivant la pente et la nature du sol ; enlever l'excès d'humidité, rien de plus, rien de moins. Une terre siliceuse a peu ou même pas besoin d'être assainie ; une terre argileuse, au contraire, a plus besoin de déssèchement que d'irrigation ; mais, en tout, il faut conserver la modération, et ne pas dépasser le but. Plus le sol a de pente, plus il est siliceux, moins les fossés doivent être profonds et multipliés, et réciproquement. Mais nous rappelons ici qu'il est le plus souvent préférable de couper le chemin aux eaux d'infiltration dans la partie la plus élevée du sol, et que cent mètres de fossés produisent souvent aussi plus d'effets que mille mètres parallèles à la pente ou placés à la partie inférieure.

Ainsi, dans la figure ci-dessus, il est possible que le seul fossé AB suffise pour assainir le champ ; suivant que le propriétaire possède en même temps le fonds supérieur ou inférieur, il ouvre un débouché à ce fossé en B′ ou bien le descend en BC pour lui donner issue en C′. Il arrive souvent en

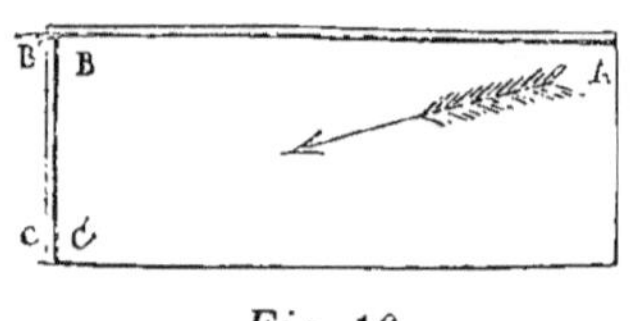

Fig. 16.

effet qu'un sol n'est humide ou même marécageux que parce que les eaux des pentes supérieures s'infiltrent, glissant sur une couche de terre imperméable surmontée d'une autre couche perméable qui se fait jour en un point quelconque de la surface du pré ; dans ce cas, il faut que le fossé, dans sa profondeur, coupe la couche perméable et détourne ainsi les eaux.

Lorsque le sol est humide par sa situation inférieure et sans pente sensible par rapport aux autres fonds, il peut se présenter plusieurs hypothèses :

Le propriétaire de la prairie est également propriétaire du fonds supérieur de la vallée, mais non du fonds inférieur, lequel ne fournit pas à l'eau un écoulement suffisant. Il peut alors établir une digue en tête de la prairie, retenir et élever par conséquent les eaux, auxquelles il donnera écoulement par un fossé de ceinture.

La digue A peut être construite en terre grasse ; on lui donne la hauteur, l'épaisseur et le talus proportionnés à la charge d'eau qu'elle doit supporter. A ses deux extré- mités, elle livre passage aux deux fossés de ceinture BB, exécutés en partie en rem- blais, ou creusés dans le co- teau si la vallée est resser-

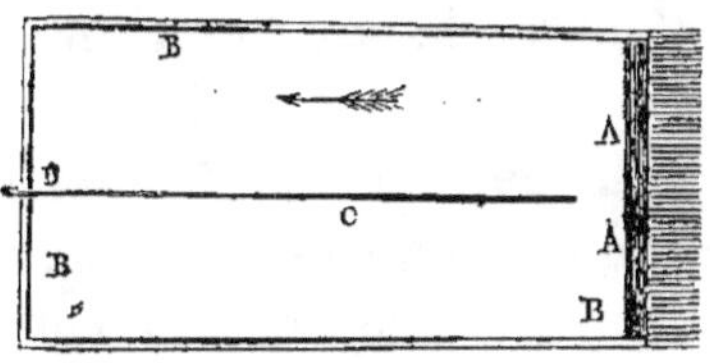

Fig. 17.

rée ; les deux branches de ce fossé se réunissent en D, où ils reçoivent une rigole principale de desséchement C,D. Le fonds supérieur, il est vrai, se trouve transformé en étang, mais on peut aussi en faire un réservoir dont les eaux, en été, seront précieuses pour l'irrigation ; pour cela, il suffirait d'établir dans la digue une petite vanne de décharge, ou encore, de prendre l'eau à la partie supé- rieure des deux fossés de ceinture, par des saignées. Sou- vent, sans digues même, il suffit de rassembler les eaux supérieures dans un fossé de ceinture creusé dans les pentes de la vallée, et qui va plus ou moins loin chercher un dé- bouché, dans un étang, ou dans une rivière, soit encore dans un simple fossé.

C'est ainsi que M. de Béhague, à Dampierre (Loiret), a pu dessécher une prairie marécageuse, dite la prairie de la Rivière, d'une contenance de 7 hectares 61 ares, avec une dépense totale de 2,097 fr. 05, y compris le drainage exé- cuté à la suite, soit 275 fr. 57 par hectare. Ce pré, composé de tourbes profondes, avait été drainé en 1856 et 1858 ; son produit en foin avait peut-être diminué en quantité, mais la qualité avait été sensiblement améliorée, et le bétail peut désormais y pâturer en toutes saisons. Pour offrir un débou- ché aux collecteurs, il a fallu ouvrir, sur 1,500 mètres en- viron de longueur, un fossé de décharge qui suit, en con- tre-bas, le contour d'un étang, et va se jeter dans un étang inférieur où il contribue à l'alimentation d'un moulin à deux paires de meules et d'une scierie mécanique.

Le propriétaire de la prairie peut être en même temps propriétaire du fonds inférieur ; dans ce cas, il suffit souvent du curage, de l'approfondissement ou de la création du cours d'eau ou d'un fossé de décharge.

En troisième lieu, on peut manquer de toute pente, de toute issue pour l'eau ; il faut alors élever l'eau ou élever le sol, ou creuser un boitout ou puisard absorbant.

Pour élever les eaux, il faut les rassembler, en tête de la prairie, dans un bassin de dimension variable, y installer une machine, et lui créer un débouché artificiel dans lequel elle jettera les eaux pour les conduire en dehors et au-dessous de la prairie, là où la pente naturelle du sol pourra l'emmener. Pour calculer la force nécessaire, il suffit de mesurer la superficie du bassin supérieur ; de multiplier par autant de fois 10,000 qu'il y a d'hectares le chiffre de l'eau tombée en moyenne actuelle sur un mètre carré de ce climat, après avoir retranché de ce chiffre 60 p. 100 pour l'imbibition et l'évaporation ; le produit de la multiplication donnera la quantité d'eau à élever annuellement. Supposons un climat donnant, année moyenne, $0^m,550$ millimètres de pluie ou neige par mètre carré, c'est-à dire 5,500 mètres cubes par hectare, soit 550,000 mètres cubes pour 100 hectares ; déduisons-en 60 p. 100 ou 330,000 mètres, il restera à élever, par an, 220,000 mètres cubes, ou 6 mètres cubes par 24 heures. Reste à savoir en outre la hauteur à laquelle il faut élever l'eau.

Si la quantité d'eau est peu considérable et qu'on n'ait à l'élever qu'à peu de hauteur, les moulins à vent peuvent suffire ; à mesure que la masse d'eau et la hauteur augmentent, il faut employer des pompes mues par des machines à vapeur plus ou moins puissantes. On calcule, en général, que dix chevaux-vapeur suffisent pour dessécher 400 hectares de marais. Or, nous avons vu, dans le chapitre précédent, le prix de revient de l'eau élevée à différentes hauteurs et par diverses machines.

Élever le sol, ceci est un travail non moins herculéen ; il faut admettre d'abord qu'on possède, non loin du fonds à exhausser, un sol, une mine, où on puisse faire sans de trop grandes dépenses de transport, sans détruire un capital foncier important, des emprunts plus ou moins considérables. Quand c'est le sol d'une vallée resserrée qu'on veut améliorer, et que le coteau est formé de roche friable, c'est le cas le plus favorable ; on apporte des pierres dont on casse les plus grosses, et on leur superpose la terre qui provient de la découverture, des fentes de la roche et du bris des pierres ; les roches calcaires sont, dans ce cas, les meilleures. C'est ainsi qu'ont agi plusieurs propriétaires de prairies et de terres arables dans la vallée de l'Yèvre, aux environs de Bourges ; la roche calcaire mélangée à la tourbe l'assainit, hâte la neutralisation de l'acide humique et favorise singulièrement la végétation. Mais, avant d'entreprendre une opération aussi coûteuse, il faut prudemment en calculer les dépenses, et les comparer à la valeur foncière et locative qu'aura pu acquérir le sol après cette amélioration. Il faut se rendre compte d'abord que, pour exhausser le sol de $0^m,20$ seulement, il faut y apporter 2,000 mètres cubes par hectare ; de $0^m,30$, 3,000 mètres cubes, et ainsi de suite ; que chaque mètre cube pèse de 1,500 à 1,800 k°ˢ; que le transport de 1,800 k°ˢ, au tombereau, et à une distance de 500 à 1,000 mètres, coûte de $0^f,05$ à $0^f,06$; que son extraction, son déchargement, son épandage, reviennent de $0^f,25$ à $0^f,55$; de telle sorte que l'apport de 2,000 mètres cubes coûte en moyenne, à $0^f,49$ le mètre, 980 fr.; celui de 3,000 mètres cubes, 1,470 fr.; enfin, de 4,000 mètres cubes, 1,960 fr., le sol se trouvant exhaussé de $0^m,40$ dans le dernier cas.

Si nous portons donc à 500 fr. par hectare la valeur foncière du sol, avant l'amélioration, il reviendra après, à 1,480 fr., 1,970 fr. ou 2,460 fr., selon la hauteur dont on l'aura élevé; reste à savoir s'il aura acquis cette valeur foncière vénale; c'est ce que prouvera la comparaison avec la valeur des prairies déjà ainsi précédemment traitées dans la même vallée.

Creuser un boitout ou puisard absorbant, cela suppose des circonstances géologiques particulièrement favorables, mais, disons-le aussi, assez rares. C'est par ce moyen, cependant, que les moines de Sainte-Geneviève de Nemours parvinrent à dessécher le vaste marais de Larchaud, qu'ils livrèrent à la culture et qui est devenu de nos jours d'une grande fertilité.

Reste enfin un quatrième et dernier moyen, celui d'élever une portion du sol au moyen de l'autre partie, creuser la prairie de larges canaux dont la terre est rejetée sur le reste du sol; ce sera toujours une prairie d'une exploitation difficile, d'un produit peu économique, puisqu'il faudra sortir la récolte à bras et qu'on n'y pourra envoyer paître le bétail. Aussi, le plus grand nombre des propriétaires laissent-ils ces marécages dans leur état normal, se bornant à y couper des roseaux pour litière, et à y envoyer le bétail en été; d'autres les convertissent en étangs, aux dépens de la salubrité publique. Ces entreprises de desséchements, lorsqu'elles ont une certaine importance, ne peuvent être tentées que par de riches propriétaires ou par des sociétés de capitalistes.

Les trois hypothèses que nous venons d'examiner s'appliquent à des prairies marécageuses, le plus souvent situées dans des vallées. Nous allons nous occuper maintenant des prairies humides, et étudier les conditions de leur desséchement. Il s'agit de s'assurer, comme première condition, d'un débouché pour les eaux surabondantes; c'est dans la pente

du sol et des ruisseaux, ou rivières, ou étangs, qu'il faut le
chercher. Toutes les fois qu'on peut trouver une chute élevée de 0ᵐ,70 au moins au-dessus du niveau moyen des eaux,
en hiver, on peut recourir au drainage ; si l'on ne peut obtenir cette chute, on opère au moyen de fossés et de rigoles
ouvertes.

Pour assainir une prairie par fossés et rigoles ouvertes,
on l'entoure de tous côtés, s'il est besoin, d'un fossé de
ceinture A, A, qui dégorge au
point le plus déclive B, dans
un autre fossé, un ruisseau,
une rivière, etc.; puis on trace,
à travers les fonds de la superficie, des rigoles d'assèche-

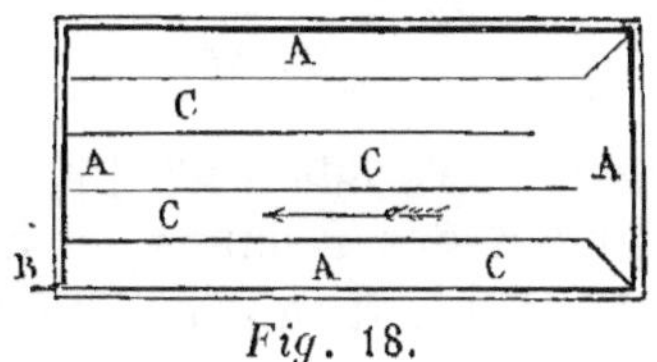

Fig. 18.

ment qui se rendent dans l'un ou l'autre de ces fossés, et
qui sont indiquées dans la figure ci-dessus, par les lettres
c, c. La direction de
ces fossés et rigoles
varie infiniment sui-
vant la configuration
de la surface et des
pentes, ainsi que le
fait voir la figure que
nousdonnons ci-contre

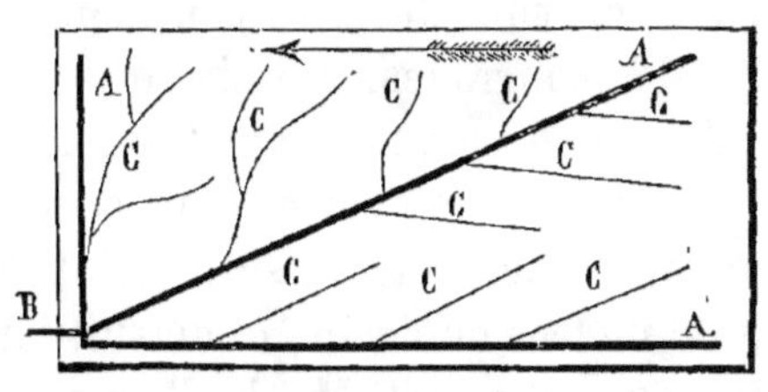

Fig. 19.

et dans laquelle nous trouvons trois fossés A seulement,
et des rigoles d'assèchement c, de directions plus ou moins
irrégulières.

Pour dessécher par le drainage, étant trouvé le débouché
ou le point le plus bas, on fait partir de là le collecteur, sur
lequel s'embranchent les drains collecteurs d'abord, puis
les drains ordinaires ; les collecteurs doivent, en général,
suivre les lignes de bas-fonds et celles de plus grandes pentes ; aussi, leur disposition est-elle très-variable comme
celle des fossés, et, ne pouvant les prévoir toutes ici, préférons-

nous renvoyer aux ouvrages spéciaux sur cette matière (1).

Nous nous bornerons à rappeler, quoique le drainage soit

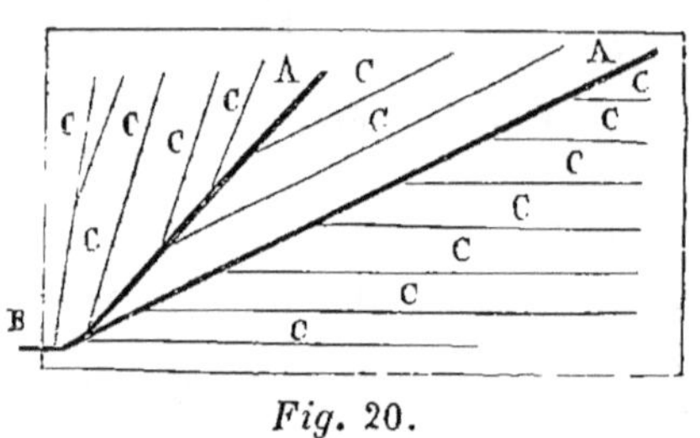

Fig. 20.

désormais une opération bien connue, qu'il consiste à ouvrir, dans le sol, une tranchée large de 0^m,35 à 40 au sommet, de 0^m,10 environ dans le fond, à y placer un tuyau en terre cuite de diamètre variable, des pierres, des tuiles bombées, ou simplement des fascines, et à recombler la tranchée.

Mais il faut se garder toutefois de trop assécher les prairies par les fossés et rigoles ou par le drainage; les uns et les autres ne doivent être disposés qu'en connaissance de cause, et de façon à n'enlever que l'humidité surabondante de l'hiver, sans détruire la fraîcheur essentielle à la production des fourrages. Un drain de 200 mètres, bien placé, suffit souvent pour assainir deux hectares et plus de prairies, où un homme qui ne connaîtrait pas ce même sol, aurait drainé toute la surface à 10^m de distance, employé 2,000 mètres de drains et détruit toute végétation. Avec un drainage rationnel, M. de Béhague, à Dampierre, est parvenu à assécher suffisamment 12 hectares 71 de prairies en partie tourbeuses, avec une dépense moyenne de 226^f,71 par hectare.

Le drainage présente cet avantage qu'il demande moins de soins d'entretien que les fossés et rigoles qu'il faut curer chaque année, et qu'il ne fait pas perdre de superficie du terrain; en dernier lieu, il peut se combiner dans beaucoup de cas avec l'irrigation, et produit alors de merveilleux ré-

(1) Voir l'ouvrage de M. Laffineur déjà cité, et le *Guide du drainage* par Kielmann (*Bibl. des prof. ind. et agr.*).

sultats. Voici ce que, en 1856, nous avions l'occasion d'écrire dans les mémoires de la Société d'agriculture de Cherbourg (1). « On doit, toutes les fois que cela est « possible, combiner le drainage avec l'irrigation, et c'est « alors que tous deux produisent sur les prairies leur maxi- « mum d'effets. Il n'y a plus d'engorgement à redouter « pour les tuyaux qui sont incessamment lavés, et l'arrose- « ment coïncide avec un complet assèchement. Il y a cepen- « dant quelques précautions à prendre : les rigoles à niveau « seules doivent traverser l'emplacement des drains, pour « prévenir les infiltrations trop fortes qui entraîneraient la « terre dans les tuyaux. Lorsqu'on est obligé d'y conduire « une rigole alimentaire, il faut la faire passer sur un petit « canal en bois. 65 hectares de prairies sont arrosées à Mar- « tinvast par le système de rigoles à niveau (infiltration), « dont 6 hectares sont drainés, et nous nous trouvons par- « faitement de cette combinaison. « (Page 21.)

Voici la disposition adoptée pour les drains et les rigoles alimentaires et de niveau. Les drains et les rigoles alimen- taires A, B, suivent la plus grande pente du sol ; les rigoles à niveau c sont parfaitement perpendicu- laires à cette pente ; les rigoles alimentaires oc- cupent à peu près le mi- lieu entre les deux drains voisins, de sorte que les rigoles à niveau peuvent seules donner lieu à de légères infiltrations.

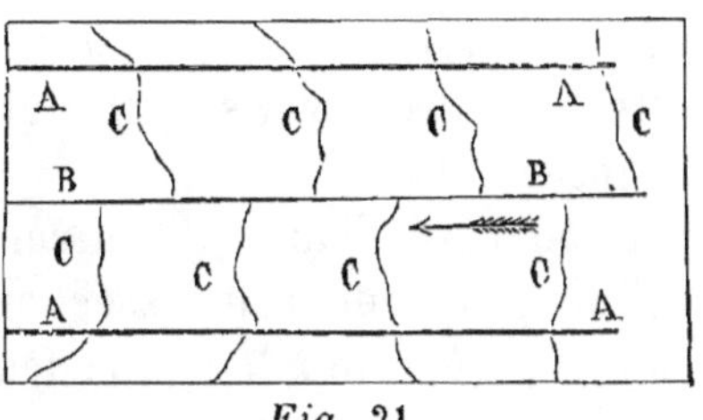

Fig. 21.

En résumé, le dessèchement doit être assez complet pour débarrasser le sol de l'humidité excessive en hiver, mais

(1) *Observations pratiques sur le drainage et les irrigations à Martin- vast* (Manche).

non pour lui enlever au printemps la fraîcheur nécessaire à la végétation ; il sera suffisamment complet si, au printemps, 24 heures après avoir retiré l'eau d'arrosement, on peut marcher à pied sec dans la prairie ; il sera insuffisant si, après deux années de son établissement, il végète encore dans la prairie des joncs ou des carex, ou enfin toute autre plante de terrains marécageux. Mais aussi, faut-il que l'irrigation soit bien dirigée, l'eau mise en temps opportun et retirée en temps utile ; son séjour trop prolongé ou hors de saison suffit, nous l'avons déjà dit, pour détruire les graminées et les légumineuses, et favoriser la croissance des plantes aquatiques.

CHAPITRE XIV

SOINS D'ENTRETIEN. — ENGRAIS

Il ne suffit pas de créer une prairie dans de bonnes conditions, d'y combiner l'irrigation et le dessèchement ; il faut encore entretenir sa fécondité par des engrais, des soins culturaux, préserver son produit du ravage des animaux et des insectes.

Certains prés hauts se trouveront bien d'être épierrés ; les cailloux contribuent au dessèchement du sol en été et causent beaucoup de perte à la coupe des fourrages, la faux ne pouvant raser le sol. Cette opération doit se faire en hiver, et au plus tard en mars. On y emploie des femmes ou des enfants, qui, ramassant les cailloux dans des paniers, vont les vider en petits tas placés en lignes où les vient charger une voiture qui les portera le long des chemins à l'entretien desquels ils seront destinés. Cette opération une fois soigneusement faite n'a pas besoin d'être répétée, à moins qu'on ait terroyé la prairie ou qu'on l'ait fumée avec des composts ;

mais la plupart des prés doivent être épierrés dans l'année qui suit leur création, afin de faciliter le fauchage. Il est bien entendu que nous ne parlons d'enlever que les pierres et cailloux qui ont plus de $0^m,06$ à $0^m,08$ de diamètre, suivant les terrains ; car les pierres plates et les cailloux ronds, quand ils ne dépassent pas une certaine grosseur, contribuent à donner de la fraîcheur aux sols siliceux, et facilitent l'assainissement des terres argileuses.

Pour créer la prairie, on y a semé un mélange de graines de graminées et de légumineuses, ou de la graine de bon foin ; mais ces semences n'ont pas levé seules ; les germes antérieurement renfermées dans le sol se sont développés, et un grand nombre de plantes inutiles ou nuisibles poussent parmi celles qu'on entend conserver. Il est donc essentiel de donner la première et la seconde année, au printemps, un sarclage, pour enlever ces quasi-parasites, comme la grande et la petite oseille, les millepertuis, la grande centaurée, etc., etc. Pour cela on emploie en Normandie un instrument très-simple, très-commode et peu coûteux, qui consiste en une fourche en fer à deux doigts assez rapprochés l'un de l'autre ; une petite pédale placée sur la douille permet d'enfoncer l'instrument avec le pied, pour aller chercher les racines profondes. Cet outil s'appelle en Normandie fourche à doches, parce qu'il est surtout destiné à extirper les doches (grande oseille).

Il est des prés hauts qu'il serait utile de herser au printemps comme on le fait pour les luzernières, afin d'enlever la mousse, et de remuer un peu la terre autour du collet des plantes. Une fumure ou de l'irrigation vaudraient mieux à coup sûr, mais ne sont pas toujours faites ou même possibles ; le hersage fournit un moyen de rajeunir un peu ces prairies ; il facilite la germination des semences tombées sur le sol et que la mousse empêchait de se développer en les étouffant. Souvent, après le hersage, il faut épierrer à nouveau. Dans les prairies argileuses, la mousse croît souvent et mieux que dans les prés élevés; dans les prés tourbeux, la herse ou même le scarificateur peuvent détruire beaucoup de plantes inutiles ou nuisibles, et on ne doit pas craindre d'y employer ces instruments, au printemps, dès que le sol est suffisamment ressuyé et affermi. D'un autre côté, les plantes des terrains purement siliceux seraient déracinées par la herse.

Le roulage, dans toutes les terres légères, produit de merveilleux effets; il redonne du corps au sol, rechausse les plantes soulevées par l'hiver; en tassant le sol, il y renferme une provision de fraîcheur que les chaleurs d'été vaporisent moins facilement; il chasse les taupes, les vers blancs et beaucoup d'insectes; enfin, il produit des fourrages plus fins, moins grossiers. Il s'exécute avec un rouleau en bois, d'un grand diamètre et dont on charge le châssis de pierres plus ou moins lourdes, avec un rouleau en pierre ou en fonte de poids variable. Le roulage est inutile ou même nuisible dans les terres argileuses, et ne doit se faire partout que quand la surface du sol est ressuyée des pluies de l'hiver.

L'étaupinage, ou l'action de répandre sur le sol la terre amoncelée par des taupes est un soin qu'on ne doit jamais négliger au mois de mars. Ces buttes rendent le fauchage difficile, font casser les faux ou tout au moins empêchent de couper ras et font perdre du foin. On ne doit étaupiner qu'au moment où l'herbe a déjà pris une certaine hauteur, le plus tard possible, afin de n'avoir pas à y revenir; si on opère trop tôt, comme les taupes ont continué à travailler, elles n'auraient pas tardé à élever de nouveaux monticules. On emploie, pour étaupiner, une herse renversée sur le plat, les dents en l'air, ou bien un grand châssis de bois portant à l'avant, obliquement et dans toute sa largeur, deux lames tranchantes en fer, et recouvert de deux traverses de bois taillées en biseau; il est le plus souvent surmonté d'un

siége pour le conducteur. Cet instrument attelé de deux ou
quatre chevaux, selon le nombre de taupinières qui existent
sur le terrain, opère, dit M. de Dombasle, avec beaucoup
de perfection et une grande promptitude. Le plus souvent,
cependant, on se borne à épancher les taupinières avec
une simple pelle ou même avec la houe d'irrigateur.

C'est une question qui n'est pas sans importance, que
nous ne traitons ici qu'incidemment, de savoir si les
taupes sont utiles ou nuisibles aux prairies : Hippocrate
dit oui, Gallien dit non, et chacun prend parti pour ou contre, sans avoir le plus souvent cherché même à examiner
la question. La taupe détruit-elle les vers blancs ou larves
du hanneton? La Société vaudoise d'agriculture dit oui,
M. Bella de Grignon dit non. Le rapport fait à la société
vaudoise constate qu'en cinq jours, une taupe a dévoré des
vers de terre, des limaces, des escargots, plusieurs courtilières et 27 vers blancs.

Un agronome du Wurtemberg, ayant placé deux taupes
vivantes dans la terre d'une caisse en bois, leur vit dévorer
en 9 jours 341 vers blancs, 193 vers de terre et 2 courtilières. A Grignon, au contraire, une taupe placée pendant
plusieurs jours dans un tonneau rempli de terre, ne man-
gea que quelques lombrics, et serait morte de faim sans
avoir touché aux larves de hannetons. Un intelligent horti-
culteur du Berry a répété l'expérience, et il a toujours vu
la taupe respecter les vers blancs et ne manger que la tête
des courtilières; il est vrai que cela est suffisant pour les
dernières. Mais, si favorable que soit aux taupes l'opinion
publique en Allemagne et en Suisse, on ne saurait les
amnistier des dégâts qu'elles causent dans les jardins, dans
les cultures et dans les prairies par leurs galeries et leurs
taupinières, soulevant là les plantes, ici les enterrant, boule-
versant les terres qui ont été fumées, sans doute pour y
chercher les vers et les insectes. La meilleure atténuation

qu'on puisse trouver à ces ravages, c'est qu'elles ramènent
de la terre neuve à la surface : petit bien pour un grand
mal ! Un cultivateur soigneux fera donc bien de passer un
marché avec un taupier qui, de temps en temps, vienne chasser sur ses terres et ses près ; il le payera à tant par tête ou par
queue, ou mieux par cadavre, et se tiendra en garde contre
les fourberies possibles en détruisant les victimes par le feu ;
il ne négligera pas non plus, répétons-le, de réparer le mal
en faisant étendre les taupinières, et rouler les galeries.

Les rigoles d'irrigation et d'assainissement doivent être
curées ou du moins nettoyées, chaque année, au commencement de l'automne ; suivant le système adopté pour la
direction des eaux, selon aussi la pente du sol, les unes s'en-
vasent, les autres s'approfondissent ; toutes tendent à se ré-
trécir ; il faut donc vider les premières, changer les autres
de place, les ébarber toutes ; on emploie la bache de prés
pour rogner, la houe pour curer. Quant aux débris provenant de ces rigoles, on les emploie à parfaire le nivellement
des parties voisines, ou à boucher d'anciennes rigoles qu'on
remplace. Les fossés de desséchement doivent être curés,
suivant la nature du sol, tous les ans dans les terrains tourbeux, tous les deux ans dans les sols silico-argileux, tous
les trois ou quatre ans dans les terres fortes. Il est essentiel
d'y rétablir le cours de l'eau interrompu par la végétation
qui s'y est développée, par les éboulements qui s'y sont produits, par les dépôts de sable ou de vase que les eaux y ont
amenés. Les canaux ne seront pas moins soignés pour y tarir les infiltrations, nettoyer leurs francs-bords, et curer
leur fond. Les curages de tous ces fossés et canaux, mis en
tas et ultérieurement mélangés de chaux et brassés, produisent d'excellents composts pour les prairies. Ces divers travaux
doivent s'exécuter entre la fin de l'automne et le printemps.

Les arbres qui entourent les prairies donnent aux bestiaux une ombre favorable ; mais, lorsqu'ils sont trop pressés,

trop garnis de branches, ils interceptent pour le sol le passage de l'air et du soleil, rendent le fanage de l'herbe difficile et coûteux ; il faut donc les élever en hautes tiges et les ébrancher tous les quatre à six ans ; en les aménageant par coupes, on en tire ainsi en bois un produit d'une certaine valeur qui compense l'épuisement du sol voisin par leurs racines. Il ne faut pas oublier non plus que les feuilles de ces arbres, à l'entrée de l'hiver, doivent être ratelées, rassemblées et brûlées, et leurs cendres répandues sur la prairie. Souvent, comme en Normandie, ces arbres placés sur le talus du fossé, forment clôture, étant réunis par des lisses de frêne ou de châtaignier; mais il faut se garder de nuire au pré pour conserver un produit moins économique et éviter la plantation d'une haie. Les arbres ne sont indispensables que dans les embouches, et encore suffit-il de quelques-uns disséminés sur la surface pour procurer un abri aux animaux; vers les bords de la mer cependant, un rideau d'arbres est précieux pour garantir la prairie des vents de mer qui versent l'herbe. Partout, ailleurs, les arbres sont plus nuisibles qu'utiles.

Quel que soit le mode de clôture qu'on ait adopté, il faut l'entretenir avec le plus grand soin, pour éviter à la fois les frais de gardiennage et les dégâts que peuvent causer les animaux étrangers dans le pré, ou ceux du propriétaire dans les cultures voisines. En Bretagne, on emploie des lames d'ardoises reliées par des lisses de bois ; en Normandie, on défend les prés par des fossés profonds dont le talus est planté d'arbres forestiers à hautes tiges, aussi réunis par des lisses; dans quelques exploitations bien tenues, on adopte maintenant des poteaux de chêne carbonisés ou passés au cooltar, et des fils de fer galvanisés, tendus au moyen de roidisseurs. Nulle part et jamais, on ne doit laisser subsister de brèche à ces clôtures, la réparation doit être immédiate. L'hiver, on remplace les lisses qui ne présentent plus une garantie suffisante, et on relève les talus dégradés.

On se figure malheureusement, en France surtout, qu'un pré est une caisse dans laquelle on peut toujours puiser, sans y jamais rien remettre. Le simple bon sens devrait suffire pour démontrer cette erreur ; la prairie nous offre un moyen d'obtenir le fourrage le plus économique, mais ce produit nous coûtera d'autant moins cher que nous aurons dépensé plus de fumier ou d'engrais pour l'obtenir. Ceci n'est pas un paradoxe, c'est le principe de toute agriculture rationnelle, qu'on a appelée la culture intensive. Est-il besoin d'une démonstration ?

Le pain et la viande, ce sont le but : le moyen, c'est le fourrage et le fumier. Voilà le cercle, mais il y faut entrer par la bonne voie. Fumer les céréales, c'est ce qu'on fait, mais les céréales ne donnent que de la paille et le grain ne produit que bien peu d'un engrais excellent, mais exporté de l'exploitation et en grande partie même perdu dans les villes ; c'est donc le fourrage qu'il faut fumer puisqu'il reste sur la ferme, puisque, consommé par le bétail, il nous fournit l'engrais source de toute production. Autre chose encore : une fumure de 15,000 kilos de fumier par hectare vous donnera peut-être un excédant de récolte de 1,500 kilos de foin à 40 francs soit 60 francs ; le fumier à 8 francs les 1,000 kilos vaudra 120 francs. Mais si vous fumez à 30,000 kilos, soit 240 francs, vous obtiendrez sans doute un excédant de produit de 4,000 kilos de foin valant 160 francs ; ainsi vous aurez retiré de la dépense un intérêt bien plus élevé et vous rentrerez plus promptement dans votre avance ; vous aurez pu créer une masse d'engrais qui se reportera sur les terres arables et améliorera à la fois leur fécondité et leur produit. Notez qu'on va plus loin maintenant, et qu'on prétend que le système intensif lui-même, réduit à ses propres ressources en engrais, est impuissant à maintenir la fertilité du sol ; aussi M. Liebig qualifie-t-il notre agriculture du titre de vampire. Jusqu'à ce que ceci soit bien prouvé, faisons pour le mieux et rappelons-nous que les récoltes les plus complètes sont les plus économiques.

Le fumier mélangé nous semble être, de tous les engrais, le meilleur pour les prairies ; rappelons-nous, en effet, que l'essentiel est d'accroître la couche de terreau azoté dans laquelle végètent les racines traçantes des plantes de nos prairies. Le fumier répandu en couverture attire la rosée pendant les nuits d'été, préserve le sol de l'évaporation pendant le jour ; les pluies d'orage, comme celles de l'automne et de l'hiver, le lavent, entraînant, dans la superficie du sol, ses sucs dissous et prêts à l'assimilation ; la végétation entrelace les pailles, les recouvre, et bientôt, converties en terreau, elles font partie du sol lui-même exhaussé, et auquel elles fourniront du carbone.

Les fumiers qu'on destine aux prairies ne doivent point être trop décomposés, sans pourtant être frais ; ils doivent être un peu longs, ainsi qu'on le dit communément. En général, pour les prairies basses, les terres argileuses et froides, on préfère les fumiers de cheval et de moutons ; le fumier de bœufs et de vaches pour les prés hauts et les terres siliceuses ; nous estimons que tous ces fumiers mélangés conviennent partout, et qu'on n'en saurait presque trop mettre. On conduit ces fumiers et on les répand, immédiatement après la coupe des foins, en juin et en juillet, et on ne doit plus dès lors mettre l'eau d'irrigation sur la prairie, jusqu'au printemps suivant, époque avant laquelle et avant d'arroser, on fait rateler la litière, s'il est besoin. L'herbe ne tarde pas, malgré la sécheresse, à pousser, et on peut y renvoyer le bétail. Les fumures d'automne et de printemps sont exposées à être complétement lavées par les grandes pluies qui entraînent en dehors du sol la plus grande partie de leurs éléments de fertilité.

Le parcage des moutons est aussi favorable à toutes les

prairies, surtout à celles créées sur des sols légers, et en particulier à celles tourbeuses; il doit se faire également après la coupe. Outre qu'il donne un fumier très-énergique, il comprime et tasse le sol, et le rend moins perméable à la chaleur.

La colombine ou fiente de pigeons et de volailles, engrais très-actif aussi, convient très-bien à tous les prés et surtout à ceux bas et froids. Ces excréments, desséchés et réduits en poudre au fléau, sont mélangés de sable, de cendres ou de poussier de tourbe et semés à la volée.

Le guano du Pérou, le plus pur et le plus actif des guanos, ne produit pas d'effets sur tous les sols; ceux qui sont notablement calcaires et ceux tourbeux n'en ressentent presque aucun bienfait. Dans les autres natures de terre, il égale le fumier, à des doses correspondantes, mais son effet ne se produit que la première année. Le phospho-guano, très-estimé en Angleterre, convient aux sols qui ne renferment pas notablement de calcaire; et nous sommes heureux de pouvoir reproduire ici les résultats d'une expérience faite en 1864 au domaine impérial des Landes : une dépense de 100 francs pour chaque engrais, mise en comparaison, a donné les résultats suivants en poids, sur une prairie naturelle, d'une superficie de 1 hectare par parcelle :

1º Parcelle sans engrais.....................	1,155 kilos de foin.
2º — avec 100 fr. de fumier..........	2,437	—
3º — avec 100 fr. de phospho-guano...	2,437	—
4º — avec 100 fr. de guano-humifère..	2,200	—

Sur un autre domaine impérial, celui de la Motte-Beuvron, la comparaison, sur une prairie de 1 hectare, entre le guano et le phospho-guano, a été à l'avantage du dernier :

150 k. de phospho-guano coût. 49ᶠ,95 ont donné 2,650 k. de foin val. 212ᶠ
150 k. de guano du Pérou coût. 55ᶠ,50 ont donné 2,500 k. de foin val. 200ᶠ.

(J.-A. Barral, *Mém. sur les engrais en général, et notamment le phospho-guano,* p. 30. Paris, 1864.)

En ce moment (mars 1864), le phospho-guano se vend,
suivant les quantités achetées, de 31^f,50 à 28^f,50 les 100 kilos, et le guano du Pérou de 33^f,50 à 31 francs les 100 kilos. Le phospho-guano contient environ 40 p. 100 de
phosphates et 13 p. 100 de matières organiques et de sels
ammoniacaux ; il dose environ 2,70 p. 100 d'azote. Le
guano du Pérou renferme environ 52 p. 100 de matières
organiques et de sels ammoniacaux, et 20 p. 100 de phosphates ; il dose environ 14 p. 100 d'azote.

Le phosphate de chaux fossile dont on a beaucoup parlé
aussi, dans ces dernières années, et dont il existe d'importantes exploitations dans les Ardennes (Desailly, Pichelin, etc.),
doit être employé surtout en mélange avec les engrais (fumiers, composts, etc.), il convient surtout aux terres acides
(tourbes) et à celles privées de l'élément calcaire.

Le plâtre, qui ne réussit pas partout, et ne semble produire d'effet que dans les sols qui renferment déjà une ap-
préciable quantité de chaux, agit principalement sur les légumineuses ; ce n'est donc que dans les sols de cette nature,
ceux du reste où les plantes de cette famille sont aussi le
plus abondantes, qu'il faudrait employer ce stimulant, au
printemps.

Les cendres de bois crues ou lessivées jouissent de la ré-
putation de détruire les joncs ; mieux vaut se confier aux
assainissements et au drainage ; cependant les cendres lessivées sont un bon engrais qui favorise surtout la végétation
des légumineuses (lotier, minette, trèfle blanc, trèfle des
prés, etc.). Les cendres de houille ne sont un engrais qu'autant qu'elles ont absorbé des urines ou du purin et qu'elles
ont fermenté en tas pendant un certain temps.

La suie est estimée, comme la cendre, nuisible aux joncs,
ce qui semble n'être qu'un préjugé ; c'est un engrais rare-

ment employé et par petites quantités d'ailleurs ; on l'applique de préférence aux prairies basses.

Le noir animal agit par le phosphate de chaux et par les matières organiques qu'il renferme ; il est presque toujours falsifié, et il est extrêmement rare de l'avoir pur. Il n'agit que sur les sols acides, les tourbes, les terres de bruyères récemment défrichées ; partout ailleurs, son action est à peu près nulle.

Sur le littoral de la mer, on emploie souvent, pour les prairies, un engrais végétal, le varech, qui produit d'excellents résultats ; il agit sans doute par le sel marin dont la plante est imprégnée et qu'elle abandonne à la pluie.

Les composts sont des engrais mixtes artificiels, formés de fumiers, de vases ou de détritus d'étangs, de rivières, de fossés, etc., ou de gazons, et le plus souvent additionnés de chaux. On laisse ces mélanges en tas pendant un temps variable de six mois à deux ans, en ayant soin de les remuer et de les mélanger à plusieurs reprises, et de donner au tas une forme conique ou prismatique afin que la pluie n'y puisse pénétrer en trop grande abondance. Quand ils sont mûrs, on les transporte sur les prairies à l'automne ou au printemps ; l'étaupinoir ou une herse renversée pulvérisent les mottes et les répartissent régulièrement sur le sol. Dans certains sols, un mètre cube de compost bien fabriqué vaut autant que la même quantité de fumier.

Eu égard à la quantité qu'on doit employer de ces engrais, il est peu utile peut-être de la spécifier ; jamais sans doute on n'en mettra trop, jamais peut-être on n'en mettra assez. Rappelons-nous ce que dit avec beaucoup de vérité M. de Gasparin : « A la troisième année (de sa création) le gazon « de la prairie paraît formé ; mais il manque réellement de « l'épaisseur et de la richesse qu'exige le pré, et il est si « peu parvenu à son point de perfection, que ce n'est qu'a-« près un grand nombre d'années, si l'on ne fume pas, et si

« l'on fume, qu'après avoir reçu une dose de fumier que
« l'on peut estimer à 5,000 quintaux métriques (500,000
« kilos) par hectare, que le pré parvient à son état station-
« naire, dans lequel chaque dose nouvelle de fumier pro-
« duit son maximum d'effet. » (*Cours d'agric.*, t. I, p. 691.)
Il estime que 1,000 kilos de fumier, sur un pré arrivé à sa
période stationnaire, produisent 520 kilos de foin valant
31^f,20, ce qui porterait la valeur du fumier à un prix
énorme ; voilà, ce nous semble, une nouvelle preuve en faveur de la culture intensive.

Nous nous bornerons à indiquer, à titre de simple renseignement, la dose moyenne des engrais à appliquer par hectare à chaque fumure :

Fumier d'étables, mélangé.	50,000 kil.
Colombine.	300
Guano du Pérou.	350
Phospho-guano.	350
Plâtre.	300
Cendres de bois lessivées.	7,000
Suie.	200
Noir animal de raffineries.	600
Warech.	15,000
Compost.	50,000

Nous ajouterons quelques observations pourtant ; la colombine, le guano, les cendres, la suie, engrais pulvérulents, doivent être répandus seuls, à la main, par le beau
temps et en l'absence du vent qui rendrait leur épandage
irrégulier ; il est bien entendu qu'on a dû, par un battage
au fléau, ou l'écrasage au rouleau, les réduire en poussière
fine. Il en est de même du plâtre cuit ou cru, car on sait que
la cuisson, si elle rend sa pulvérisation plus économique,
n'augmente pas ses effets ; on le sème à la main, le matin, à
la rosée, de préférence sur les prairies qui sont garnies de
plantes légumineuses ; il ne produit que très-peu d'effets sur

les graminées ; on sait du reste que son action est très-bi-
zarre et qu'elle ne se fait pas également sentir dans tous les
sols. Le phospho-guano peut être répandu seul aussi,
comme le noir animal de raffinerie, mais le phosphate fossile
sera plus avantageusement mélangé aux fumiers.

Tous les engrais ne conviennent pas indistinctement à tous
les sols ni à toutes les plantes, et c'est par des essais répétés
pendant plusieurs années qu'il faut rechercher, au double
point de vue de l'économie et de la production, celui qu'on
devra adopter. Mais, dans ces expériences, il faut bien tenir
compte non-seulement du prix d'achat des engrais, mais
encore et surtout de leur richesse propre ; quelques-uns, en
effet, remplissent le rôle de stimulant, et mettent en œuvre
l'azote renfermé dans le sol, lequel se trouve ensuite plus
pauvre qu'avant. Tel pourrait être, par exemple, le cas du
phospho-guano dont nous parlions tout à l'heure : il contient, avons-nous dit, 2,70 p. 100 d'azote. Répandons 212
kilos de phospho-guano sur 1 hectare emblavé en froment,
c'est 5 kilos 72 d'azote que nous donnons au sol ; si le produit obtenu s'élève à 33 hectolitres, soit 2,500 kilos de grain
dosant 2,29 p. 100 d'azote, ou en tout 57 kilos d'azote, la
différence, soit 51 kilos 28 d'azote aura été empruntée par la
plante à la vieille force du sol rendue assimilable par le stimulant ; on aura obtenu un produit fort économique pour
le présent, mais qui pourrait être ruineux pour l'avenir.

Jusqu'ici, et quoi qu'en ait pu dire l'illustre Liebig, le fumier de ferme a paru contenir tous les éléments nécessaires
à la végétation de nos plantes cultivées, à la réparation de
toutes les pertes du sol, lorsqu'il lui est rendu en quantités
suffisantes. Pour les prairies surtout, où l'important est de
former, à la surface, une couche aussi épaisse que possible
de terreau soluble, les stimulants ne doivent être que prudemment conseillés. Les composts seuls peuvent en quelques
points suppléer les fumiers, encore faut-il qu'ils soient bien

mûris, qu'ils renferment des éléments organiques solubili-
sés par la chaux, et qu'ils soient exempts de mauvaises
graines. Après les avoir laissés un an au moins en tas, les
avoir mélangés de fumier, recoupés plusieurs fois, arrosés de
purin et additionnés de chaux, puis recoupés encore, on les
conduit pendant les gelées de l'hiver sur la prairie, et on les
répand à la pelle ; la gelée désagrége les particules, la pluie
les entraîne sur le sol, et, quand le sol est ressuyé, on donne
un léger coup de herse d'abord, puis un coup de rouleau.
On forme des composts avec des terres provenant de curures
des fossés, des vases d'étangs, des boues de villes ou de
routes, de la tourbe, du tan, de mauvaises herbes, des débris animaux, du fumier, de la chaux ou des cendres de
chaux, qu'on stratifie par couches alternatives, qu'on arrose
de jus de fumier ou tout au moins d'eau. Les composts peuvent
être faits aussi dans le but de servir à la fois d'amendements ;
ainsi pour une prairie siliceuse, on pourra choisir les terres
argileuses, et réciproquement. A défaut de chaux, on peut
employer la marne ; les composts forment toujours un
excellent excipient pour les matières fécales.

L'arrosement avec des purins fournit aux prairies un
excellent engrais, mais que les transports rendent souvent
coûteux ; il n'est praticable que pour celles situées près du
centre de l'exploitation. On rassemble les urines du bétail
dans des fosses bien cimentées, qu'on nomme citernes ; lors·
qu'elles sont pleines et que le purin a bien fermenté, on
extrait ce liquide avec une pompe pour le verser dans un
tonneau placé lui-même dans un tombereau ; ce tonneau est
muni d'un large robinet qui, quand il est ouvert, donne issue au liquide ; mais une large planche reçoit ce jet et le
distribue sur la largeur parcourue par le véhicule ; c'est là
le principe, l'instrument primitif, qu'on a bien perfectionné.
A Mettray, la pompe est placée sur le véhicule lui-même et
y est adhérente ; la tonne, cerclée en fer, est fixée sur l'essieu

8.

et se mène comme un tombereau ; le liquide, pour en sortir, se répand dans un long tube horizontal percé de trous assez fins qui ne le laisse retomber sur le sol que sous l'apparence d'une pluie bienfaisante. Ailleurs, c'est un rouleau, un cylindre compresseur qui, promené sur le pré au moyen d'un châssis et de deux limons, et semblable au rouleau compresseur des ponts et chaussées, tasse le sol en même temps qu'il l'enrichit.

Les meilleures pompes à purin sont presque toujours celles en bois, telles qu'on les fabrique pour les navires ; leur construction est simple, leur réparation facile et peu coûteuse, leur prix d'achat peu élevé. On a beaucoup parlé, il y a quelques années, de la pompe agricole inventée par M. Perreaux et présentée à l'exposition universelle de 1856, où elle obtint un second prix ; elle a encore été perfectionnée depuis, et a été l'objet, à la Société d'encouragement pour l'industrie nationale, d'un rapport très-favorable de M. Faure. Construite en cuivre étiré, aspirante, ou aspirante et foulante, elle est garnie de soupapes en caoutchouc et élève aussi bien l'eau chargée de matières étrangères, le purin, que l'eau claire. Son prix varie de 70 francs à 125 francs, selon qu'elle est à simple ou à double effet, et elle se vend au dépôt, à Paris, 16, rue Monsieur-le-Prince.

En Angleterre, M. Kennedy imagina d'employer nonseulement le purin, mais encore les eaux de lavage de ses fumiers, à la fertilisation de son sol ; il installa une machine à vapeur, un système de tuyaux souterrains débouchant sur le sol par des orifices armés de tuyaux en caoutchouc et de pommes d'arrosoir, de sorte qu'il faisait pleuvoir à son gré une pluie fécondante ; il obtint ainsi de merveilleux produits. Le savant M. Moll a importé en France le système d'arrosage aux engrais liquides, à la ferme de Vaujours, auprès de Paris. Nous avons vu à la belle ferme de Thauvenay, près de Sancerre, chez M. le baron de Tascher, une semblable installation à l'aide d'une machine à vapeur. Mais nous pensons qu'il y a là une question économique non encore vidée. Lorsque la situation de la ferme permet d'arroser à l'aide de la pente naturelle du sol, et que celui-ci a été préalablement drainé, on peut obtenir à peu de frais une amélioration rapide et des produits économiques; mais la question change s'il faut élever les engrais plus ou moins haut, à l'aide d'une machine à vapeur, Dans tous les cas, ce système exige un capital considérable pour l'installation, et n'a été encore appliqué qu'aux prairies temporaires et aux cultures annuelles.

Dans certaines fermes industrielles, on emploie les eaux de fabriques (amidonneries, féculeries, sucreries, distilleries) pour l'irrigation. A la belle ferme de Masny (Nord), qui renferme une sucrerie fort importante, M. Fiévet arrose avec ses vinasses (1,500 hectolitres par jour) toutes les terres qui avoisinent son usine. Il est même si satisfait du résultat produit sur ses prairies et ses cultures par cet arrosage, qu'il a irrigué d'autres terres plus éloignées, en élevant les vinasses à 8 mètres, au moyen de pompes à vapeur. Aujourd'hui, c'est 20,000 hectolitres d'eau par jour, qu'il envoie dans ses champs. « 20,000 hectolitres d'eau employée « par jour à tous les services de la fabrique, sont, dit M. Plu- « chet, dirigées sur les terres en aval de l'usine. Ces eaux « chargées de détritus de toute espèce, ayant servi au lavage « des betteraves, à celui du noir animal, au lavage des sacs « à pulpe et à écume, etc., s'échappent en traversant les « latrines des ouvriers, et transportées par des rigoles, tantôt « à niveau, tantôt soutenues et formées sur une petite digue « en terre, jusque sur les champs en culture; elles sont « distribuées avec une parfaite régularité par des billons « relevés de 50 en 50 centimètres, suivant le sens de la « pente du terrain, et arrosent ainsi, de deux en deux années, « 40 hectares de terre qui, depuis huit ans, n'ont point reçu

« d'autre fumure. La valeur de cet engrais est estimée, par
« M. Fiévet, à la somme annuelle de 8,000 francs ; il s'ap-
« plique à tous les genres de récoltes, car, maintenant,
« M. Fiévet l'emploie sur des blés en terre. Ces eaux,
« jadis perdues, qui s'écoulaient dans les fosses, y dégageaient
« des miasmes, s'infiltraient dans les terres, gagnaient et
« gâtaient les cours d'eau voisins, engendraient une cause
« permanente d'embarras, d'insalubrité et de procès, sont
« devenues le plus puissant, le plus économique agent de la
« fécondité du sol. » (*Rapport sur la prime d'honneur du
Nord en* 1863, *Jour. d'agric. prat.* 1864. T. Ier, p. 407.)
C'est ainsi que le génie tire parti des obstacles mêmes, et
beaucoup de fermes industrielles pourraient mettre à profit
ce judicieux exemple.

D'autres fois et plus simplement, on charge les eaux de
matières fertilisantes que, sans frais, elles portent avec elles
sur les prairies. Pour cela, on établit en tête des prés un
bassin plus ou moins vaste sur le parcours de l'eau, et l'on
y jette de temps en temps des terreaux, de la marne, de la
chaux, des composts, etc., que l'eau délaye et entraîne ; au
besoin, un moulin à vent, système Durand, pourrait mettre
en mouvement un agitateur qui délayerait et expulserait ces
matières. C'est ce que nous avons vu dans la belle ferme de
Hupemeau, chez M. Ménard, lauréat de la prime d'honneur
du Loir-et-Cher, en 1858. Cette pratique est facile partout
du reste et fort économique.

Pour nous résumer, nous répéterons encore, qu'une
prairie ne rend qu'autant qu'on lui donne ; et que, comme
elle est la base de toute agriculture, il ne faut négliger aucun
soin dans son établissement, son entretien et son amélioration. Il faut la porter à son maximum de produit, afin
d'obtenir le maximum d'effet des engrais qu'on lui consacre, le maximum d'intérêts du capital foncier qu'elle
représente et le fourrage au plus bas prix de revient, ce qui

est même chose. C'est la culture intensive appliquée aux prairies comme elle doit l'être aux cultures et au bétail, le seul système rationnel et économique auquel on ne peut faire qu'une seule objection : le capital, objection peu fondée d'ailleurs, puisque le principe premier de l'économie rurale, c'est que l'homme doit être plus fort que la terre, s'il ne veut être écrasé par elle. Il est toujours facile, en outre, d'accroître le capital en diminuant l'étendue cultivée.

CHAPITRE XV

EXPLOITATION ET PRODUIT

Il y a trois moyens de récolter le produit des prairies naturelles : 1° le pâturage, c'est-à-dire les animaux récoltant eux-mêmes l'herbe sur le sol; 2° le fauchage pour faire consommer l'herbe en vert; 3° la fenaison pour conserver le fourrage en magasins dans le but de le faire consommer l'hiver ou les années suivantes.

§ 1. Pâturage.

Le pâturage des prairies présente des avantages et des inconvénients. La considération la plus favorable, c'est que ce mode de récolte ne coûte que peu de frais, le gardiennage; le bétail recueille lui-même sa nourriture, et il laisse sur le sol la totalité ou une partie de ses déjections, suivant qu'on l'y laisse constamment ou le jour seulement ; que dans les sols légers il tasse et raffermit le sol qu'il rend ainsi moins perméable à la sécheresse et, si le terrain est tourbeux, d'une exploitation plus facile. D'un autre côté, le pâturage, souvent impossible dans les terres marécageuses, dans les tourbes, est souvent nuisible dans les sols argileux, où le pied des animaux creuse, au printemps et à l'automne, autant de petites cuvettes où l'eau s'amassera stagnante, et où les joncs ne tarderont pas à se développer ; en pâturant, le bétail gâte avec ses excréments et ses pieds presque autant d'herbes qu'il en utilise ; il laisse intactes les touffes de mauvaises herbes qui se reproduiront rapidement.

On a cherché à remédier à ces inconvénients du pâturage en liberté, et on a inventé, il y a longtemps déjà, et en Normandie, je crois, le pâturage au piquet. Les bêtes à cornes et les chevaux y sont généralement soumis, dans cette contrée. Les chevaux ont la tête garnie d'un licol auquel est attachée une corde qui se relie à l'appareil suivant : A est

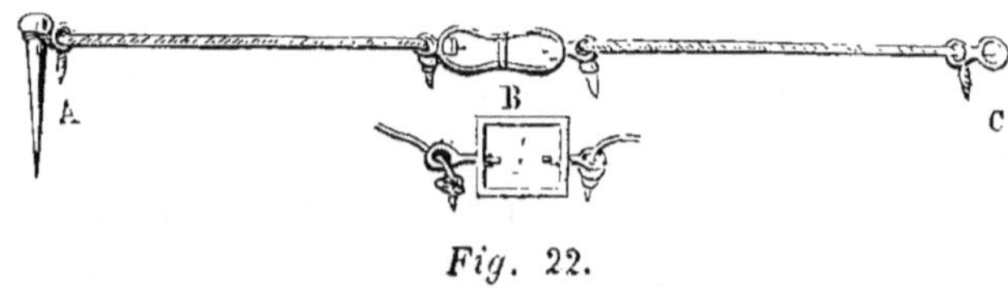

Fig. 22.

un piquet en fer ou en bois, plus ou moins long, et qu'on enfonce solidement en terre à l'aide d'un maillet ; ce piquet donne attache à une corde plus ou moins longue, suivant l'espace qu'on entend laisser aux animaux, pour leur liberté ; cette corde, vers le milieu de son étendue, est interrompue par une anse, ronde ou carrée, dans laquelle elle peut facilement tourner sans se tordre. A l'endroit C, où la longe de l'animal se rattache à la corde, se trouve une autre boucle tournante. Il est donc bien difficile que le cheval ou le poulain même puissent s'empêtrer, ou tout au moins il ne saurait y avoir d'accidents. Pour les bêtes à cornes, la longe, au lieu d'être attachée à la tête, est fixée au pâturon de l'un des membres antérieurs. Il n'est pas rare de voir, en Normandie et aux environs de Paris, quinze ou vingt bêtes paissant ainsi au piquet, sur une seule ligne.

On ne donne en longueur à la corde que l'étendue qu'on

entend faire consommer par repas; vers le milieu du jour, ou plus souvent même, on vient changer le piquet de place, en abandonnant une nouvelle superficie de fourrage, limitée toujours par la longueur de la corde. Chaque fois qu'on change les piquets, on fait boire les animaux; si l'on est près de la ferme, on les rentre à l'étable pendant les fortes chaleurs du milieu du jour; en aucun cas, ils ne doivent passer la nuit au piquet.

Ce système offre plusieurs avantages : il ne présente aucun danger d'accidents d'abord, puis il permet de faire consommer les fourrages sans perte sensible; l'animal ne disposant que de peu de liberté, ne gaspille rien, et mange à peu près tout. Cependant, il faut une certaine vigilance, une grande régularité dans la distribution des rations de fourrage et d'eau; il faut chaque jour étendre les excréments de la veille, et faucher les refus laissés par les bestiaux. C'est pendant que les animaux sont jeunes qu'il faut les accoutumer au pâturage au piquet, en les y plaçant à côté d'adultes tranquilles; sans cela, ils se tourmentent, hennissent ou mugissent, tournent sans cesse; les vaches perdent leur lait et les poulains pourraient se blesser. Le pâturage au piquet n'est donc pas partout et toujours praticable, et cela par différents motifs; il suppose que l'herbe est haute et fournie, que l'herbage est voisin de la ferme; on n'y doit point soumettre les animaux à l'engrais; il exige des domestiques soigneux, exacts, et surtout l'œil du maître.

Aussi, quelques esprits justes ont depuis longtemps été frappés de ces impossibilités, non moins que des inconvénients du pâturage en liberté, et ont cherché un système mixte. M. Bouthier de la Tour, le premier, énonça dans les *Annales de Roville*, l'idée d'exploiter les herbages par la faux, afin d'en faire consommer le produit en vert. Il fit plus, il mit les deux systèmes en pratique, les compara et obtint des chiffres décisifs. Depuis lors, son opinion n'a pas varié; il tire par la faux un tiers de poids vif de plus, d'une égale superficie d'herbage, que par la pâture en liberté, et double presque en outre les fumiers obtenus. Il place les animaux à l'engrais sous des hangars, au milieu même de la prairie, et leur distribue le fourrage vert dans des râteliers. Et ceci s'explique.

Un professeur de chimie agricole de Caen, M. Durand, dans ses études relatives aux vaches laitières et d'engrais (*Journ. d'Agric. prat.*, 1837, p. 268), fut conduit à conseiller le pâturage au piquet par les considérations suivantes : avec le pâturage en liberté, un animal, bœuf ou vache, gâte et gaspille une grande quantité d'herbe : 1° en vingt-quatre heures, il couvre au minimum de ses bouses 1 mètre carré; 2° par ses courses; 3° en marchant sur l'herbe et en s'y couchant; il y a donc nécessairement une inégale répartition des engrais; 4° l'animal choisit ses aliments; l'herbe dédaignée monte et devient dure; celle qui n'a été mangée que par son extrémité ne peut prendre qu'une élongation intermédiaire; foulée aux pieds, elle jaunit et repousse maigre et rare; 5° il faut que le bœuf d'engrais se remplisse promptement et soit souvent couché. Dans un grand nombre d'herbages, un bœuf d'un poids un peu élevé serait obligé de pâturer sans repos pour se nourrir, et ne saurait engraisser. Et M. Durand concluait au pâturage au piquet, non-seulement pour la vache laitière, mais aussi pour le bœuf à l'engrais, avec raison pour la première, à tort pour le second qui ne s'accommoderait ni de cette gêne certaine, ni des négligences possibles et probables. Mais le problème posé, nous avons le fauchage pour le résoudre.

Au point de vue économique, les expériences de M. de La Tour, celles de M. Bence (*Annales de Roville, Normandie agricole*, novembre, 1847), nous enseignent que le produit se trouve augmenté d'un tiers au moins. Il est vrai que les frais de fauchage, de transport des fourrages et des engrais, sont

augmentés ; mais la marge au crédit est assez belle. Au point
de vue hygiénique et zootechnique, rien ne s'oppose à ce que,
pour les races qui ne sont point accoutumées à la stabulation,
on donne le fourrage en liberté, dans une cour, des boxes, dans
les herbages mêmes, sous des hangars. On objectera encore
que dans les contrées où domine le système pastoral, la main-
d'œuvre est rare et coûteuse, et que l'adoption générale de
la faux serait impossible ; l'argument est juste en partie et
en partie spécieux, car il est évident que l'augmentation de
main-d'œuvre serait amplement couverte par celle du poids
vif et des engrais ; ensuite, on peut agir par transition, et
n'introduire le fauchage qu'en connaissance de cause. C'est
le conseil que donnait déjà M. Delafond, en 1849, aux herbagers du Charollais, dans son excellent travail sur *les
Progrès agricoles dans la Nièvre*, p. 197.

Mais nous devons signaler le résultat moral du système
d'agriculture pastoral, qui ne met en quelque sorte en jeu
que les forces de la nature ; l'homme n'a qu'à surveiller, et
l'œil du maître est presque seul sollicité ; d'où l'apathie, l'insouciance, je dirais volontiers la paresse des populations.
Tout soin, tout travail, toute idée nouvelle, sont repoussés
d'emblée ; nulles contrées ne sont plus en retard, nulles plus
rebelles au progrès, que celles où règne ce système devenu
despotique. Aussi se borne-t-on et se bornera-t-on longtemps
encore, sans doute, à laisser le bétail recueillir lui-même le
fourrage, comme on le laisse transporter son engrais et sa
viande.

Venons maintenant à la fenaison, opération qui consiste
à préparer le foin à une conservation plus ou moins prolongée, et qui comprend : le fourrage, le transport et l'emmagasinage.

§ 2. Fauchage.

Le fauchage des prairies s'exécute à la faux ou à la faucheuse mécanique. La faux est l'instrument employé à peu près seul jusqu'ici ; elle se compose : 1° d'une lame à bords tranchants, plus ou moins courbée, en fer aciéré vers le coupant, ou entièrement en acier ; 2° d'un manche droit ou courbé suivant l'usage du pays, et portant une ou deux poignées fixées l'une au milieu, l'autre à l'extrémité libre de sa longueur ; 3° d'un anneau en fer et d'un coin en bois servant à assembler la lame sur le manche. Telle est la faux normande, la faux à fourrages, celle la plus communément employée. Le faucheur, en outre, doit être muni d'une ceinture en cuir sur laquelle il accroche un coffin en fer-blanc ou une corne de bœuf remplis d'eau aiguisée de vinaigre, dans laquelle trempe la pierre dure dont le faucheur se sert pour affiler de temps en temps le tranchant de la lame ; d'un marteau et d'une enclume à rebattre, pour refaire plus ou moins souvent le coupant de cette même lame. Au lieu de la pierre à aiguiser, on emploie parfois l'aiguiseur africain, lame triangulaire en acier trempé ; au lieu de l'enclume et du marteau, on se sert souvent aussi d'un petit instrument perfectionné, dit machine à rebattre les faux, dans laquelle la longueur et l'épaisseur du tranchant sont mécaniquement limités (1). Le faucheur règle sa faux selon la nature de l'herbe qu'il doit couper ; si elle est difficile, dure ou très-épaisse, il descend la poignée, il ouvre le grand angle et ferme le petit angle de la faux ; c'est-à-dire qu'il éloigne un peu la pointe de la faux du manche, et que, par rapport à la lame

(1) Inventée par M. Ratel à Sanlieu (Côte-d'Or), cette machine a obtenu, en 1861, une médaille d'argent au concours de la région ; elle est ingénieuse, commode, assez simple, et ne coûte que 10 francs. (*Almanach du cultivateur pour* 1862, p. 144-145.)

placée horizontalement sur le sol, il rapproche un peu plus
le manche d'une ligne parallèle au sol.

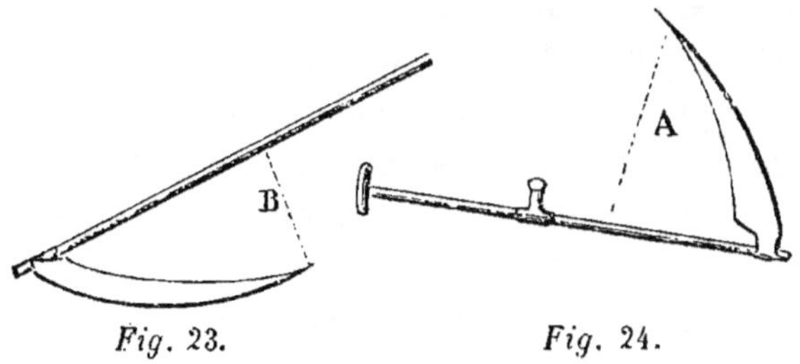

Fig. 23.   Fig. 24.
B Petit angle de la faux.   A Grand angle de la faux.

Les fourrages se fauchent toujours en dehors, c'est-à-dire
que le faucheur a à sa droite l'herbe encore debout, et
pousse à sa gauche celle qu'il vient de séparer du sol.
Néanmoins, quand on enraye un champ, il faut faire le
premier andain en fauchant en dedans, c'est-à-dire en
poussant l'herbe coupée vers celle qui est encore debout;
il est indispensable d'agir ainsi, pour ouvrir un passage à
l'homme et faire un jeu libre à l'outil; mais le second
andain se fauche en dehors. Si l'herbe est couchée, il faut
l'attaquer dans le sens inverse de son inclinaison, c'est-à-
dire en la relevant; si le sol est en pente, il faut faucher per-
pendiculairement à la pente. Une qualité essentielle du
faucheur, c'est de faucher aussi près de terre que possible,
partout à la même hauteur, sans toucher les mottes ni les
pierres, sans laisser des témoins plus longs au bout de
chaque coutelée, ce qu'on appelle *faucher en sifflet*. Toute
herbe fauchée trop haut produit un déficit dans le grenier,
et 2 centimètres de longueur, dans de bons prés, peuvent
représenter 500 kilos de foin par hectare. On voit combien
il importe de choisir de bons faucheurs et de les surveiller.
Les prés doivent être fauchés une fois dans le sens de leur
largeur, et une fois dans le sens de leur longueur. Entre deux
traits de faux, l'herbe est coupée moins près; là, le dépôt

que produit l'irrigation est aussi plus considérable, et cet effet, ayant lieu toujours aux mêmes places, y occasionnerait des inégalités dans le niveau du pré.

Les herbes fines des prés hauts se coupent mieux le matin à la rosée, le soir à la fraîcheur; pendant les chaleurs du jour, elles glissent sous la faux sans cesse aiguisée, et le travaille n'avance pas. Les prés les plus fournis ne sont pas toujours ceux qui exigent le plus de temps et d'efforts; les prés marécageux, garnis de plantes grossières et fibreuses, offrent souvent de plus rudes obstacles. Suivant la nature de la prairie et selon son habileté, un bon faucheur peut couper de 35 à 40 ares dans une journée moyenne. On paye à tâche, pour un hectare de prairies naturelles à faucher, de 6 à 8 francs l'hectare, ou ce qui serait plus juste encore, de 2^f,50 à 3^f,50 par 100 kilos de foin fané.

Les faucheuses ou machines à faucher, sont d'invention assez récente, et postérieure à celle des moissonneuses. Elles ont été imaginées presque simultanément, il y a seize ans environ, en Angleterre, en France et aux États-Unis: dans le premier pays, par MM. Wood, Burgess et Key, Cranston, Samuelson, etc.; en France, par MM. Mazier, Lallier, Picot, etc.; aux États-Unis, par MM. Allen, Mac Cormick, etc. La machine anglaise de Wood a été perfectionnée en France par M. Pelletier. Il serait difficile de décider laquelle de ces machines est préférable, toutes ayant obtenu des récompenses également nombreuses, et ayant alternativement été placées aux premiers rangs dans les concours.

Leur mode de construction varie plus ou moins selon chaque inventeur, et aussi suivant qu'elles doivent être alternativement employées comme moissonneuses et comme faucheuses. En général, on a adopté pour moyen de section des dents de scie de formes différentes; dans les machines de Mac Cormick, Picot, le tranchant des dents est en forme de faucille; dans celles de Ketchums, Mannys, Burrell, les lames n'ont qu'un seul bord tranchant. Le plus grand nombre des machines sont tirées par les chevaux, quelques-unes sont poussées, ce qui est une mauvaise disposition. Leur prix de vente varie de 500 francs à 1,000 francs. Avec deux chevaux et un homme, on peut, en dix heures d'un travail ordinaire, faucher, suivant les cas, de 3 hectares à 3 hect. 50 ares.

La faucheuse doit être précédée d'un homme armé d'une faux qui prépare son entrée dans le champ, en abattant assez d'andains pour que l'instrument puisse manœuvrer tout autour de la pièce sans fouler le fourrage par les roues et les pieds des chevaux. Les faucheuses peuvent mettre en andains ou laisser l'herbe épandue sur le sol ; la mise en andains, au moyen d'une toile sans fin ou d'un râteau, est préférable lorsque l'on redoute la pluie ; elle est inutile par le beau temps, puisqu'il faudrait presque aussitôt faire épancher l'herbe à la fourche ou à la faneuse. Le bâti qui porte la scie peut s'élever ou s'abaisser soit par son poids, soit par des moyens mécaniques, et on peut faucher à toute hauteur ; il n'en faut pas moins beaucoup de soins dans la conduite de cet instrument. On s'accorde à regarder, aujourd'hui, le travail des faucheuses comme très-satisfaisant, quant à la qualité du travail ; voyons à les comparer à la faux comme prix de revient.

Un homme et deux chevaux, ensemble par jour...	7f, 20
Intérêt du prix d'achat de l'instrument pour 120 jours par an, et par jour...........................	0, 42
Entretien et amortissement de l'instrument pour 120 jours par an, et par jour......................	0, 67
Graisse, entame et enrayage des champs à la faux, en moyenne, par jour...	2, 35
TOTAL............................	10f, 64

Comme la faucheuse abat, en un jour moyen de dix heures,

3 hect. 25, c'est un prix de revient de 3ᶠ,275 par hectare, tandis que le fauchage à la faux revient en moyenne à 7 francs : il y a donc économie de plus de 50 p. 100. Encore devons-nous ajouter qu'avec la faux on est à la merci non-seulement du temps, mais encore des ouvriers, tandis qu'avec la faucheuse, on est libre et indépendant, qu'on peut profiter de tous les instants favorables et sauver une récolte qu'on eût perdue sans elle. C'est dans les années humides que les services de cet instrument peuvent être appréciés à leur juste valeur. Si à la faucheuse on joint une faneuse et un râteau à cheval, on est toujours assuré, quelle que soit l'année, de pouvoir récolter ses foins en bon état.

Lorsqu'on n'a pas de faucheuse, il faut bien recourir au fauchage ; c'est ce qu'il faut faire encore pour certaines prairies tourbeuses ou marécageuses, mal nivelées, et dans lesquelles la machine à faucher ne saurait travailler. Le fauchage à la tâche doit toujours être préféré. On choisit un homme intelligent, actif et habile, avec lequel on convient du prix, par hectare, de prairies naturelles et artificielles de 1ʳᵉ, 2ᵉ et 3ᵉ coupe, s'il y a lieu, avec ou sans nourriture et logement, et ce chef d'atelier se charge de trouver des ouvriers dont le nombre doit être fixé à l'avance suivant l'étendue à faucher et afin que la besogne soit faite en temps convenable. On stipule ordinairement que le propriétaire aura le droit d'arrêter les travaux quand le mauvais temps l'exigera ; qu'il aura en outre le droit, lorsque besoin sera, de prendre à son compte, à raison d'un prix déterminé à l'avance, par heure, l'atelier des faucheurs pour les faire faner, encachonner ou botteler. Toutes ces conditions doivent prudemment être rédigées par écrit fait en double, et signé des deux parties. Les payements se font par à-compte à la fin de chaque semaine, d'après l'évaluation approximative des travaux, et la fauchaille terminée, on arpente et on solde.

L'époque à laquelle commence la fauchaison varie sensiblement suivant la contrée et le climat d'abord, et ensuite, dans le même pays, selon la nature du sol et des prairies, leur exposition, etc. Mais il y a une règle certaine qui peut, partout, indiquer le moment favorable.

« Avant d'envoyer ou les faucheurs ou la faucheuse mé-
« canique dans un pré, dit, dans un excellent article, le
« savant M. Gayot, on a dû s'assurer que le moment favorable
« était venu de couper l'herbe pour la convertir en foin de
« bonne qualité. Quelle est donc la phase de végétation qui
« offre à ce point de vue le plus d'avantage à la pratique ?
« Celle, à n'en pas douter, où la plante, après avoir déve-
« loppé à leur maximum toutes ses feuilles, ouvre aussi
« toutes ses fleurs. C'est alors, en effet, qu'elle possède,
« aussi également répartis que possible, dans toutes ses
« parties, les principes alimentaires qui lui sont propres, et
« qu'elle peut les offrir à l'animal dans leur plus grand
« état de perfectionnement pour la nutrition.

« Avant la floraison, les plantes renferment trop d'eau de
« végétation ; après la fleur, la vie du végétal se concentre
« trop exclusivement dans un seul fait, la fructification.
« Alors, le reste de la plante se dessèche et devient cassant ;
« les manipulations du fanage, celles qu'entraînent le trans-
« port, l'emmagasinement, le bottelage, font tomber et les
« feuilles et les graines ; les tiges dures et ligneuses restent
« seules et ne constituent qu'un fourrage peu recherché et
« peu nutritif. » (*Encyclop. prat. de l'agric.*, art. *Fenaison*).
Faucher trop tard, c'est le tort général des agriculteurs français, et il faut une surveillance bien active pour ne pas laisser passer le moment précis qui seul peut donner du foin savoureux et aromatique. Écoutons plutôt M. de Dombasle : « On peut remarquer, dit-il, qu'en général,
« dans les prés qui sont soumis à la vaine pâture après la
« première coupe, on est disposé à faucher trop tard ; on

« croit gagner en quantité, et l'on perd beaucoup plus sur
« la qualité du foin. Le moment de faucher une prairie est
« celui où les plantes qui y abondent le plus, et qui pro-
« duisent le meilleur fourrage, commencent à être en pleine
« fleur. Lorsqu'elles sont à ce point, quelques jours de retard
« font une différence très-considérable dans la qualité du
« fourrage, car toute plante qui a amené sa graine à maturité
« ne produit plus qu'un foin dur, peu savoureux et peu
« nourrissant pour le bétail ; et les meilleures plantes des
« prairies, principalement les graminées les plus précieuses,
« passent avec une rapidité étonnante de la floraison à la
« maturité. » (*Calendrier du bon cultivateur*, 7ᵉ édition,
p. 190.)

« Il y a cependant une exception à cette règle générale,
« continue M. Gayot, exception tirée de la nécessité de tra-
« vailler à l'amélioration du produit de certaines prairies
« assises sur un fond humide, qu'on n'est pas disposé à
« assainir par un moyen plus expéditif et plus efficace. Alors,
« il faut faucher de bonne heure, avant l'époque que nous
« avons soigneusement déterminée plus haut, car en les dé-
« pouillant on en expose la surface à toute l'intensité des
« rayons solaires qui en opèrent le desséchement et permet-
« tent de recueillir, à la seconde coupe, des plantes qui ont
« poussé dans des circonstances plus favorables. D'ailleurs,
« dans ce cas, les végétaux propres aux lieux humides
« dépérissent sous l'influence d'une humidité moindre, et
« cèdent la place à d'autres dont la sorte et les qualités ali-
« mentaires, très-supérieures aux premiers, produisent aussi
« de meilleurs résultats quant à la nutrition.

« Il faut encore que l'on sache bien ceci, par exemple :
« Les plantes parasites ou nuisibles, malheureusement si nom-
« breuses dans les prairies permanentes, sont généralement
« consommées avec impunité dans les premières phases de
« leur végétation. Les principes doux, aqueux, mucilagineux,

« inertes, prédominent alors, tandis que la maturité déve-
« loppe les sucs âcres, amers, narcotiques, vireux, qui les
« rendent dangereuses. C'est un autre motif à invoquer en
« faveur des fenaisons un peu précoces. » (*Ut suprà.*)

En général, c'est du 8 au 30 juin qu'on commence les
fauchailles, plus tôt dans le Midi, plus tard dans l'Ouest et
le Nord, et suivant que l'année est sèche ou pluvieuse ; les
prés hauts sont les premiers mûrs, puis viennent les prairies moyennes, ensuite les prairies arrosées, en quatrième
lieu les prairies basses, et enfin les prés tourbeux et marécageux. Cependant, cet ordre n'a rien d'invariable et peut
être influencé par l'exposition, les engrais, etc.; ainsi, une
prairie fumée en couverture au printemps devient par cela
même un peu plus tardive que les années précédentes; à sol
et à pentes égaux, un pré exposé au nord est moins précoce
que celui exposé au sud. L'essentiel est de se guider sur
la maturité des plantes principales et les plus nombreuses.

Nous avons donc mis la faux dans l'herbe : « On doit
« apporter une grande attention au travail des faucheurs,
« pour qu'ils fauchent le plus près de terre qu'il est possible ;
« un pouce de longueur près de terre produit bien plus de
« foin que plusieurs pouces en haut des tiges, parce que
« l'herbe y est bien plus garnie : c'est pourquoi l'on éprouve
« une perte considérable dans le fauchage des prés où le sol
« n'est pas bien uni, où l'on a négligé d'étendre les taupi-
« nières et les fourmilières, où l'on a laissé des pierres,
« etc. » (De Dombasle, *ut suprà*, p. 190.)

Pour remédier à cette perte, pour amener les faucheurs à
tâche à raser le sol, on a proposé de les payer non plus à la
superficie, mais au produit, non plus à l'hectare, mais aux
1,000 kilogrammes de foin. Il ne faut pas oublier pourtant
que le foin des prairies basses et marécageuses sèche moins
et est ordinairement plus lourd que celui des prairies
moyennes et hautes ; que la même prairie, suivant la tem-

pérature du printemps et de l'été, suivant les fumures, ne donne pas toujours le même produit ni du foin du même poids spécifique ; qu'enfin les prés les mieux garnis d'herbe ne demandent pas toujours au faucheur plus de temps et d'efforts qu'un autre plus abondamment fourni. L'herbe des prés hauts glisse souvent sous la faux et exige alors autant de travail et de temps qu'une prairie basse, et la dernière se trouve souvent fauchée plus ras sans qu'il y ait de la volonté de l'ouvrier. Nous croyons que la tâche à la superficie, à la condition d'une constante surveillance, est encore préférable à la tâche au poids, du moins en thèse générale.

§ 3. Fenaison.

La faux, jetant l'herbe coupée à la gauche du faucheur, sur une ligne continue, a ainsi formé les andains : la fenaison commence alors. Elle comprend diverses opérations ; le retournement des andains, s'ils ont subi la pluie pendant plusieurs jours avant d'avoir été ouverts ; leur éparpillement, s'il fait beau ; leur mise en veillottes, cabots, bocottes (petits tas) le soir, leur mise en tas plus gros chaque soir à mesure que la dessiccation s'avance, puis enfin en cachons ; le râtelage de la surface du pré. Reprenons ces opérations avec plus de détails, ensemble et séparément.

L'épandage des andains doit, si l'herbe est abondante, se faire autant que possible derrière les faucheurs et aussi rapidement que possible, si le temps est beau ; si le ciel est couvert ou s'il pleut, il n'y faut point toucher ; quand l'herbe est rare et les andains peu fournis, on ne les retourne, sans les épandre, que lorsque la partie supérieure paraît suffisamment desséchée. Outre la perte de main-d'œuvre, il y a encore perte de feuilles, de graines et de fleurs à remuer le foin sans absolue nécessité. Les andains, lorsqu'ils sont restés tels que les a formés la faux, sans avoir été épandus, peuvent supporter une pluie, même prolongée de plusieurs jours, sans beaucoup souffrir ; le dessus blanchit seulement, puis, à la longue, le dessous jaunit. Ce n'est que lorsque ce dernier signe se prononce qu'il faut retourner les andains à la fourche, mais sans les épandre.

L'épandage des andains, par le beau temps, doit se faire aussi rapidement que possible ; il s'opère par deux moyens : à la fourche et à la faneuse mécanique.

Chacun connaît la fourche en bois à faner ; c'est une branche fourchue de chêne, de frêne, de noisetier, etc., débarrassée de son écorce, séchée au four, et dont les deux dents ou doigts ont été légèrement recourbés ; ou bien encore c'est une tige de bois dont l'une des extrémités a été refendue pour y former deux dents qu'on écarte et qu'on ploie au feu, en même temps qu'elles sont maintenues contre leur rapprochement par un petit coin triangulaire en bois, et contre leur écartement par un anneau de fer, placés l'un et l'autre au point de bifurcation. En Angleterre, on emploie beaucoup de petites fourches en acier, très-légères, dites du Lincolnshire, plantées dans un manche en bois ; elles sont inconnues en France.

La fourche à foin peut être manœuvrée par des vieillards, des femmes ou des enfants. En moyenne et selon le climat, la nature de la prairie, l'abondance ou la rareté de son produit, le climat plus chaud ou plus humide, la saison sèche ou pluvieuse, on compte qu'il faut de 3 à 5 faneurs pour un faucheur. Dans le Nord, où le soleil est souvent avare de ses rayons, aux bords de la mer où il est souvent obscurci par des brouillards subits, la proportion est parfois plus considérable ; ainsi, tandis que dans le Midi il suffit d'une après-dinée pour faner certains foins, cette opération dure souvent, pour le même fourrage, en Normandie, 10 à 12 jours. Pour épandre le foin, chaque ouvrier ou ouvrière se place devant un andain, et le secoue de sa fourche pour l'étendre à sa gauche en divisant les tiges autant que possible ; plus le foin est étendu également et mieux il est divisé, plus la dessiccation s'opère promptement et régulièrement ; comme l'épandage s'opère sur de l'herbe verte, il n'y a aucune perte de feuilles, de fleurs ou de graines, et on peut l'éparpiller violemment. Il n'en est plus de même lorsque la dessiccation est plus avancée, et il faut alors l'étendre avec plus de précaution, par couches plus épaisses, ou mieux encore, se borner à le retourner en le soulevant par-dessous avec la fourche à laquelle on imprime un mouvement de bascule qui renverse dessous la partie du foin qui se trouvait dessus. Ainsi, le premier jour, on épand en démêlant l'andain ; lorsque les tiges sont devenues cassantes, on épand avec précaution et ne secouant plus, on se borne à retourner.

La rosée, comme la pluie, fait blanchir le foin ; pour l'y soustraire, une fois le fanage commencé, on le rassemble chaque soir en tas plus ou moins forts, suivant les progrès de la dessiccation, en veillottes, chaînes ou randes, le premier jour, par exemple, en bocottes ou cabottes le second, en grosses bocottes ou gros cabots le troisième, puis en cachons le quatrième.

On appelle mettre en chaînes ou randes, rassembler à la fourche, sur une seule ligne continue, le foin fourni par deux, trois ou quatre andains, suivant l'abondance ou la rareté du fourrage ; les chaînes sont plus vite faites que les veillottes, mais le foin est moins bien préservé de l'influence des pluies et de la rosée, parce qu'il présente plus de surface à l'air. Quand le foin est abondant, les chaînes se forment à la fourche ; quand il est rare, au râteau ; un ouvrier se place à droite de la ligne qu'on veut former et un autre à gauche, tous deux poussant le foin vers la chaîne. Ce n'est que lorsque l'on est à peu près assuré du beau temps qu'on doit former des randes.

Pour mettre en veillottes, l'ouvrier rassemble un certain nombre de tiges sur sa fourche, l'équivalent de 2 à 4 kilogrammes de foin sec, et par un mouvement très-simple, repliant toutes les tiges qui, inférieurement, pendent sous les dents, il appuie sa fourchetée et retire sa fourche sans appuyer le tas qui forme alors un petit dôme de forme plus ou moins arrondie en dessus ; peu de tiges reposent directement sur le sol, et l'air circule facilement entre elles. Quand les veillottes sont bien faites, elles s'affaissent peu, et si la pluie survient, elles s'égoutent rapidement, puis sèchent promptement au premier vent ou au premier rayon de soleil.

Pour faire les bocottes ou cabottes, on prend moins de précautions ; plusieurs fourchetées de foin sont placées l'une sur l'autre, de manière à contenir en un tas l'équivalent de 6 à 8 kilog. de foin sec ; on a soin de donner à ces petits tas une forme un peu bombée sur le dessus et de ne pas trop y tasser les tiges. Les grosses bocottes ou gros cabots sont des tas formés d'après les mêmes principes, mais plus gros, et pouvant contenir l'équivalent de 16 à 20 kilos de foin sec. Pour la commodité du travail, les veillottes et les bocottes sont dressées sur des lignes assez régulièrement droites et parallèles, afin que le râtelage puisse se faire entre elles et qu'on puisse ainsi laisser le moins de foin possible exposé soit à la pluie, soit à la rosée.

Tout le monde connaît le râteau à foin, instrument à dents longues et affilées, faites de bois dur, plantées sur les deux faces opposées d'une traverse de chêne, laquelle est obliquement attachée à un long manche de bois doux. Il se manœuvre soit par la droite, soit par la gauche de l'ouvrier qui doit savoir se servir de ses deux mains indifféremment, avec un mouvement analogue à celui du faucheur exerçant sa faux. On râtelle, comme on fauche, en formant des sortes d'andains que d'autres ouvriers enlèvent au fur et à mesure pour les porter sur des veillottes, bocottes, gros cabots ou cachons.

Mais il est temps de parler de deux instruments qui peuvent remplacer dans certaines limites la fourche et le râteau, nous voulons parler de la faneuse et du râteau mécaniques.

L'invention de la faneuse paraît due à Smith et Ashby, fabricants anglais; elle a, depuis, été plus ou moins perfectionnée par MM. Nicholson, Thompson, Wedlake, Howard, etc. Ces divers instruments ne diffèrent les uns des autres que par les détails; la machine proprement dite se compose toujours de deux petites carcasses de cylindres à six ou huit croisillons, d'une apparence semblable au batteur des machines à battre. Dans celles de Nicholson, Wedlake et Howard, ces cylindres sont au nombre de deux sur le même axe, et, dans certains cas, indépendants l'un de l'autre. Les croisillons sont armés de dents en fer articulées à leur point d'attache et munies d'un ressort qui leur permet une certaine flexion en arrière lorsqu'elles rencontrent un obstacle solide, et qui, recourbées en avant comme la dent d'une fourche à foin, sont destinées à jouer le rôle de cet instrument, à soulever le foin et à le lancer en l'air sous l'influence du rapide mouvement de rotation dont elles sont animées par la marche de la machine. Dans la faneuse Howard, ces dents sont disposées en hélices sur les croisillons, de sorte que deux au plus attaquent le foin en même temps. Les engrenages qui communiquent le mouvement des roues motrices au faneur, sont contenus dans deux petites boîtes cylindriques placées autour de l'essieu à chacune de ses extrémités. Ces engrenages permettent d'embrayer ou de débrayer, de marcher en avant et en arrière, d'arrêter le mouvement du faneur pour le transport de la ferme aux champs ou d'un champ dans un autre. Un système particulier de levier donne en outre la facilité de relever ou d'abaisser le faneur suivant que le foin est plus ou moins abondant et que le sol est pierreux. Enfin, l'un des perfectionnements consiste dans un tablier en toile métallique, incliné, qui reçoit et renvoie au sol le foin projeté sur le cheval, dans la faneuse de Smith et qui surchargeait, outre mesure souvent, les brancards et l'animal lui-même.

En général, les faneuses sont construites aujourd'hui pour une double action, c'est-à-dire que le faneur peut marcher en avant et en arrière, à volonté; en avant pour épandre les andains, en arrière pour retourner le foin.

Le plus ordinairement, pour épandre les andains, on donne, par rapport à eux, à l'instrument, une marche perpendiculaire; on ne la dirige parallèlement à eux que lorsque le foin est très-peu abondant. La vitesse moyenne du cheval étant de 1 mètre par seconde, celle des dents se trouve être de $3^m,586$ dans le mouvement en avant, et de $5^m,630$ dans celui en arrière, dans la faneuse Nicholson, d'après M. Grandvoinet. « Les dents rasent le sol, dit « M. Jourdier, et amènent derrière le cheval le fourrage « qu'elles ont ramassé; mais la vitesse étant très-grande, « les brins n'ont pas le temps de tomber, et sont projetés « avec force en arrière, après avoir exécuté les trois quarts « de la révolution générale de l'appareil. Il est évident « que du foin ainsi traité, mis avec vigueur en contact avec « l'air et énergiquement éparpillé, doit se sécher plus vite « que celui qui n'est que fané à la fourche, et qui, trop « souvent, n'est pas même dépelotonné, par la paresse ou « la faiblesse des ouvriers, à une époque surtout où les « grandes chaleurs viennent encore ajouter aux causes, déjà « assez nombreuses alors, de fatigue et de lassitude. » (*Le Matériel agricole*, 1re édition, p. 119.)

Mais cette vitesse même justifie un reproche souvent adressé aux faneuses. Nous ne pensons pas qu'il soit fondé lorsque leur emploi est dirigé par l'expérience; elles peuvent servir à épandre les andains et à faner complétement les foins de prairies naturelles, toutes les fois que l'herbe a été fauchée au moment convenable, et que le foin doit être mis en gros cabots ou en cachons, étant encore un peu vert, comme nous le dirons dans un instant. Il n'en est pas de même pour les fourrages artificiels dont il ne resterait que des tiges après le fanage mécanique, et que, comme nous le verrons dans le 2e volume, ou doit se contenter de faner à la fourche, n'employant tout au plus la faneuse que pour étendre les andains, immédiatement après le fauchage.

Le second instrument dont nous voulons parler est le râteau mécanique. On en fabrique un pour les petites exploitations, et celui-là se traîne à bras, et un second destiné à être traîné par un cheval.

Le râteau à bras se fabrique en fer ou en bois, mais plus

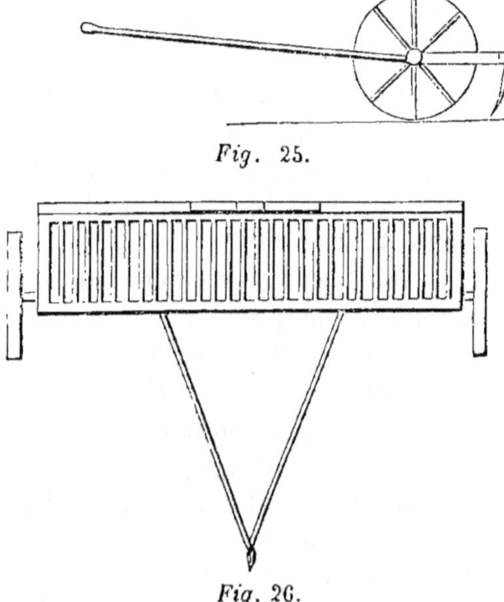

Fig. 25.

Fig. 26.

généralement en fer; on en connaît plusieurs modèles. Tous

sont construits d'une façon à peu près semblable dans l'ensemble; celui de M. Ransome consiste dans une traverse qui porte des dents en faucilles; deux espèces de limons fixés dans la traverse, se réunissent pour former un triangle au sommet duquel se trouve une tête; il a 2 mètres de largeur environ; un ou deux hommes le traînent sur le sol au moyen de poignées fixes ou mobiles attachées au manche. Les dents, en marchant, recueillent les tiges du foin qui s'amassent dans leur courbure, et qu'on dépose en chaînes sur des lignes parallèles et plus ou moins espacées. Le râteau à main, de M. Garrett, paraît être, sinon le plus simple, du moins le meilleur. La traverse qui porte les dents repose sur un essieu, et celui-ci sur deux roues. Un système de levier permet, pendant la marche, de suspendre l'action des dents en les relevant, de telle sorte qu'un simple mouvement du conducteur permet de déposer le foin en chaînes. En outre, chaque dent dépend d'un levier séparé, de telle sorte qu'elle porte partout sur le sol, dans les dépressions de terrain, mais sans pouvoir, grâce à un autre ressort, s'y enfoncer. Son prix est de 80 francs, et sa largeur de $1^m,50$.

Les râteaux à cheval de MM. Howard, Smith, etc., sont construits comme celui de Garrett, sauf quelques légers perfectionnements; deux limons au lieu d'une poignée, une largeur de 2 mètres à $2^m,50$; leur prix varie de 70 à 200 fr. Le râteau à cheval américain, en bois, très-simple, peu coûteux, pourrait rendre, dans beaucoup d'exploitations, d'utiles services. Il se compose d'une traverse armée de longues dents, et à laquelle, au moyen d'un mancheron, on donne l'inclinaison qu'on désire, et cela, instantanément.

La figure que nous en donnons permettra, croyons-nous, de le faire construire partout. Ce râteau, tiré par un cheval, ramasse le foin qui se réunit sur les dents; lorsque celles-ci paraissent assez chargées, le conducteur, au moyen du

levier A, fait basculer le râteau qui décrit un demi-tour
d'arrière en avant, en déposant le foin en chaînes, tandis

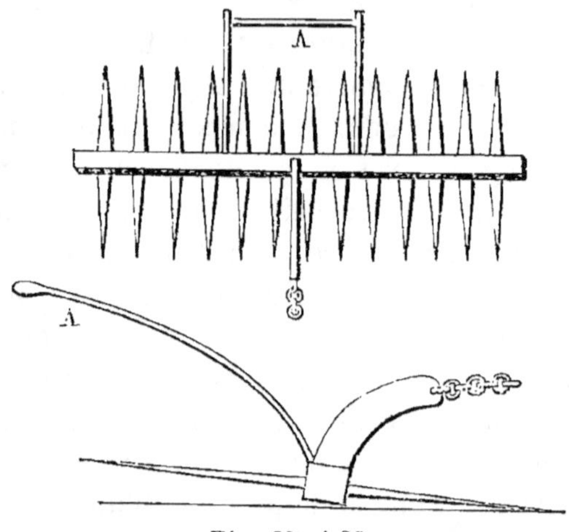

Fig. 27 et 28.

que le second rang de dents se présente en avant pour
prendre la place du premier. Ce râteau, qu'on fabrique à
l'école impériale d'agriculture de Grignon, n'est que du prix
de 45 francs.

Voici comment M. Londet établit le prix de revient du
travail d'un râteau de 3 mètres de largeur, produisant par
journée moyenne de 10 heures un travail effectif moyen de
7 hect. 47 ares; nous y ajoutons le calcul comparatif du prix
de revient du travail de la faneuse mécanique, par journée,
suivant le nombre de jours de travail par an :

Étendue en prairies.	Prix de la journée de la faneuse.	Prix de la journée de la râtelure.
5 hectares.	10f,80	8f,90
10 —	8,50	7,70
15 —	7,83	7,30
20 —	7,50	7,10
25 —	7,30	6,90

Il en résulte, d'après cet auteur, une économie sur la

main-d'œuvre de l'homme, de 9ᶠ,70 à 14ᶠ,82 par jour,
et de 290 francs pour le fanage de 20 hectares. D'après
M. Grandvoinet, un cheval employé successivement avec
la faneuse mécanique et le râteau, ferait le même travail, en
133 heures, que 14 à 23 faneurs. Il compte, en effet, que
pour faner 20 hectares de prés, il faut 60 journées de faucheurs et 180 à 300 journées de faneurs. (Londet, *Ann. de
l'agric. franc.*, 5ᵉ série, t. III, p. 341. — Grandvoinet,
Encycl. prat. de l'agric., art. *Faneuses*, p. 310.)

Venons maintenant à l'étude de la fenaison proprement
dite, à la succession des opérations qui la constituent, et aux
divers systèmes qui ont été pratiqués pour obtenir aux
moindres frais le fourrage de la meilleure qualité.

M. Moll, le savant professeur du Conservatoire, décrit en
ces termes le mode de fanage le plus usité dans le centre et
l'est de la France : « Tout ce qui est fauché avant 9 heures
« et par le beau temps est répandu avec des râteaux pour
« être retourné à midi, et mis en bocottes après six heures.
« Ce qui est fauché après 9 heures reste en andains toute
« la journée. Le lendemain, après la rosée, on étend ces
« andains et l'herbe fauchée le même jour jusque-là ; après
« quoi, on étend aussi les bocottes, en les réunissant par
« trois ou quatre, les unes auprès des autres, afin d'en for-
« mer promptement de moyens tas, vers le soir, ou s'il sur-
« venait de la pluie. L'herbe ainsi étendue, est remuée et
« retournée à plusieurs reprises, avec des râteaux ou des
« fourches en bois. Le troisième jour on étend ces moyens
« tas, on les retourne comme le jour précédent, trois ou
« quatre fois dans la journée, et le soir, on peut les rentrer
« ou les mettre en gros tas faits avec quatre ou cinq moyens
« tas. Le foin s'y échauffe un peu, sue, et acquiert ainsi plus
« de qualité ; on le rentre le lendemain après la rosée »
(*Man. d'agric.*, 3ᵉ éd., p. 144.)

On a fait à ce système, généralement adopté, le reproche

non-seulement d'exiger beaucoup de main-d'œuvre, mais
encore de trop remanier le foin qui, dans ces diverses opérations, perd ses feuilles, ses fleurs, ses graines, la partie la
plus nutritive et la plus aromatique, et ne conserve que les
tiges des bonnes plantes. On a donc cherché d'autres procédés.

Le baron Crüd recommande le suivant comme plus économique : « Éparpiller l'herbe après qu'elle a été fauchée,
« afin qu'elle s'essuie et se fane. Le soir, avant la chute de
« la rosée, la retourner de manière que la partie qui a reçu
« l'action du soleil et qui serait altérée par l'humidité de la
« nuit, se trouve placée dessous, tandis que celle qui est
« demeurée encore verte, et qui peut, sans inconvénients,
« recevoir la rosée, se trouve du côté supérieur. Le jour
« suivant, celle-ci se fane à son tour, et vers le soir, on met
« alors cette récolte en tas de 50 à 100 kilog., qu'on presse
« légèrement, afin d'en accélérer la fermentation. Ordinai-
« rement, au bout de 12 à 15 heures, ces tas prennent de la
« chaleur; l'humidité recélée dans les tiges des plantes
« commence à en sortir. Lorsque le calorique est assez déve-
« loppé pour qu'on puisse, à peine, laisser la main dans ces
« tas, il faut les ouvrir et étendre le fourrage; si celui-ci
« reçoit pendant deux ou trois heures l'action du soleil, il
« est sec ou peu s'en faut. Il est rare que, alors, il ne soit
« pas déjà en état d'être tassé, sans risque qu'il se gâte ou
« qu'il prenne feu. De cette manière, les fourrages conser-
« vent les feuilles et les fleurs des plantes, et ils coûtent
« infiniment moins à faner, que lorsqu'on les brasse et
« les retourne souvent. Lorsque le temps menace de pluie,
« cette méthode doit subir des modifications; il faut alors
« interrompre ces opérations, et mettre le foin en monceaux,
« afin qu'il soit protégé contre l'humidité, autant que cela
« est possible, et préservé des détériorations (*Écon. théor.
et prat. de l'agric.*, t. Ier, § CLIX, p. 396). C'est à peu près

la méthode dite de Klappmeyer, employée par les Allemands et qui donne le foin brun.

M. Puvis nous instruit d'un procédé en usage sur le plateau des Vosges : « Dans les prés tourbeux, en montagne, « trois heures suffisent pour sécher le foin ; il paraît qu'il « est alors préférable à ce qu'il serait si on le laissait plus « longtemps sur le pré. Il éprouve dans les fenils une der- « nière fermentation qui le radoucit, le rend d'une digestion « plus facile, et modifie d'une manière favorable les prin- « cipes nutritifs qu'il contient. Il ne paraît pas qu'il en soit « résulté d'inflammation spontanée, comme cela est quel- « quefois arrivé avec du fourrage rentré vert, et particuliè- « rement avec les fourrages artificiels. Cet usage de rentrer « le fourrage des prés marécageux sans attendre son entière « dessiccation, nous paraît très-utile à répandre ; nous ne « l'avions vu jusqu'ici employé nulle part ; il se rapproche « toutefois de celui qui produit le foin brun en Allemagne. « Le fourrage fermenté des prés marécageux entretient en « bon état les bestiaux des Vosges, en hiver, quand, sans « cette précaution, il les nourrirait à peine, ne vaudrait pas « la paille et leur donnerait des poux. Il paraît qu'on doit « le laisser d'autant moins sécher qu'il est de plus mauvaise « qualité. Nous serions disposé à regarder l'espace de trois « heures dont nous venons de parler, comme le plus court « possible, et ne devant s'appliquer qu'aux fourrages des plus « mauvais prés. » (*Notes d'un voyage agronom. dans les Vosges. Journ. d'agric. prat.* 1re série, t. III, p. 402.)

Ce qu'on paraît donc avoir trouvé de mieux comme économie de temps et comme qualité de fourrage, serait la méthode allemande dite de Klappmeyer ou Foin brun, dont les procédés de MM. Crüd et Puvis sont de légères modifica- tions. « Dans plusieurs cantons des mêmes pays (Belgique, « nord de l'Allemagne), dit M. de Dombasle, on fait même « souvent ce qu'on appelle du foin brun : pour cela on

« entasse le foin en meules bien serrées, lorsqu'il n'est
« encore qu'imparfaitement sec; il ne tarde pas à s'échauffer
« considérablement; toute la meule sue et s'affaisse de
« manière à se réduire à un volume beaucoup moindre; elle
« ne tarde pas alors à se dessécher, et le foin se trouve
« comprimé en une masse brune, dure, et qui ressemble à
« de la tourbe; on ne peut plus en tirer qu'en le coupant
« avec des couteaux, des bêches bien tranchantes ou des
« haches. L'opinion d'un grand nombre de cultivateurs est
« que le foin brun est plus profitable aux bestiaux que le
« foin vert; tout le monde est d'accord qu'il vaut mieux pour
« l'engraissement des bœufs. » (*Calend. du bon cultiv.*, 7ᵉ éd.,
p. 196.) L'illustre agronome commet ici une légère erreur
dans un détail pratique; ce n'est point en meules, mais en
gros cachons de foin de 1,500 à 2,000 kilos, qu'on fabrique
le foin brun. On ne donne au fourrage qu'une demi-dessic-
cation, puis on le met en gros tas bien tassés; quand la
fermentation est arrivée au point où on ne peut plus y tenir le
bras, on renverse le cachon, on le laisse se refroidir pendant
une heure ou deux, si le temps est beau, puis on le reforme
et la fermentation s'y achève tranquillement et sans qu'il y
ait plus besoin de s'en occuper jusqu'au moment de rentrer
en meules ou en greniers.

M. Villeroy, un agriculteur compétent, dit que ce foin
brun est très-nourrissant et excellent pour les bêtes bovines;
il paraît ne pas convenir aussi bien aux chevaux, auxquels
on sait que le regain est nuisible; mais l'avidité avec
laquelle les bêtes bovines le mangent, prouve du moins
que la fermentation ne lui ôte rien de sa qualité. (*Man. de
l'élev. de bêtes à cornes*, 4ᵉ édit., p. 85). Nous avons pu voir
nous-même, dans la vallée tourbeuse de l'Yèvre, le gros
bétail rechercher de la litière convertie en foin brun, de
préférence au foin vert du même sol, placé dans leur râte-
lier et auquel il ne touchait qu'après avoir consommé de la

première tout ce qu'il en pouvait atteindre. Cette méthode de fanage est excellente pour les regains surtout, pour les fourrages artificiels et, dans les années très-humides, pour les fourrages naturels. Mais elle présente quelques difficultés dans la pratique, parce qu'il faut surveiller attentivement la fermentation des cachons qui ne doit pas s'élever au-dessus de 60 à 70° cent., et qu'il faut avoir sous la main, à un moment donné, jour ou nuit, assez de monde pour renverser et refaire les cachons.

M. Eug. Gayot a imaginé, à Pompadour, un procédé mixte de fanage, qu'il décrit en ces termes : « L'herbe verte, mais «am ortie cependant, fut amassée en petites meules de 5 à « 10 charretées seulement; c'est bien moins qu'on ne con- « seille généralement, car on va quelquefois au delà de « 30. Les meules furent montées avec soin, de façon que « le tassement fût égal dans toutes les parties, sans qu'on « songeât à le rendre excessif. Entre 40° et 50° d'échauffe- « ment (nous n'avons jamais constaté plus), les meules furent « ouvertes pendant quelques heures, aussi longtemps d'ail- « leurs que le permit une saison extrêmement pluvieuse. « Cette opération se renouvela deux ou trois fois pour chaque « meule, et jusqu'à quatre fois pour celles des bas-fonds. On « les referma toujours avant la nuit. Dans ces conditions, la « fenaison put se faire très-complétement, très-uniformé- « ment et très-heureusement, malgré le mauvais temps. « Elle donna un fourrage excellent, mangé avec plaisir par « les animaux, jeunes et vieux, qui l'ont toujours préféré au « foin récolté par le procédé ordinaire et réputé meilleur. » (*Encycl. prat. de l'agric.*, art. *Fenaison*, p. 432.)

M. Gayot conclut ainsi son étude sur les divers modes de fanage, et on ne saurait tomber plus justement d'accord avec la pratique : La méthode Klappmeyer pure fournit un foin plus propre à l'engraissement du bétail que les foins obtenus par le fanage ordinaire. Par contre, ces derniers conviennent mieux à l'entretien des animaux de travail et à l'élevage de ceux dont l'énergie musculaire et le tempérament sanguin sont des conditions de valeur. La méthode Klappmeyer coûte un peu plus que le procédé ordinaire, quand celui-ci n'est pas entravé dans sa marche par un temps contraire; elle ne coûterait pas davantage à circonstances égales : elle est productive quand l'autre est destructive. (*Ut suprà*, p. 432-433.)

Dans les contrées du Nord, où le fourrage est aqueux, le soleil rare et peu chaud, en Allemagne, surtout, on opère souvent le fanage sur des claies, cavaliers, chevalets, etc. Voici comment M. F. Villeroy décrit ce procédé : « Deux « perches de 0^m,10 à 0^m,08 de diamètre, longues de 1^m,60, « assemblées à leur extrémité supérieure par une cheville «ronde, qui permet un mouvement d'écartement tel que « celui d'un compas; deux chevilles fixées un peu oblique-« ment vers le milieu des perches, et d'une longueur de «0^m,10 à 0^m,12; des perches longues d'environ 3 mè-« tres (et qu'on place horizontalement sur les premières). « A un peu moins de 3 mètres de distance du premier compas, « on en place un second; puis d'un compas à l'autre, trois « perches, l'une en haut sur la fourche, les deux autres «sur les chevilles. De 3 mètres en 3 mètres, on place

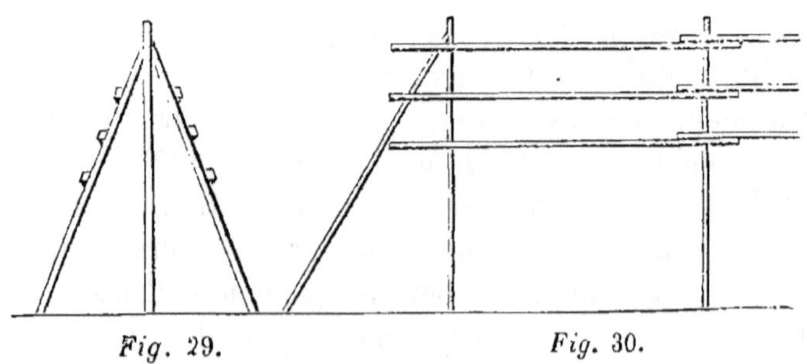

Fig. 29.   Fig. 30.

« ainsi en ligne droite de nouvelles perches et on termine « par un étançon qui consolide tout l'appareil. Les perches

« ainsi disposées, on les charge de trèfle (ou de foin), en
« commençant par la perche inférieure, et toujours avec
« l'attention que le trèfle (ou le foin) n'ait pas trop d'épais-
« seur, et que l'air puisse librement circuler à l'intérieur. »
(*Man. de l'élev. de bêtes à cornes*, 4ᵉ éd., p. 34.) Nous
avons vu, en Sologne, dans la belle ferme de Hupemeau,
M. Ménard, l'un des lauréats de la prime d'honneur, suivre
ce système avec le plus grand avantage pour ses fourrages
naturels ou artificiels. Les perches étaient prises dans les
éclaircies de ses bois de sapin ; il laissait le bois brut et par
conséquent il avait peu de frais de fabrication, et son mobi-
lier de cavaliers rustiques durait plus de dix ans ; il a dû à
ce système d'avoir sauvé à peu de frais bien des récoltes
singulièrement aventurées dans des années humides.

Enfin, récemment, M. Hecquet, d'Orval, vice-président
du comice d'Abbeville, a imaginé d'appliquer au fanage
des prairies artificielles le système des moyettes, jusqu'ici
borné aux céréales. Ce procédé peut être également appliqué
aux fourrages naturels. Nous résumons la note de M. Hecquet.
Le lendemain du fauchage de la prairie, après la rosée, on
râtelle l'andain dont la surface est un peu flétrie en le divisant par petites brassées ou ouveaux. Au fur et à mesure du
râtelage, les ouvriers relèvent ces ouveaux, les dressent sur
le sol et les disposent en petits tas coniques semblables pour
la forme à de petites moyettes de blé, non encore couvertes
de leurs capuchons, ou aux petits cônes formés avec le lin
que l'on dresse pour sécher. Chaque moyette contient de 22
à 28 kilos d'herbe, soit en moyenne 6 kilos (une botte) de
foin. Le haut des moyettes terminé en pointe est lié à 0ᵐ, 18
environ au-dessous du sommet, par un petit lien fait avec
quelques brins de foin vert. L'air circule facilement à travers
la moyette ; l'eau de la pluie s'écoule rapidement le long
des tiges, et le vent l'a bientôt séchée. Quand le foin est
parvenu à un degré de siccité qui permet le bottelage et la

rentrée, on pose devant chaque moyette un lien sur lequel on l'abat, et on la lie exactement comme une gerbe de céréales. M. Hecquet trouve à cette méthode deux avantages indiscutables : le premier, de pouvoir en automne, sous un climat humide, par une année pluvieuse, sauver des récoltes de fourrages ; le second, de n'éprouver aucune perte des feuilles des légumineuses. (*Journ. d'agric.*, 28ᵉ année, 1865, p. 432.)

Tels sont à peu près tous les systèmes de fenaison connus ; mais nous ne devons pas dissimuler que c'est une des opérations agricoles les plus négligées en France, où on se figure que le foin doit être simplement de l'herbe séchée. Plus elle est sèche et plus vite elle est desséchée, mieux, croit-on, l'opération est réussie. C'est là une erreur, et la routine pas plus qu'une économie mal calculée ne doivent faire négliger la qualité du fourrage, source de produits pour les étables. Quel est le cultivateur qui ne sait et ne voit chaque jour la différence de valeur que présentent deux bottes de foin, l'une bien, l'autre mal fanée ; celle-ci verte et garnie de ses feuilles, fleurs et tiges, appétée par les animaux, odorante et donnant des flots de lait, des maniements de graisse ; celle-là, blanche, composée presque uniquement de tiges dures, semblable à du foin de ray-grass, dédaignée par le bétail qui semble ne s'en nourrir qu'à regret et poussé par la faim.

« Dans la fenaison, » dit M. E. Gayot, que nous ne pouvons trop citer, « on peut entrevoir une opération chimique plus « ou moins complète, plus ou moins favorisée ou enrayée « par des manipulations opportunes ou intempestives, là où « l'on ne voyait qu'une dessiccation pure et simple, de l'herbe « verte. Nul doute que pendant un fanage judicieusement « conduit, les éléments constitutifs des plantes ne réagissent « les uns sur les autres ; le sucre et la gomme diminuent ; il « se forme d'autres combinaisons ; la proportion de la fécule

« augmente. ..... Ces changements et ces transformations
« sont précieux sous le rapport alimentaire ; ils rehaussent
« beaucoup la valeur nutritive des foins, et l'on peut bien
« se rendre compte de l'utilité qu'il y aurait à déterminer et
« à faire connaître les moyens les plus propres à les favoriser,
« à les porter à leur plus haute limite, à leur développement
« maximum. » (*Ut suprà*, p. 426.) Si nous ne connaissons
pas l'influence chimique du fanage, nous pourrons du
moins constater son influence physique.

Le foin de prairies, coupé vert, sans humidité étrangère
sur les tiges ni les feuilles, perd au fanage, d'après J. Sainclair,
de 66 à 70 p. 100 de son poids, c'est-à-dire que 100 kilos
d'herbes de prairies donnent en moyenne 30 à 34 kilos de foin.
Mais au moment où l'on rentre ce foin en meules, hangars
ou greniers, il renferme encore, si sec qu'il paraisse, 8
à 10 p. 100 d'humidité, et en trois mois de conservation, il
perd encore environ 4 p. 100 de son poids. De sorte que, en
définitive, 100 kilos d'herbes donneraient en moyenne
$30^k,720$ de foin à consommer. Ce rendement augmente ou
diminue selon que l'herbe est plus ou moins aqueuse, le
sol et le climat plus ou moins humides, et que le fanage est
opéré avec plus ou moins de précautions. Le foin des
prairies irriguées, presque exclusivement composé de
graminées, est léger et sèche facilement; celui des prés
hauts, plus promptement encore, et il n'est pas rare d'en voir
rentrer le soir qu'on avait fauché le matin. Le foin des
prairies basses, des terres tourbeuses, des marais, composé
de plantes aqueuses, à feuilles grasses, fanant sur un sol
humide, exige un bien plus long fanage et conserve
toujours beaucoup plus d'humidité dans les tissus, ce qui le
rend d'une conservation souvent difficile. En Normandie,
on fauche rarement les embouches, non pas seulement
parce qu'il est plus avantageux d'en récolter le produit par
le pâturage, mais aussi parce que ces herbes succulentes et

abondantes demanderaient de longues manipulations sous un climat où, au milien du plus beau jour, les brumes viennent subitement obscurcir les rayons du soleil.

Quant au regain, dont nous n'avons point parlé jusqu'à ce moment, il exprime la dernière coupe des prairies naturelles, le plus ordinairement la seconde. Toutes les prairies ne donnent point de regain ; il n'y a que les bons fonds et les prairies bien arrosées qui en produisent, encore n'est-il pas toujours fauchable et doit-on le récolter par le pâturage. C'est ordinairement en septembre qu'on met la faux dans les regains ; et comme, à cette époque, les rayons du soleil ont déjà perdu de leur ardeur, que le beau temps est moins stable, et que les herbes renferment plus d'humidité, leur fanage est souvent une opération difficile. C'est pourquoi Bosc, Leclerc-Thouin, de Dombasle, etc., conseillent de le mélanger de paille de blé, de seigle ou d'avoine, en le rentrant. Mis en tas, le regain s'échauffe bien plus vite et beaucoup plus facilement que le foin ; aussi est-il prudent de le stratifier en meules ou en grenier avec des couches alternatives de pailles qui s'imprègnent de son odeur, absorbent son humidité surabondante, et aident à sa conservation. On tasse aussi fortement que possible pour diminuer le contact de l'air, et l'on augmente ou diminue la proportion de paille du quart à la moitié, selon l'état de siccité du regain. Nous ne devons pas oublier de dire que les regains doivent être fauchés plus près de terre que les foins, et qu'on ne rentre le fourrage qu'après l'avoir laissé passer de huit à quinze jours en cachons dans la prairie.

Voici les foins fanés ; nous devons nous occuper de leur rentrée, de leur transport, de leur mise en magasin et de leur conservation, toutes opérations non moins importantes que le fanage.

§ 4. Rentrée, emmagasinage, meules, fenils, etc.

La rentrée des foins exige beaucoup d'activité; il s'agit de sauver une récolte que quelques jours d'un mauvais temps soutenu pourraient gravement endommager, et nous ne devons pas oublier que c'est sur elle que repose la nourriture de notre bétail pour tout l'hiver. Le cultivateur doit sagement combiner l'emploi de ses attelages et de ses ouvriers, afin qu'il n'y ait pas de fausses manœuvres, pas de temps perdu; il faut qu'il soit, à la fois, sur les chemins, au pré et dans les fenils, qu'il prenne sa part de l'activité générale et que, par son exemple, il la soutienne et la surexcite. Les voitures ont dû être réparées à l'avance et munies de tous les agrès, guimbardes, ridelles, tours, perches, liures; rien ne doit retarder que les accidents impossibles à prévoir. Il expédie tant de voitures dans tel pré et tant dans tel autre, avec le nombre voulu de chargeurs pour que les chevaux ne perdent point de temps; il combine le nombre des voitures avec la distance des prés à la ferme, pour qu'elles n'arrivent que successivement et partent sans retard dès qu'elles ont pu être déchargées; de même, dans les greniers, sous les hangars, sur la meule, il a placé le nombre d'ouvriers nécessaire pour que le travail marche rondement; non pas trop, parce qu'il les peut utilement employer ailleurs; non trop peu, parce que ce serait une économie mal raisonnée; le premier excès, en somme, serait préférable pourtant.

Les voitures chargent le foin aux cachons près desquels on les place; suivant la distance à laquelle on se trouve de la ferme, on donne au charretier un ou deux chargeurs; un pour les petites distances, deux pour les grandes. Il y a rarement avantage à charger à plein collier, fût-on en belle route, et à plus forte raison, dans les mauvais chemins;

plus le chargement s'élève, et plus, relativement, il exige de temps. Une partie du chargement peut glisser, la voiture peut même verser si la charge est trop haute, la perche ou la liure peuvent casser, et on ne tarde pas à perdre plus de temps qu'on n'en a gagné. On a certainement, tous comptes faits, plus d'avantages à ne charger que modérément, afin d'éviter toutes chances d'accidents et de retards. Pour les petites distances, les voitures légères, à un cheval, doivent être préférées; il n'en est pas de même pour les prairies éloignées. M. de Dombasle, qui employait des chariots à un cheval, organisait ainsi les attelages : Pour quatre chevaux attelés, il avait six ou sept chariots; aussitôt qu'un chariot attelé arrivait dans la cour de la ferme, on dételait le cheval pour l'atteler à un chariot vide pour retourner au pré, et ainsi de suite. A une distance moyenne de 500 mètres, du pré à la maison, et avec cinq chevaux, il parvenait ainsi à rentrer en dix heures ou un jour, quarante milliers de foin, soit 20,000 kilos.

M. Dufourc Bazin a décrit en 1859, dans le *Journal d'agriculture pratique*, un mode particulier à l'Auvergne, de rentrer les foins. Les ouvriers sont divisés en deux groupes : les ramasseurs et les chargeurs. « Les ramasseurs, dit-il, « doivent fournir aux chargeurs, les chargeurs doivent dé- « barrasser les premiers; voilà le défi. A cet effet, le groupe « des ramasseurs, composé de sept à huit personnes au plus, « dont la tête et la queue sont deux personnes de confiance, « attaque la prairie suivant une ligne, amoncelle le foin « qui est immédiatement enlevé par les chargeurs, lesquels « sont au nombre de quatre, savoir : deux femmes aux « voitures et deux hommes robustes aux fourches… Le foin « est toujours poussé vers le même point de l'horizon. » (Pages 15 et suiv.) Les mêmes hommes font toujours la même besogne, deux charretiers se relayent aux voitures comme les travailleurs à la brouette dans un chantier; l'émulation s'en mêle et on rentre par jour, dit l'auteur, quarante à cinquante voitures à bœufs de 350 à 400 kilos l'une.

Un intelligent agriculteur de l'Aisne, M. Simon, a proposé en 1864, et employait, depuis treize ans, des filets en grosse ficelle, garnis de courroies de cuir et d'anneaux, dans lesquels il fait entasser le foin sur lequel on les referme. Deux hommes chargent facilement sur la voiture ces filets qui contiennent 50 kilos de foin ; on en peut placer quinze, ou ensemble 750 kilos. Ces filets remplis ont à peu près la forme d'une balle un peu aplatie ; ils ont $1^m,68$ en carré et se composent de mailles de $0^m,14$; ils coûtent $7^f,50$ l'un, y compris les anneaux et la courroie ; ils durent fort longtemps quand ils ont été trempés dans une lessive d'écorce de chêne, ou une solution de sulfate de fer. C'est surtout pour la rentrée des regains que ces filets pourraient être avantageux.

Les Anglais, qui n'épargnent rien pour la fertilisation de leur sol, sont, avec raison, très-économes dans la construction de leurs fermes et l'organisation de leur matériel agricole ; c'est le même véhicule qui, comme tombereau, sert au transport des terres et des engrais, et comme charrette, par l'adjonction de ridelles et d'échelles, pour rentrer les foins ou les herbes. Nous ne suivons pas assez leur exemple sous ce rapport, nous ne calculons pas assez l'intérêt, l'entretien et l'amortissement de notre cheptel, et quoique sa valeur soit souvent d'un tiers plus élevée qu'elle ne pourrait l'être, nous n'en sommes pas moins à court de voitures pour les travaux des foins et de la moisson. Bien d'autres usages anglais seraient moins précieux à imiter que celui-ci.

Le plus ordinairement, on charge le foin en vrac, à même les cachons ; quelques cultivateurs préfèrent le faire botteler sur-le-champ. Il y a dans cette pratique du pour et du contre. Par le bottelage, on se rend bien mieux compte du produit par pré et total, cela est vrai et le chargement comme le déchargement sont bien plus rapides ; mais ces deux considérations sont les seules qu'on puisse faire valoir en faveur de cette pratique. D'un autre côté, le bottelage achève de briser les parties tendres des plantes ; les feuilles, les fleurs et les graines tombent sur le sol ; le foin bottelé tient plus de place dans les greniers que le même foin en vrac ; la fermentation s'y opère moins régulièrement, parce qu'il y a plus de vides et d'air ; l'humidité s'accumule et se condense dans ces vides et produit des moisissures ; presque toujours le bottelage se paye plus cher durant la fenaison, et les botteleurs seraient souvent mieux employés à soigner le foin ; d'ailleurs, les domestiques à l'année, pendant les mauvais temps de l'hiver, peuvent accomplir ce travail à bien moindres frais.

Les voitures chargées arrivent à la ferme et les ouvriers les attendent dans le grenier, prêts à les décharger. Nous n'avons sans doute pas besoin de dire que les toitures ont dû être réparées antérieurement afin d'éviter l'infiltration de la pluie ou de la neige, que les chevrons ont dû être passés en revue pour constater leur solidité, qu'ils ont dû être recouverts d'un rang transversal de fagots si la pièce inférieurement située n'a pas de plafond.

La voiture chargée est placée sous la fenêtre, et on enlève la perche et la liure ; le charretier monte sur la voiture, et, à l'aide d'une fourche en fer à long manche, il prend le foin par lits et par fourchées et le passe à un ouvrier placé soit sur un échafaud volant, soit sur le seuil de la fenêtre, suivant la hauteur à laquelle est située cette ouverture ; le foin passe ainsi de fourche en fourche pour être étendu par lits réguliers sur toute la superficie du grenier ; on fait la chaîne en changeant fréquemment de place. Il est essentiel que le foin soit bien tassé pour que la fermentation s'y opère régulièrement. Les femmes, les enfants, les vieillards peuvent être employés à ce travail, et ce serait, ici encore, une mauvaise économie que de restreindre le nombre nécessaire. Les voitures doivent se succéder aussi rapidement que possible ; les chevaux mangent pendant le déchargement ; pendant les repas, on peut souvent faire remplacer, au grenier, les ouvriers, par les domestiques de la ferme, qui ne mangent qu'ensuite. L'œil du maître, enfin, doit être partout et soutenir tout le monde.

Le travail doit être bien plus actif encore, si, au lieu d'emmagasiner dans un grenier, un fenil, un hangar ou une grange, on confectionne une meule ; s'il survient une averse, un orage, une pluie, une partie du foin mis en meule se trouve mouillé, il faut le descendre, le faire sécher, le remonter, et il a perdu une notable partie de ses qualités. La meule commencée le matin doit être terminée le soir.

Il y a plusieurs manières de confectionner les meules ; le plus souvent, on se contente, après avoir choisi un emplacement, et déterminé la grandeur qu'on veut donner à ce dépôt, d'envelopper son périmètre d'un petit fossé dont on rejette la terre sur la place de la meule ; on nivelle, puis on établit un lit serré de fagots pour empêcher l'humidité de gagner le fourrage par le contact direct. En Angleterre, on établit généralement les meules sur des sous-traits en bois ou en fonte, montés sur des pieds qui isolent complétement le foin du sol. Le plus simple de ces sous-traits consiste en deux cercles en fer, dont l'un a de 8 à 18 mètres de diamètre et l'autre de 4 à 9 mètres ; ils reposent sur des colonnettes en fonte, hautes de $0^m,50$ à $0^m,75$. Une colonnette centrale ayant la forme d'un champignon reçoit les tringles de bois ou de fer, concentriques, qui, traversant les cercles, relient la circonférence au centre. Ces plates-formes ne se vendent en Angleterre que de 150 à 300 francs. On peut les remplacer avantageusement par des dés en pierre recouverts d'une plaque de zinc pour s'opposer aux assauts des rats et des souris, et un plancher en charpente de bois brut.

Avant de commencer une meule, il faut déterminer la forme qu'on lui veut donner : sera-t-elle ronde ou carrée? Cela peut dépendre du foin qu'on doit emmagasiner, des usages du pays, de l'habileté de l'homme auquel on doit en confier la confection. On fait une meule parallélogrammique aussi longue qu'on veut; une meule ronde ne doit pas dépasser un certain diamètre (15 mètres environ). Une meule ronde est plus difficile à bien faire qu'une autre à pans droits. En général, et pourvu qu'on ne tombe pas dans l'extrême, il vaut mieux faire de grandes meules que de petites; la quantité de foin exposée à l'air et perdue est relativement moindre dans le premier cas que dans le second. Il est important néanmoins que la meule n'ait pas un diamètre trop considérable pour que l'air y puisse avoir un peu d'accès et pour que la fermentation ne soit pas trop active ; sa largeur trop grande donnerait prise aux vents de l'hiver qui la pourraient renverser. Aussi doit-on l'orienter de façon qu'elle présente sa plus étroite surface au vent dominant de la contrée.

Quant à ses dimensions, on peut les déterminer approximativement, sachant que, en moyenne, 70 kilos de foin de prés occupent un mètre cube, lorsqu'ils sont mis en meules, qu'en d'autres termes, 100 kilos de foin occupent $1^m,44$ cube.

Nous avons dit déjà qu'on donnait aux meules rondes de 4 à 6 mètres de diamètre, en France, de 6 à 10 et même 18 mètres, en Angleterre. La hauteur, ordinairement proportionnée à la base, varie de 4 à 6 mètres de la base au chapeau et de 2 à 4 mètres pour la hauteur perpendiculaire de ce chapeau ; ensemble de 6 à 10 mètres de hauteur totale. Pour les meules longues, la largeur varie de 4 à 8 mètres et la longueur des côtés est indéterminée ; mais elles doivent présenter un de leurs pignons au vent de pluie le plus ordinaire, soit à l'ouest en France. Pour garantir les meules rondes contre les vents violents, on place souvent en terre, au centre, et avant leur construction, une perche ayant les deux tiers environ de la hauteur totale qu'on donnera à la meule, et dont le pied est solidement enfoncé en terre. Pour les meules longues on les étaye contre les vents redoutés, au moyen de madriers.

En Angleterre, avant la confection d'une meule, on suspend à un poteau central et à d'autres piquets provisoires, une grande bâche, une toile à colza, au-dessus de l'emplacement qu'elle doit occuper, afin de se garantir contre le mauvais temps possible avant sa terminaison. On enlève la toile quand la meule est achevée. En Hollande et en Belgique, dans le même but, mais pour obtenir en outre un abri constant, on construit des hangars à fourrages, dont le plancher est élevé au-dessus du sol, et composé seulement de poteaux reposant sur des dés de pierre, des fermes et de la toiture. Souvent, sous ce hangar, on installe un magasin de racines, silo permanent creusé dans le sol. Le fourrage placé sous ces hangars se trouve dans les meilleures conditions possible ; il reçoit l'air de tous côtés, se trouve à l'abri de l'humidité et de la pluie, protégé contre les rats et les souris parce que les dés sont recouverts de zinc sur lequel ils ne peuvent gravir ; le bottelage se fait à couvert, et, quoique entamée, la meule n'a jamais à redouter le mauvais temps. On a imaginé même de ces hangars-abris montés sur des roues et qu'on poussait vers la meule en confection pour la recouvrir, si la pluie survenait avant son achèvement.

L'emplacement de la meule étant préparé, la veille du jour où l'on a l'intention de la faire, on fait approcher quelques voitures de foin pour occuper les ouvriers le lendemain matin jusqu'au moment où les voitures reviendront chargées du pré. On s'est assuré d'un meulonier habile auquel est remise la conduite de l'opération. C'est sur lui que tout repose, et ce n'est pas une petite affaire : il peut y avoir perte de temps, si la meule, presque achevée, s'écroule ; il peut y avoir perte de fourrages, si la meule est mal faite, inégalement tassée, s'affaisse irrégulièrement ou est mal enfaîtée. Le meulonier reste presque constamment au pied de la meule, afin de surveiller ses aplombs tout en veillant à ce que les voitures ne déchargent pas toujours au même endroit, à ce que les ouvriers étendent et ouvrent bien le foin, vers les bords surtout, à ce que toute la surface soit également foulée. Avec un râteau de bois placé au bout d'un long manche, il peigne la meule, c'est-à-dire qu'il fait tomber toutes les tiges qui ne tiennent point à la masse et qui tromperaient l'œil sur les dimensions et la forme extérieure ; là où se trouvent des saillies irrégulières, il fait tirer le foin à la main pour rétablir le diamètre exact ou la rectilinéité.

Une meule ronde se compose de deux cônes renversés ; l'un inférieur, plus petit, et ayant son sommet vers le sol ;

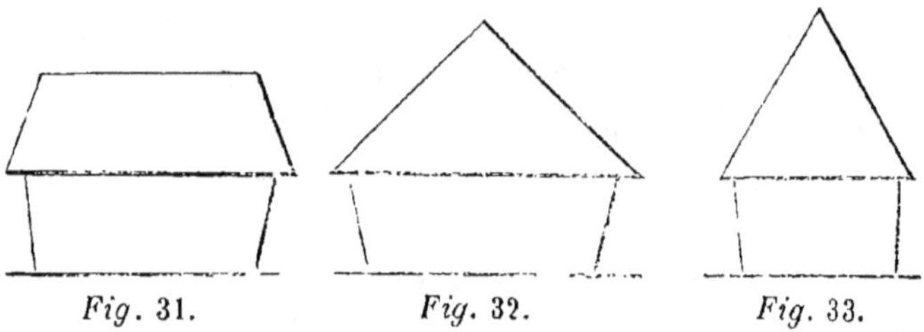

Fig. 31.   Fig. 32.   Fig. 33.

l'autre supérieur, plus grand, reposant par sa base sur le premier dont il a en général deux fois la hauteur. L'inférieur est un cône tronqué auquel on donne comme fruit, de un sixième à un dixième de sa base ; la base du cône supérieur qui vient s'accoler sur celui-ci et qui doit former chapeau, est plus large de $0^m,50$ à $0^m,75$; de son sommet à sa base il présente une pente assez rapide pour que la pluie soit vivement sollicitée à descendre par son propre poids, coulant le long de la couverture sans y pénétrer. Une meule longue, carrée, rectangulaire, se compose de prismes super-

posés et réunis par leurs deux bases. Dans le prisme inférieur, la base est placée au point de réunion avec le prisme
supérieur, là où se trouve terminé le chapeau, où se fait
l'égoût. Comme dans les meules rondes on donne aux parois
inférieures un fruit en dehors de un sixième à un dixième
de la hauteur. Les pans du prisme supérieur présenteront
pour l'égoût autant de pente que possible.

Lorsqu'on achève une meule, on ne l'enfaîte que provi-
soirement ; on la laisse quelques jours se rasseoir, se tasser,
puis on descend le dessus pour le replacer à nouveau et faire
un comble régulier ; pour ce sommet, plus exposé à être
pénétré par la pluie que le reste de la meule, on emploie
d'ordinaire du mauvais foin ou même de la paille. Dès que
la meule se trouve décidément terminée, il faut, sans retard,
procéder à sa couverture. On se rend compte d'abord de son
cubage et de la superficie de la toiture. Une meule ronde
de 750 mètres cubes présente en couverture ... mètres
environ de superficie ; celle de 500 mètres cubes, une surface
de 150 mètres carrés ; celle de 400 mètres cubes, une surface
de 115 mètres carrés. Ces chiffres ne sont qu'approximatifs
cependant, et doivent nécessairement varier selon les dimensions des cônes, la grandeur des rayons ; la surface
relative à couvrir, diminue à mesure que la capacité de la
meule s'accroît. On couvre en chaume, en paille ou en roseaux. La couverture des meules se fait avec de petites pou-
pées de paille ou de roseaux qu'on attache par la tête au
moyen de petites broches en bois ; ce sont d'ordinaire
les couvreurs qui font ce travail à la tâche, mais outre
qu'on ne peut pas toujours les obtenir à jours fixes, il
sera facile de trouver parmi les ouvriers de la ferme un
homme intelligent qui, avec une augmentation de paie, se
charge volontiers de ce travail, bien simple du reste. On
sera assuré, ainsi, de pouvoir mettre ses récoltes à l'abri en
temps opportun, ce qui n'arrive pas toujours lorsqu'il faut

attendre les ouvriers spéciaux. Avec une couverture bien faite, il n'y a pas de fourrage perdu, surtout si la meule a été bien orientée, et si ses pans sont assez rapides.

Nous avons vu en Bretagne employer un expédient bien simple pour amener les cachons de foin à la meule, lorsque celle-ci se fabrique dans la prairie même. On avait bien inventé le raffleur mécanique, une sorte de châssis semi-circulaire auquel on attelait des cordages et qui traînai ainsi le cachon sur le sol, jusqu'à l'emplacement de la meule. Le procédé que nous allons indiquer est une simplification : on entoure le cachon d'un long cordage sous le contour duquel on place verticalement trois rondins de bois dur ; le cordage, assez long, viendra s'attacher au joug de deux paires de bœufs, qui, mis en mouvement, amènent, sans le renverser, le cachon à la meule, sur laquelle il n'y a plus qu'à le charger. Cette marche des cachons sur le sol ne produ___ ___.re effet que de laisser sur son passage quelques rouleaux de foin qu'on ramasse à la fourche. On évite ainsi le chargement dans les voitures, et 4 bœufs peuvent fournir 12 hommes à la confection d'une meule, du matin au soir. Il faut admettre pourtant que le foin est depuis assez longtemps en cachons pour s'être tassé et présenter une certaine consistance qui permette son transport par ce mode ; du foin trop sec, trop court, ou récemment encachonné, s'éboulerait en route.

§ 5. Conservation. — Salaison.

Que le foin soit placé en meules, en greniers ou sous des hangars, il continue sa fermentation ; nous avons dit plus haut déjà, qu'au moment de sa rentrée en magasin, il renfermait encore 8 à 10 pour 100 d'eau de végétation, dont il perdra encore la moitié, soit 4 pour 100, dans les trois ou quatre premiers mois qui suivent sa mise en magasin. La fermentation est d'autant plus active que le foin est plus humide, qu'il est entassé en plus grandes masses, qu'il a moins de contact avec l'air ; elle s'élève parfois à un très-haut degré de chaleur, et peut aller même jusqu'à la combustion. Bien des incendies de fermes, dont les causes sont inconnues, n'en reconnaissent pas d'autres que celle-là. Il faut donc avoir soin de laisser le foin accomplir dehors, en gros cachons, sa première fermentation, faire son effet enfin, et ne le rentrer que lorsqu'il n'a plus à subir qu'une fermentation lente et calme ; ouvrir toutes les fenêtres des greniers dans lesquels on le place, et veiller attentivement à sa température intérieure, dans les années humides surtout. Cette fermentation est la maturation du foin en quelque sorte ; c'est par elle qu'il achève d'acquérir ou de perdre ses qualités. Lorsque le foin est entassé trop humide, la fermentation est très-active, toute l'eau néanmoins n'est pas évaporée et l'excédant suffit pour conduire le foin jusqu'à la putréfaction ; lorsqu'il n'est pas assez régulièrement tassé et foulé, l'humidité développée s'accumule dans les vides, s'y condense, et la moisissure s'y développe.

Les greniers dans lesquels on veut conserver du foin doivent être planchéiés, s'ils sont situés au-dessus des étables, et celles-ci doivent être plafonnées. Les foins placés sur des planchers à claire voie et superposés à des étables, écuries, bergeries, etc., reçoivent l'humidité chaude qui s'élève du fumier, les émanations du bétail, et toute leur couche inférieure est rendue impropre à la consommation. Les fenils seront couverts en ardoises et mieux en chaume, mais non en tuiles qui laissent passer la neige et, par contact, donnent de l'humidité pendant tout l'hiver ; ils seront aérés par de grandes et nombreuses fenêtres ou lucarnes qu'on tiendra constamment ouvertes pendant les trois ou quatre premiers mois après l'emmagasinage.

C'est en cela surtout que les hangars sont préférables aux

greniers et les meules aux hangars ; la fermentation se fait alors bien plus calme et plus lente ; l'eau de végétation et l'humidité acquise se dégagent facilement ; l'air pénètre peu à peu dans la masse et achève de la sécher. Il ne se produit que rarement dès lors des moississures. Les meules surtout, lorsqu'elles sont bien faites et ne donnent aucun accès à la pluie, conservent mieux le foin ; il n'y a pas de pertes le long des murs, sous les toits, ni dans la masse, point de dégâts des rats et souris, pas de poussière, enfin, pas de dépenses ni de loyers de bâtiments. En Angleterre, en Bretagne, on conserve souvent, parfaitement intact, du foin en meules pendant deux ans. Il vieillit beaucoup plus vite en greniers, et prend une teinte blanche, devient sec et cassant, et acquiert une odeur de poussière.

Il est des foins cependant que nous n'oserions conseiller de mettre en meules, ce sont les foins grossiers provenant des marais, des terres tourbeuses, des queues d'étangs ; nous croyons préférable, après leur avoir laissé faire leur première fermentation pendant un certain temps, en gros cachons, de les rentrer dans un grenier bien aéré. Mis en meules, ces foins continuent longtemps à fermenter, avant d'avoir vaporisé toute leur eau de végétation, s'affaissent et pourrissent ; à cause de cela même, il est difficile de tenir la meule bien couverte, et comme la pluie s'y fait jour par un ou plusieurs points, on perd une grande quantité de fourrages. Il n'en est pas de même en greniers, si on a opéré dans les circonstances recommandées ci-dessus. Dans aucun cas, les foins ne doivent être déposés à un rez-de-chaussée, où ils absorberaient trop facilement, par capillarité, l'humidité du sol.

John Sainclair prétend que du moment de sa rentrée en greniers jusqu'à son entier séchage, le foin perd en poids 35 pour 100, dont 5 pour 100 pendant le premier mois qui suit la récolte, 10 pour 100 de cette époque à mars suivant, et 20 pour 100, trois ou quatre mois plus tard. Nous regardons ces chiffres comme exagérés, s'ils s'appliquent à de bons foins, et ne pouvons les considérer comme vrais que pour les foins des prairies marécageuses. Les premiers, avons-nous dit, ne supportent qu'un déchet en poids de 8 à 10 pour 100. Nous devons ajouter que ces pertes sont plus rapides et plus sensibles dans les fenils que dans les meules. En résumé, donc, tous les avantages sont en faveur de ce dernier mode d'emmagasinage général, en Angleterre, en Bretagne et dans une partie de la Normandie. Il est plus économique, moins dangereux, plus préservateur, et offre moins de chances de pertes. On peut cependant, lorsqu'on entame une petite meule pour la consommation, la rentrer dans un fenil, pour éviter qu'une partie du foin soit exposée à la pluie ; perte qui serait proportionnellement importante, mais qui est insignifiante pour les grosses barges.

Nous ne croyons pouvoir mieux faire que de copier ici une note de M. Schattenmann, directeur de la fabrique de produits chimiques de Bouxvillers, note qui confirme de tous points ce que nous avons dit plus haut, et qui donne un moyen de remédier à un emmagasinage défectueux : « Il « arrive fréquemment, dit-il, dans les grandes exploitations « agricoles, que les fourrages qui sont engrangés en grands « tas moisissent ou rougissent par suite de la fermentation « qui s'y développe après la récolte. Lors même que le foin « est très-sec à la rentrée, il contient encore beaucoup d'hu- « midité qui se dégage par la chaleur de la fermentation. « Cette fermentation est d'autant plus vive que la masse de « foin entassée est plus grande et que l'humidité a plus de « peine à se dégager, le fourrage court donc toujours risque « d'être avarié, et il l'est immanquablement lorsqu'un temps « pluvieux n'a pas permis de le rentrer entièrement sec. « Ayant remarqué que le fourrage ne s'avariait que dans « l'intérieur des tas, et qu'il ne l'était même pas à l'inté-

« rieur dans les parties où des poteaux du bâtiment favo-
« risent le dégagement de l'humidité ; j'ai fait faire avec
« succès des coupures dans les tas de fourrages engrangés,
« pour faciliter le dégagement de l'humidité. Réfléchissant
« plus tard aux causes de cette fermentation nuisible, et
« aux moyens de la modérer, j'ai fait répandre à la main,
« sur le fourrage, au moment du déchargement, deux cents
« grammes de sel commun par quintal métrique (100 kilos)
« de fourrage. L'emploi d'une substance utile au bétail a
« parfaitement réussi, car depuis quinze ans que je l'appli-
« que à des masses de fourrages, je n'y ai pas trouvé traces
« d'altération ; je suis maintenant sans inquiétude, lorsque
« par un temps pluvieux, je rentre quelques voitures de
« fourrages humides, parce qu'une longue expérience m'a
« prouvé que le sel neutralise les effets nuisibles de l'hu-
« midité. Je ne regarde pas l'emploi du sel, jeté sur le four-
« rage à la rentrée, comme une dépense, car cette dépense
« est assurément plus que compensée parce que cette denrée
« gagne en poids et en valeur. » (*Journ. d'agric. prot.* 1re série, t. V p. 416).

Le sel, en effet, en qualité d'agent antiputride, arrête la
fermentation, et empêche la production des moisissures ; en
outre, le foin salé, lorsqu'on le bottelle ou qu'on le descend
du grenier, ne répand pas dans l'air des nuages de poussière, comme le font la plupart des foins grossiers non salés.
Ordinairement, lorsqu'on sale les fourrages au moment de
la rentrée, on répand entre les lits, le sel en cristaux ; l'humidité qui se développera est plus que suffisante pour le
dissoudre et le faire pénétrer entre les lits. Lorsqu'on ne le
sale qu'au moment de la consommation, on fait dissoudre
le sel dans une quantité d'eau proportionnée, et c'est avec
cette eau qu'on asperge le fourrage ; la quantité qu'on emploie ainsi, varie selon la qualité des fourrages, de 0^k.200 à
0^k.800 par 100 kilos de foin ; plus le fourrage est grossier

et humide, plus on élève la proportion de sel, et réciproquement.

§ 6. Produit moyen. — Prix de revient.

Le produit des prairies en qualité et en quantité varie beaucoup, de 1500 à 5,000 kilos de foin par hectare, en France, et à 12 et 16,000 kilos en Lombardie, sur les marcites à cinq et six coupes. En moyenne, on peut dire que les prairies hautes ou sèches donnent de 1,500 à 1,800 kilos; les prairies moyennes, de 1,800 à 2,200 kilos ; les prairies arrosées de 2,200 à 2,500 kilos ; les prairies bases de 2,000 à 2,400 kilos ; les prairies marécageuses, enfin, de 3,000 à 4,500 kilos. Ces rendements sont inférieurs à ceux des prairies artificielles vivaces bien réussies et en plein rapport, il est vrai, mais le foin naturel a toutes autres qualités, et ne saurait être suppléé par aucun autre fourrage. La valeur vénale de ces prairies varie de 1000 franc à 12,000 francs, et leur valeur locative de 50 francs à 300 francs par hectare.

En moyenne aussi, les 1000 kilog. de foin emmagasinés reviennent de 30 à 35 francs, ainsi que nous le représente le calcul approximatif suivant :

Fauchage..........................	7^f	»
Fannage et ratelage, etc.	5	»
Mise en meule ou en greniers............	3	50
Enmagasin., loyer ou couvert. de meule...	2	25
Bottelage (1^f,50 par 1000 kilos)............	4	50
Transport, rentrée.....................	7	»
Loyer du sol par hectare (1/3 pour le pâturage)............................	75	»
TOTAL..................	104^f,25	

Si nous supposons le produit en fourrage de 3,000 kilos, c'est un prix de revient de 34^f 75 par 1000 kilos, quantité qui se vend en moyenne, à Paris, hors barrière, de 90 à 100 francs.

Quand un pré ne donne que 1,500 kilos de foin par hectare, il serait plus économiquement utilisé par le paturage ; il en est de même du regain (2ᵉ coupe) qu'on aurait plus d'avantages à faire pacager s'il ne devait fournir au moins 1000 kilos de fourrage sec.

CHAPITRE XVI

DÉFRICHEMENT ET RENOUVELLEMENT DES PRÉS.

Les vieux cultivateurs peuvent se rappeler encore avec quelle ardeur, il y a quelques soixante ans, on défrichait les prairies naturelles pour les ensemencer en céréales ; nos ancêtres, disait-on, avaient eu la sottise de laisser là s'accumuler une richesse inerte qu'il fallait faire rentrer dans la production ; n'avait-on pas d'ailleurs les prairies artificielles qui donnaient beaucoup plus de fourrages à beaucoup moins de peines ! mais on ne tarda pas à s'apercevoir qu'on avait tué la poule aux œufs d'or. Les prairies artificielles étaient d'une réussite bien plus fragile, le sol s'en lassa promptement d'ailleurs, et il fallut rétablir ce qu'on avait renversé, refaire à grand temps les prairies qu'on avait bouleversées.

C'est qu'à l'encontre des prairies artificielles, la terre ne se lasse pas des prairies naturelles ; leur produit au contraire s'élève avec le temps, et par la seule force des choses, car rarement on aide ici la nature ; la couche superficielle de terreau s'accroît lentement mais constamment des détritus animaux et végétaux, le gazon s'élève au fur et à mesure, et si on lui accorde, dans certaines proportions un peu d'eau et un peu d'engrais, il s'empresse de reconnaître ces soins. Aussi, recommanderons-nous d'y regarder sérieusement à deux fois avant de détruire une prairie.

A coup sûr, il y en a beaucoup qui produiraient plus en
culture qu'en herbe, mais cela indique surtout l'ignorance
ou l'incurie du cultivateur ; je crois qu'on argue à tort qu'il
y a des prés qui se trouvent mieux d'être remis en labour
de temps en temps ; il suffirait de leur accorder de temps
en temps l'équivalent de ce qu'on leur enlève. Cependant
si c'est pour les sarcler et les fumer, pour les laisser plus
propres et plus riches que vous ne les avez pris, je ne m'y
oppose pas. Mais, *timeo Danaos et dona ferentes ;* je crains vos
intentions hypocrites.

M. de Dombasle, lui-même, n'avait pas pour les prairies
ce respectueux amour qu'on ne saurait trop inspirer à notre
agriculture toujours pressée de jouir. « Le défrichement
« des prairies, pour les convertir en terres arables, dit-il,
« est une des opérations les plus importantes de l'agricul-
« ture ; car dans beaucoup de cas, on peut en tirer ainsi un
« produit bien plus considérable qu'en les laissant en prés :
« en les gouvernant convenablement, on peut, si l'on veut
« les laisser en terres arables, les maintenir toujours dans
« le même état de fertilité que dans les premières années
« du défrichement ; et si, au bout de quelques années, on
« veut les remettre en prés, on peut les rendre plus pro-
« ductives quelles ne l'étaient auparavant. Si au contraire,
« on les traite d'une manière peu judicieuse dans les pre-
« mières années après le défrichement, si l'on abuse de
« leur fertilité pour obtenir des récoltes qui les épuisent,
« on les réduit, en peu d'années, à l'état d'une terre médio-
« cre, et l'on dissipe ainsi un trésor dont on aurait pu jouir
« pendant très-longtemps. C'est parce que les fermiers sont,
« en général, trop disposés à suivre cette mauvaise méthode,
« que les propriétaires permettent rarement qu'ils rompent
« les prés qui sont attachés à leurs fermes. Cette prohibition
« de leur part est donc sage ; cependant, elle est souvent
« nuisible, car il y a beaucoup de prés qui, en cette nature

« sont d'un très-petit produit, parce qu'ils sont infestés par
« de mauvaises espèces de plantes, de mousse, etc., et dont
« on pourrait doubler ou tripler la valeur par une culture
« bien entendue.

« D'autres cultivateurs sont d'avis qu'on ne devrait lais-
« ser en prés permanents que ceux qui sont susceptibles
« d'irrigation, et que tous les autres doivent être de temps
« en temps, mis en culture pour quelques années, et ensuite
« remis en prairies. Cependant, je crois que c'est pousser
« trop loin la conséquence d'un excellent principe ; je pense
« qu'il ne faut pas sans beaucoup de réflexions, rompre un
« pré qui est en bon rapport, quoique, dans beaucoup de
« circonstances on puisse, sans en diminuer la valeur, en
« tirer, en le cultivant pendant quelques années, un produit
« beaucoup plus considérable qu'en le laissant en pré ; mais
« pour ceux qui sont d'un chétif produit, quoique situés
« dans un sol fertile, ce qui se rencontre très-fréquemment,
« les avantages du défrichement sont immenses. (*Calend. du*
« *bon cultiv.* 7ᵉ éd. p. 493-494). »

L'illustre agronome est peut-être ici d'un peu trop facile
composition ; raisonnons donc. Vous voulez défricher votre
pré, parce qu'il vous donne peu de produits, n'est-ce pas ?
mais pourquoi le pré est-il mauvais ? Est-ce que le sol n'en
vaut rien ? alors, rien de mieux défrichez, mais non pas
pour l'épuiser encore ; faites-y des récoltes racines, sarclées
soigneusement, des fourrages étouffants, et surtout, fumez
abondamment. Est-ce que, quoique situé en bon fond,
votre pré infesté de mauvaises herbes et de mousse ne vous
donne qu'une chétive coupe de fourrages ? Que ferez-vous
alors en le retournant ? vous allez mélanger au sol la couche
de terreau de la surface, et vous donnerez à la production
un coup de fouet qui laissera bientôt votre monture plus
faible qu'avant ; mais ce qu'il lui faut pour la ranimer,
c'est un bon picotin d'avoine ; ce qu'il faut pour ranimer

la lampe qui s'éteint, c'est de l'huile ; ce qu'il faut pour entretenir la marche de la locomotive, c'est du charbon.

Vous prenez toujours dans votre pré, comme dans une armoire, mais sans y jamais rien remettre ; est-il surprenant qu'il se vide? Vous ne l'entretenez point en détruisant les mauvaises herbes qui pullulent plus vite que les bonnes. Si les plantes naturelles du sol reparaissent, il faut enrichir le sol pour le rendre capable d'en porter de meilleures. En un mot, il faut le fumer, et nous l'avons prouvé déjà, par l'autorité de M. de Gasparin, quand vous l'aurez enrichi, c'est lui qui vous enrichira. Les prairies sont la base de toute exploitation bien plus que les fourrages artificiels, il n'y a pas de trop grands sacrifices à faire pour les entretenir et les améliorer. Puis méfiez-vous des prairies artificielles ; par l'abus que vous en avez fait, vous approchez chaque jour du moment où vous devrez renoncer à leurs services ; tandis que la terre ne se lasse pas des prés, pourvu qu'on lui rende un peu des engrais qu'ils ont produits.

Vous êtes donc néanmoins décidé à rompre ce pré ; soit. S'il n'est bien assaini, commencez donc par là, ce que vous n'avez pas cru devoir faire pour l'herbe, vous jugerez sans doute convenable de le faire pour le blé. Il faut choisir pour labourer la fin de l'hiver ; on ne donne à cette façon qu'une moyenne profondeur, et on renverse la bande à 45°, et on ensemence ou on plante sur ce seul labour des féverolles, du colza, de l'avoine, du lin, ou des pommes de terre. Lorsqu'on tient à donner plusieurs façons, c'est avant l'hiver qu'il faudrait défricher par un labour tout à fait superficiel ; un second labour au printemps, d'une profondeur au moins double du premier enterrera les gazons non encore décomposés. Mais si, après avoir rompu au printemps, on voulait donner un second labour, on ne pourrait se débarrasser des mottes engazonnées et roulantes qui géneraient toutes les opérations de la culture, malgré les labours croisés et autres artifices.

M. de Dombasle cite l'assolement : 1° lin ; 2° colza, en lignes ; 3° blé ; 4° fèves ; 5° blé avec graines d e prés, comme un moyen de tirer d'un pré rompu, un produit double dans beaucoup de circonstances, de celui qu'on aurait pu en tirer en nature de prés ; je le crois sans peine ; mais ensuite, le pré se trouvera-il décidément meilleur, j'en doute. Écoutez ce que le maître en dit lui-même : « En général, « on doit déterminer le nombre et l'espèce de récoltes qu'on « peut tirer d'un terrain de cette sorte, d'après l'épaisseur « de la couche de gazon qu'on a renversée ; ce gazon forme « un engrais très-puissant, plus ou moins durable, selon « sa masse et aussi selon la nature de la terre. C'est un tré- « sor dont il faut jouir, mais dont on ne doit point abuser ; « si on laisse arriver le moment de l'épuisement, on a tué la « poule aux œufs d'or ; il n e reste plus qu'un terrain qu'on « ne peut plus mettre en pré, ni cultiver avec profit à la « charrue ; car un terrain pauvre ou épuisé paie bien rare- « ment les frais de culture. »

J'avoue, malgré la meilleure volonté du monde, ne pouvoir comprendre qu'on défriche un pré sans avoir l'intention d'améliorer le sol pour le remettre en pré, et qu'on en veuille épuiser en partie la richesse sous prétexte de lui faire du bien. J'avoue ne pas comprendre M. de Dombasle qui recommande de tenir le pré rompu dans le même état de fertilité que dans les premières années du défrichement ; ce n'est pas assez de ne pas l'épuiser, il faut l'enrichir le plus possible. Mais souvent encore, il eut été bien plus simple d'appliquer tout uniment sur le pré une fumure en couverture.

On rompt souvent des prés au moyen de l'Ecobuage, méthode que nous ne saurions approuver que pour les terrains tourbeux ; l'Ecobuage consiste à écrouter la surface du sol soit au printemps, soit en été, afin d'en bruler les gazons. Pour cela, au moyen d'une houe nommée Ecobue, ou d'une charrue de forme particulière, on détache les gazons par tranches de 0ᵐ 025 à 0ᵐ 08 d'épaisseur au plus, larges de 0ᵐ, 25 à 0ᵐ, 30 et longues de 0ᵐ, 30 à 0ᵐ, 35. On dresse ces plaquettes l'une contre l'autre, on les retourne une ou deux fois pour les faire sécher ; c'est alors qu'on les dispose en forme de petits fourneaux, conservant au centre un vide dans lequel on place des broussailles sèches, ou un combustible quelconque auquel on met le feu. Pendant la combustion, on plaque de nouveaux gazons sur tous les endroits par lesquels s'élance la flamme ; si la combustion n'était comprimée on recueillerait très-peu de cendres. Lorsque les fourneaux ont ainsi achevé de brûler lentement, on laisse refroidir, puis, avant la pluie, on répand à la pelle les cendres sur le sol, et on les enterre immédiatement par un labour superficiel.

Mais nous le répétons, si cette méthode peut être avantageuse sur les terres tourbeuses, où l'humus ne manque pas, et où celui du sous-sol vautsouvent presque le sol lui-même, et si l'incinération produit de nouvelles combinaisons favorables aux plantes, il n'en est pas de même dans les terrains de toute autre nature. L'incinération fait disparaître cette couche plus ou moins épaisse de terreau qu'il a fallu tant d'années pour accumuler, et on agit comme celui qui ne porterait dans les champs en culture que la cendre de ses fumiers. L'écobuage est un moyen de mettre promptement en œuvre la vieille richesse du sol, mais une fois qu'elle est dépensée, le sol reste inerte, et il faut du temps et beaucoup de nouvelles dépenses pour la reconstituer. Nous ferons, dans certains cas, encore une exception pour leurs prairies très-argileuses, parce que l'écobuage change les propriétés physiques ; par l'incinération, l'argile acquiert une partie des propriétés de la Silice ; mais il reste à savoir si l'assainissement à ciel ouvert (par fossés et rigoles) ou le drainage ne seraient pas plus efficaces et plus économiques.

Enfin, nous invoquerons l'autorité de M. Em. Jamet, qui dit dans son catéchisme d'agriculture : « Il existe des prés « hauts qu'on ne peut arroser, il faut absolument les amen- « der et les graisser de temps en temps, afin d'en obtenir un « bon produit. Pour que la dépense ne soit pas trop forte « chaque année, on les améliore par portion. Il y a des « cultivateurs qui conseillent de les mettre en terre labou- « rable ; je ne suis pas du tout de cet avis, a moins qu'ils « ne paient pas le prix de ferme, ce qui est très-rare après « les améliorations. » (*p.* 220). Nous n'admettons pas même cette dernière restriction, et nous dirons aux propriétaires fonciers : Gardez-vous, dans vos baux, de concéder au fermier le droit de défricher tout ou partie des prés, à charge par lui d'en rendre, à la fin du bail, la même superficie qu'à l'entrée. Vous ouvrez ainsi la porte à la dilapidation. Un pré de deux ans, si bon soit-il, ne saurait représenter le même capital qu'un pré centenaire auquel il ne manque qu'un peu d'aide pour produire grand bien, tandis que le premier ne tardera pas à s'épuiser dès que se sera éteinte l'énergie factice qui a galvanisé le sol. Faites plutôt quelques sacrifices pour obliger votre fermier à fumer chaque année, à une dose déterminée et vérifiée, une certaine étendue de prés. Il s'en trouvera non moins bien que vous, et n'aura plus envie de recourir au défrichement. Un pré n'a besoin d'être renouvelé que par des fumures, et il serait trop merveilleux qu'on pût éternellement lui demander sans lui rien rendre ; de semblables créanciers sont rares sous le ciel, et les terres vierges elles-mêmes de l'Amérique voient venir pour leur propriétaire, le quart d'heure de Rabelais.

CHAPITRE XVII

DU COLMATAGE. — DU LIMONAGE.

On appelle Colmatage l'opération qui consiste à répandre
sur le sol les eaux limoneuses des ruisseaux, des rivières,
des torrents ou des fleuves pour leur faire déposer leur limon
et augmenter ainsi ou élever, l'épaisseur de la couche
arable.

La plupart des fleuves, rivières et ruisseaux en hiver et au
printemps, et des torrents, en été, entraînent dans leur cours,
en suspension parmi les molécules aqueuses, du sable, de
l'argile, des parties organiques, des graviers, des galets
même, arrachés sur leur parcours, aux terrains qu'ils bai-
gnent, ou amenés par leurs affluents (1). C'est pendant les
crues, que les eaux sont les plus limoneuses ; le Rhône, entre
autres, renferme en suspension une forte proportion de molécules terreuses qu'il dépose à son embouchure ; c'est ainsi
que s'est formé ce qu'on appelle le Delta du Rhône, la Camargue qui a 74,000 hectares de superficie. L'un des affluents
du Rhône, la Durance, entraîne presque toujours aussi un
abondant limon.

Tantôt on colmate pour enrichir le sol, et tantôt pour l'ex-
chausser ; à la première opération on devrait donner le nom
de Limonage, afin de réserver pour la seconde celui de Colmatage.

On Limone au moyen de l'irrigation par inondation ou
par submersion ; le terrain étant entouré de digues et divisé
par d'autres plus petites digues transversales, on y intro-

(1) La Durance, d'après M. Hervé Mangon, transporte chaque année
11,000,000 mètres cubes de limon équivalant à 100,000 tonnes d'excellent guano, autant de carbone que pourrait en fournir par an une forêt
de 49,000 hectares d'étendue.

duit l'eau trouble qu'on laisse en repos, jusqu'à ce qu'elle ait déposé sur le sol tout le limon qu'elle tenait en suspension ; une petite vanne ou un coup de houe lui donnent alors issue, soit dans un compartiment inférieur, soit dans un fossé de desséchement. C'est en hiver ou de bonne heure au printemps qu'on doit limoner les prairies, avant la reprise de la végétation. Mais nous répétons ce que nous avons déjà dit, à savoir qu'il ne faut procéder que petit à petit dans le limonage, parce qu'une couche trop épaisse entrerait promptement en fermentation et détruirait toute végétation. Aussi, après que la prairie est ressuyée, doit-on avoir soin d'y promener une herse renversée sur le dos, ou une herse d'épines, pour rompre la couche de limon qui formerait une croûte compacte et étoufferait l'herbe. Un léger limonage renouvelé tous les trois ou quatre ans suffit pour entretenir et augmenter la fertilité d'une prairie.

Dans beaucoup de circonstances, on pourrait colmater beaucoup de terrains marécageux, ainsi que beaucoup de prairies que leur situation au-dessous du niveau des ruisseaux ou rivières expose chaque année aux inondations. On créerait ainsi une grande richesse à peu de frais (1). Seulement, le colmatage suppose chez un certain nombre de propriétaires riverains une concordance de vues bien rare et bien difficile à obtenir. Ce n'est pas tout de prendre les eaux, en effet, de les faire entrer ; il faut encore s'en débarrasser quand elles ont produit leur effet utile, les faire sortir par les fonds inférieurs. Aucune loi ne donne le droit de contraindre un propriétaire qui refuse de laisser colmater son fond, et de recevoir les eaux. Il a même pour lui l'art. 640 du code civil qui ne l'oblige à recevoir que les eaux décou-

(1) On cite, comme travaux de ce genre, le comblement de l'étang de Capstang dans le département de l'Aude, d'une superficie d'environ 2,000 hectares, et celui de l'étang de Mauguillot, comblé par les dépôts du Vidourle, sorti des Cévennes.

lant naturellement du fonds supérieur. Il n'en est pas de
même en Toscane, où un rescrit de Léopold Ier porte : « Les
propriétaires des fonds riverains, ou plusieurs propriétaires
ensemble peuvent élever leurs terrains avec les eaux troubles des fleuves navigables ou non navigables, ou avec celles
des fossés et torrents, sauf le consentement qu'ils doivent
obtenir de l'autorité, de la quelle dépendent les fleuves,
fossés et torrents. Toutes les fois que le propriétaire d'un
fonds enclavé dans d'autres fonds, que l'on veut élever,
ne consent point à cette entreprise, il sera obligé de laisser
élever son fonds, s'il en est requis par la majorité des propriétaires, en nombre et en contenance, sauf le paiement de
tous les dommages qu'il pourrait en souffrir, et sauf l'impu-
tation de l'amélioration que sa terre peut en recevoir. » Ce
qu'on a fait en France pour l'irrigation et pour le drainage,
pourquoi ne le ferait-on pas pour le colmatage ?

Le colmatage est une opération fort répandue en Toscane,
et dès 1820, on y proposait, au moyen des eaux du Serchio
et de l'Arno, d'élever la vallée de ces rivières et de colmater, assainir et rendre à l'agriculture les marais pestilentiels
du lac de Massaciuccoli. Les merveilles que les Toscans ont
fait produire à l'Arno dans le val de Chiana sont célébres
dans les fastes de l'agriculture. C'est par le colmatage que
fut en partie conquise sur l'Isère, la riche vallée du Grési-
vaudan. Dans le département de Vaucluse, à Cavaillon, une
population laborieuse de quelques mille âmes a créé 2,000
hectares de jardins et prés arrosés, qui jadis n'étaient que
des graviers délaissés par la Durance ; de sorte que cette
rivière fournit elle même le sol qu'elle fertilise. « Sur les
« bords d'un grand nombre de ruisseaux et de rivières, en
« France, dit M. Hervé-Mangon, on a transformé en excellentes
« prairies, des grèves stériles, au moyen d'irrigations et de
« limonages. De tous les exemples de travaux de cette espèce
« que l'on pourrait citer, nous nous bornerons à mentionner

« ceux des grèves de la Moselle, exécutés maintenant avec
« succès sur plus de 800 hectares de terrain ». (*Encycl.
prat. de l'agric., art. irrigations*, p. 326).

Dans la Lozère, un propriétaire intelligent, M. Bargné, a
créé par un système particulier de colmatage six hectares
de prairies de montagnes pour son compte, et beaucoup
d'autres pour le compte de ses voisins, dans la commune de
Cassagnas. Nous empruntons le récit de ses opérations au
compte-rendu fait à la société d'encouragement par M.
Hervé-Mangon. La première condition était de stabiliser le
sol par le gazonnement; pour former ces gazons irrigués par
les eaux de pluies, M. Bargné trace de larges rigoles d'arrosage, à très-faibles pentes, à la surface du sol régularisée
autant que possible, ameublie et semée en foin; il établit
ensuite, de distance en distance, dans les ravins, de petits
barrages en pierres sèches, qui jettent les eaux dans les
rigoles d'arrosage. Les eaux arrêtées à chaque pas par les
petits barrages ne peuvent plus acquérir assez de vitesse et
se réunir en masses suffisantes pour devenir dangereuses.
L'entraînement et le ravinement du sol ne sont donc plus
possibles. D'un autre côté, les eaux dérivées dans les rigoles
d'arrosage se déversent lentement sur de grandes surfaces et
laissent déposer les matières limoneuses qu'elles charrient.
Bientôt l'herbe se développe, et le liquide ne s'écoule qu'en
filtrant, pour ainsi dire, à travers le gazon auquel il abandonne ses principaux éléments de fertilité.

Dès lors, le torrent est éteint, selon l'expression de
M. Bargné; le sol, bien loin de se dénuder, comme il le
ferait avant les travaux, s'exhausse et s'améliore à chaque
crue. Des surfaces dénudées presque jusqu'au rocher, se
couvrent d'un riche tapis de verdure et d'une couche de
terre végétale qui atteint en quelques années, $0^m 10$ à $0^m 12$
d'épaisseur.

Lorsque les ravins qui traversent les terres à améliorer

ont une certaine importance, les eaux, en temps de crue, y prennent une vitesse torrentielle (1), et charrient des pierres ou des graviers qu'il faut bien se garder de laisser arriver dans les rigoles d'arrosage et sur les terres gazonnées. M. Bargné emploie dans ce cas, un appareil de son invention, très-simple et fort ingénieux, qu'il convient de signaler, car il permet d'appliquer à des arrosages de colmatage les eaux torrentielles si redoutées jusqu'à présent des irrigateurs. Les eaux du torrent, dans l'appareil de M. Bargné, sont réunies entre deux parapets en pierres brutes. Le fond du lit ainsi encaissé, est garni d'une grille en fer ou en bois, à barreaux espacés de 0^m005 environ, placée au-dessus de la rigole d'arrosage. Une partie de l'eau limoneuse passe à travers la grille et se rend par la rigole d'irrigation, sur les terrains à arroser, tandis que les pierres et les graviers, entraînés par l'excès d'eau, continuent leur chemin dans le lit naturel du torrent.

M. Bargné estime à 180 ou 200 fr. par hectare les frais d'établissement des pelouzes gazonnées ; elles donnent après peu d'années, dans de bonnes conditions, 3,000 kilog. de foin par hectare. Une grande partie de l'arrondissement de Florac pourrait se transformer ainsi en bonnes prairies de montagnes.

Mais voici un projet bien plus grandiose, bien plus audacieux et bien en harmonie avec les grandes idées qui ont cours à notre époque; il ne s'agit de rien moins que de

______

(1) Dubruat a calculé que les substances suivantes sont entraînées :

L'argile à poterie, par une vitesse de........	$0^m,081$	par seconde.
Le gros sable jaune........................	$0^m,217$	—
Le gravier de la grosseur d'un grain d'anis..	$0^m,103$	—
— de la grosseur d'un pois...........	$0^m,189$	—
— de la grosseur d'une fève..........	$0^m,325$	—
Galet de mer arrondi, de $0^m,027$............	$0^m,650$	—
Pierre à fusil anguleuse, de la grosseur d'un œuf...............................	$0^m,975$	—

colmater toutes les Landes de la Gascogne et de transformer ce sol inculte en plaine fertile. Le projet est celui de M. Duponchel, ingénieur des ponts-et-chaussées, et il vient de recevoir l'approbation du savant chimiste et géologue allemand, de Liebig. Il consisterait à prendre les argiles et le calcaire qui manquent aux Landes, sur les montagnes qui les avoisinent, et à faire transporter ces éléments par l'eau; des dérivations sont amenées sur les terrains affouillables et lancées sous des pressions de 30 à 50 mètres, en jets puissants contre le pied des terrains qu'on veut laver; les eaux entraînent jusqu'à 12 p. 0/0 de leur volume de débris minéraux qui, pendant leur trajet ultérieur dans un canal à grande pente et pavé, subissent une sorte de broyage mécanique. Ce limon artificiel serait ensuite distribué par des canaux secondaires.

« Par ce procédé, dit M. L. Figuier, toute rivière qui des-
« cend d'une grande élévation pourrait alimenter une sorte
« de Nil artificiel qui, fonctionnant avec régularité et sans
« perte, irait distribuer son engrais sur tous les points où il
« pourrait aboutir en vertu de sa pente naturelle... Les landes
« de Gascogne, dont les terres stériles occupent plus de
« 1,200,000 hectares, sont merveilleusement situées pour
« l'application de la méthode imaginée par M. Duponchel.
« Il suffirait d'y répandre une couche d'un décimètre de terre
« argileuse, renfermant une proportion convenable d'élé-
« ments calcaires, alcalins, etc., empruntés aux flancs des
« Pyrénées, pour créer une terre végétale d'excellente
« qualité, reposant en outre sur un sous-sol perméable. »

« Le canal de la Neste, qui débouche sur le plateau de
« Lennemezan, fournirait la force nécessaire à la désagré-
« gation et au transport des matières minérales qui seraient
« empruntées aux collines argileuses du Bonès. Ces col-
« lines, hautes de 80 mètres et épaisses de 800 mètres, se-
« raient facilement détruites par des douches tombant sur

« leur sommet. Le canal d'amenée aurait 3^m,50 de largeur
« sur 2^m,50 de profondeur, et sa pente serait d'abord de
« 5 mètres, ensuite de 2 mètres en moyenne. Aux environs
« de Captieux, il se diviserait en deux branches, dont l'une
« irait jusqu'à la pointe de Grave, l'autre se déterminerait
« sur la route de Bayonne à Bordeaux. Des canaux secon-
« daires alimenteraient des rigoles provisoires en bois, qui
« porteraient les limons fertilisants sur tous les points
« voulus.

« Les frais de premier établissement s'élèveraient, d'après
« M. Duponchel, à 10 millions ; la dépense annuelle, y
« compris l'intérêt du capital, n'atteindrait pas 800,000 francs.
« En admettant que les eaux puissent charrier 10 pour 100 de
« troubles, la dérivation de la Neste porterait annuellement
« 20 millions de mètres cubes de limon, suffisant à régénérer
« le sol de 20,000 hectares, à raison de quatre centimes le
« mètre cube, ou de 40 francs l'hectare.

« Ces limons argileux pourraient encore être enrichis
« d'amendements calcaires ou alcalins, obtenus par des
« procédés analogues, au moyen d'une dérivation spéciale
« de la Neste établie vers Arrau, et qui viendrait déboucher
« à l'origine du canal de Bonès. Les frais de cette rigole
« supérieure ne dépasseraient pas 800,000 francs, et la dé-
« pense annuelle n'augmenterait que de 3 à 400,000 francs,
« ce qui porterait à 57 francs le prix de la fertilisation d'un
« hectare de landes, devant acquérir une valeur égale à celle
« des meilleurs terrains naturels. La région stérile des
« Landes pourrait ainsi devenir, en moins de soixante ans,
« la plus riche province de France. »

Nous avons tenu à faire connaître, avec quelques détails,
cette conception hardie, vraiment contemporaine du percement des isthmes, des tunnels sous-marins, des ports de
mer intérieurs et des ballons dirigeables. Le but n'est pas
moins noble et utile que hardi, les dépenses ne sont point

exagérées, tout paraît prévu par les calculs, rien n'est déraisonnable dans les voies et moyens, c'est, en somme, une belle utopie à laquelle les capitaux ne feront pas longtemps défaut, sans doute. C'est de l'association que l'agriculture doit attendre l'essor dont elle a tant besoin, et il ne manque à cette idée qu'un Rotschild ou un Péreire. Qui sait si la Sologne ne devra point à cette même idée le retour de son ancienne richesse ?

Mais toutes les améliorations rurales n'ont point un caractère aussi grandiose, et l'initiative individuelle pourrait souvent tirer des circonstances naturelles un parti fort avantageux. Non moins souvent on pourrait recourir à une puissance trop négligée, l'association, le syndicat des cointéressés et s'entendre pour colmater un grand nombre de sols arides, au moyen de dérivations, de canaux, etc.

On peut considérer comme limonage l'irrigation avec des eaux artificiellement chargées de matières fertilisantes. C'est ainsi qu'on a utilisé en Écosse les eaux d'égoût de la ville d'Édimbourg, et en Italie celles de la ville de Milan qui produisent sept coupes en vert par année ; c'est ainsi que beaucoup de cultivateurs établissent en tête de leurs prairies des réservoirs dans lesquels ils versent, de temps en temps, de la chaux ou de la marne, des fumiers ou des composts, des tourteaux imprégnés de purin ou du purin seul ; un agitateur mû par le vent délaie ces substances dont l'eau se charge et qu'elle entraîne, partie dissoutes, partie suspendues ; par ce moyen, M. Ménard, sur sa belle ferme de Huppemeau, en Sologne, était parvenu à créer autour de sa ferme d'excellentes prairies.

Quant au système d'arrosage par les engrais liquides de la ferme, au moyen de tuyaux souterrains, il a été inventé par un Anglais, M. Huxtable ; la méthode se compose de deux parties : la disposition des étables et le mode de distribution des engrais.

M. Huxtable a supprimé la litière pour ses bêtes à cornes et ses moutons ; ils couchent sur des planches, ou plutôt sur des tringles fixées à des madriers ; dans le premier cas, le plancher a une inclinaison suffisante pour que les urines descendent dans une rigole qui les emmène dans les citernes, et un enfant balaie constamment les matières solides dans la rigole où elles sont délayées avec les urines et chassées en même temps qu'elles ; dans le second cas, tous les excréments solides et liquides passent à travers les claies et, de temps en temps, ces claies étant relevées, on délaie les matières avec de l'eau qu'on chasse ensuite dans les citernes. En France, on a préféré employer pour le sol des étables et bergeries, le ciment Coignet, aussi uni que le bitume, plus solide et qui permet d'obtenir toutes les pentes et de recueillir et délayer tous les engrais qu'amènent dès lors des rigoles. Nous avons vu notamment cette disposition à la ferme de Thauvenay, près de Sancerre (Cher), chez le regrettable baron de Tascher. On emploie fort peu de litières, et les animaux sont toujours tenus fort proprement. On regarde avec raison, en Angleterre, comme beaucoup plus profitable de faire manger la paille par les animaux. M. Huxtable a organisé son système, dans le comté de Dorset, sur deux fermes, l'une peu importante et située dans la paroisse de Sulton-Waldron, dont il est recteur, l'autre d'une superficie de 112 hectares.

« Les déjections des animaux, une fois tombées dans la « fosse pratiquée sous les étables, se rendent par des con- « duits dans un réservoir où elles se mêlent avec de l'eau et « des matières fécondantes ; de là partent d'autres conduits « souterrains qui se prolongent dans tous les sens jusqu'aux « extrémités du domaine. Tous les deux cents mètres envi- « ron, sont placés des tuyaux verticaux qui s'élèvent des « tuyaux de conduite jusqu'à la surface du sol, et dont l'ori- « fice est fermé par un couvercle. Quand on veut fumer une

« partie du terrain, on enlève le couvercle d'un des tuyaux
« verticaux, on y adapte un tube en gutta-percha ; une
« pompe, mise en mouvement par la machine à vapeur, re-
« foule le liquide dans les tuyaux, et l'ouvrier qui tient le
« tube mobile arrose autour de lui comme un pompier dans
« un incendie. Un homme et un enfant suffisent pour fumer
« ainsi deux hectares par jour. On donne de six à douze
« arrosages par an, suivant les circonstances.

« Les frais d'établissement des tuyaux et des pompes re-
« viennent à 100 francs par hectare, quand on emploie des
« tuyaux en terre cuite, à 250 francs quand ils sont en fonte.
« La construction des réservoirs et l'établissement de la
« machine à vapeur constituent une dépense à part, et qui
« ne doit pas entrer en ligne de compte, puisque l'un et
« l'autre sont désormais indispensables dans toute ferme bien
« tenue. La pose des tuyaux devient alors une économie plu-
« tôt qu'une dépense ; on a bien vite regagné en épargne de
« main-d'œuvre et de temps ce qu'on peut dépenser pour
« frais d'établissement et d'entretien, et les résultats qu'on
« obtient sont admirables. Les plantes s'assimilent avec une
« extrême promptitude l'engrais ainsi divisé et distribué en
« pluie ; son effet est en quelque sorte immédiat, et il peut
« être épuisé sans cesse, puisqu'il est sans cesse renouvelé...
« Le rendement moyen est porté à 40 hectolitres de froment,
« 50 hectolitres d'orge, et 60 hectolitres d'avoine par hectare.
« (L. de Lavergne, *Essai sur l'écon. rurale de l'Angleterre*,
« p. 219-220). »

Un riche coutelier de Londres, M. Méchi, a organisé ce
système sur sa propriété de Triptee-Hall, près de Kelvedon,
dans le comté d'Essex ; cette ferme, dont la superficie n'est
que de 68 hectares, entretient, sans compter les chevaux de
travail, cent bêtes à cornes, cent cinquante moutons et deux
cents porcs, soit l'équivalent de deux têtes de gros bétail par
hectare, le tout soumis à la stabulation permanente. Il n'a

presque pas de prés naturels ; la moitié du domaine est en blé et orge, l'autre moitié en racines et fourrages artificiels.

En France, M. Moll, professeur d'agriculture au conservatoire des Arts et Métiers, a fondé, auprès de Paris, à Vaujours, une Société par action pour essayer le procédé des engrais liquides. Il emploie les eaux vannes des immenses réservoirs de Bondy (1). Un cultivateur d'Eragny (Seine-et-Oise) achète à la Société des vidanges, Richer et Cie, des urines au prix de 0^f15 l'hectolitre, et les transporte par bateau ; rendues dans le champ, ces urines lui reviennent à $0^f62,5$ le mètre ; il en emploie 360 hectolitres par hectare pour le froment, 400 hectolitres pour les betteraves et 160 hectolitres pour l'orge. Il obtient 30 hectolitres de froment par hectare, 49 hectolitres d'orge, 64 hectolitres d'avoine, 56,000 kilos de betteraves à sucre, 15,000 kilos de pommes de terre. Tant pour lui que pour le compte de ses voisins, il a acheté, en 1862, 18,720 hectolitres de ce riche engrais.

C'est encore ici, croyons-nous, le lieu de parler de l'irrigation au moyen des eaux chargées de résidus de fabrication d'usines, dont M. Fiévet, de Masny, lauréat de la prime d'honneur (Nord) a su tirer un si avantageux parti. Nous en avons parlé déjà à la page 139. Nous n'ajouterons que quelques renseignements à ceux que nous avons déjà

(1) Les eaux vannes sortant des bassins où se fabrique la poudrette, étaient déversées dans la Seine ; un échantillon de ces eaux, pris au débouché de la conduite qui les amène du dépotoir de Montfaucon à Bondy, d'une densité de 1,023, et analysé par M. Boussingault contenait, par litre, $4^{gr},42$ d'azote, $991^{gr}20$ d'eau et d'acide carbonique, $12^{gr},80$ de matières organiques azotées, $5^{gr},24$ d'ammoniaque, soit à l'état de sels fixes, soit sous celui de carbonate, $1^{gr},35$ d'acide phosphorique, $1^{gr},59$ de chaux, $0^{gr},79$ de sable ou silice. Ces eaux ne seraient donc pas assez riches pour supporter un transport ; mais employées sur place, elles peuvent produire des effets très-économiques.

donnés. M. Fiévet a été tellement satisfait des résultats obtenus en 1863 par ses irrigations, sur une partie des cultures de lin, qu'il a résolu de les étendre encore. Une grande pièce, située sur la commune d'Ecaillon, semée par moitié en lin, recevra entièrement un arrosage par rigoles de niveau. Pour ouvrir ses rigoles, M. Fiévet se sert d'un simple binot, dont il surveille lui-même la direction. Il le fait marcher dans le sens des pentes pour l'irrigation par sillons, en ayant soin d'établir des rigoles principales sur les faîtes. Pour l'irrigation par rigoles de niveau, il fait suivre au binot les lignes d'égal niveau, en plaçant les rigoles principales suivant les lignes de plus grande pente. Pour faire tous ces travaux, pour les entretenir, pour placer et déplacer les barrages, consistant en petites vannes mobiles, il a un irrigateur qui est payé à raison de 2ᶠ25 par jour. (*J. A. Barral, journ. d'agric. prat.* 20 avril 1864. p. 417).

Dans la Flandre, on fait grand usage de ce qu'on nomme l'engrais Flamand ; c'est un mélange de matières fécales et d'urines, d'une densité de 1,014 à 1,031, qu'on va chercher dans les villes avec des tonneaux d'une contenance de 120 litres, et qu'on dépose dans des citernes en maçonnerie établies le long des chemins et des champs ; là s'opère une fermentation favorable après laquelle on répand le liquide sur les prés ou sur les plantes en végétation. Dans les analyses de M. Girardin, un litre d'engrais flamand d'une densité de 1,031 contenait 9 grammes 16 d'azote, et en outre :

Eau	980ᵍʳ	37
Matières organiques azotées et non azotées	26	59
Ammoniaque toute formée	7	63
Acides phosphorique, nitrique, sulfurique, sulfhydrique, carbonique, potasse, chlore, alumine, magnésie, soude, etc.	11	34
Silice et oxide de fer	5	07
TOTAL	1,031ᵍʳ	00

C'est donc un engrais fort riche, mais dont l'action dure à peine une année. Un hectolitre d'engrais flamand fermenté, égale en action immédiate 250 kilos de fumier de cheval ; mais à la fin de l'année, il n'en reste plus rien dans le sol. Cet engrais se répand au moyen de tonneaux montés sur des roues, et munis d'un robinet qui verse sur une sorte de crible, ou bien il se transporte au moyen d'une brouette à baquet dans laquel on puise avec une écope pour en asperger le sol.

CHAPITRE XVIII

GRANDS TRAVAUX D'IRRIGATION ET DE DÉSSÈCHEMENT.

A côté du précepte il est toujours bon de placer l'exemple, lorsque surtout il s'agit d'agriculture, d'un art où tout dépend des circonstances et où les circonstances sont variables à l'infini. C'est pourquoi nous regardons comme indispensable de placer ici l'historique des travaux entrepris par quelques hommes modestes et habiles, afin de les proposer à l'imitation de tous. On ne sait pas assez, en France, combien d'hectares de terre incultes ou de peu de valeur, pourraient avec peu de dépenses et de soins, mais avec un peu d'intelligence, être convertis en prairies d'un grand rapport qui changeraient toute l'économie de la ferme par la production d'une plus grande masse de fourrages et conséquemment d'engrais. Que faut-il pour cela, souvent ? Le coup d'œil du praticien qui sait détourner une source, faire une prise d'eau, exécuter un nivellement, assécher par un fossé, un drain ou une simple rigole ; moins que rien parfois. D'autres fois, ce sont de gigantesques travaux entrepris par l'État sur la sollicitation des conseils généraux, par une société de capitalistes ou de propriétaires, par un agriculteur riche et instruit, parfois par un simple cultivateur avec les ressources de sa seule intelligence.

§ 1. Irrigations.

Parlons des grands travaux d'irrigation d'abord, et commençons par les canaux exécutés, soit par l'État seul, soit par des compagnies avec son aide. En 1843, M. Nadault de Buffon évaluait à 96, 300 hectares la superficie arrosée par des canaux d'irrigation en France ; ces terres se répartissaient ainsi qu'il suit, entre quatorze de nos départements méridionaux :

	hectares.		hectares.
Basses-Pyrénées......	3,000	Vaucluse.............	8,600
Hautes-Pyrénées......	6,100	Basses-Alpes.........	3,600
Pyrénées orientales...	12,900	Bouches-du-Rhône. ...	23,600
Aude..	5,200	Drôme..............	6,000
Haute-Garonne.. ...	4,000	Isère.	4,000
Arriége.	1,300	Hautes-Alpes.........	13,250
Gers...............	1,100	Var................	3,650

Il évaluait, à la même époque, la superficie arrosée au moyen de canaux d'irrigation, dans le Piémont, à 110,000hectares, et en Lombardie à 315,000 hectares. Depuis cette époque, dans ces deux pays comme en France, la superficie irriguée par ce moyen, adu notablement s'étendre, puisque en France, les principaux canaux, dont nous donnons la liste ci-jointe, arrosent à eux seuls 96,550 hectares, et que l'état en projette encore de nouveaux, au nombre de 101, qui arroseraient 222,000 nouveaux hectares. Aucunes dépenses ne sauraient être plus fructueuses, non pas seulement dans la région du midi, mais encore dans le centre, l'est et l'ouest de la France et aussi dans quelques départements du nord.

DÉSIGNATION des CANAUX.	RIVIÈRES fleuves ou torrents qu'ils dérivent.	DÉPARTEM. qu'ils arrosent.	LONGUEUR du canal en kilomètres.	NOMRBE d'hectares qu'il arrose.
Du gave de Pau	Gave de Pau.	Bass.-Pyrén.	»	3,000
Du gave d'Ossau.	Gave d'Ossau.	—	»	6,000
D'Alaric.	Adour.	Haut.-Pyrén.	40	2,200
De la Gespe.	—	—	12	1,400
De Tarbes.	—	—	10	1,950
De Perpignan (las canals).	La Tet.	Pyrén.-Orien.	30	1,800
De la robine de Narbonne.	Aude.	Aude.	32	5,000
Du Bazer.	Garonne.	He.-Garonne.	40	2,000
De Carpentras.	Durance.	Vaucluse.	78	6,000
De Vaucluse.	La Sorgue.	—	80	2,000
De Crillon.	Durance.	—	14	1,800
De Cavaillon.	—	—	»	3,400
De la Brillane.	—	Basses-Alpes.	19	2,000
De Marseille.	—	Bouches-du-Rhône.	92	6,000
De Peyrolles.	—			2,200
De Château-Renard.	—	—	»	1,800
De Craponne.	—	—	130	13,500
Des Alpines.	—	—	160	32,000
De Pierrelatte.	Rhône.	—	26	7,000
De la Romanche.		Drôme.		2,500
	La Romanche.	Isère.	»	
De St-Martory à Toulouse.	Garonne.	He-Garonne.	67	3,000
Totaux..........................			863	96,550

Dans l'exposé de la situation de l'Empire présenté aux Chambres par l'Empereur en janvier 1865, nous lisons ce qui suit : « Des études relatives à l'irrigation ont été pour- « suivies, en 1864, dans vingt-six départements du centre et « du midi de la France. Ces études s'appliquent à cent un « canaux d'irrigation, destinés à arroser 222,000 hectares. « Les projets ainsi rédigés par les soins de l'administration « servent de base à des concessions qui peuvent être faites, « soit à des compagnies particulières, soit à des villes ou « départements, soit à des associations syndicales formées « des propriétaires intéressés. Quatorze décrets de ce genre, « s'appliquant à une superficie de 18,360 hectares ont été

« rendus en 1864. Les principales concessions sont celles
« des canaux de Beaucaire (Gard) et d'Aubagne (Bouches-
« du-Rhône) ; on a préparé en outre la concession désormais
« prochaine du canal de Saint-Martory à Toulouse. La dé-
« pense de construction de l'ensemble des canaux dont nous
« venons de parler est évaluée à quatre-vingt-dix millions
« environ, mais elle devrait produire au territoire arrosé
« une augmentation de valeur d'au moins trois cent qua-
« rante millions de francs, c'est-à-dire une plus value
« presque quadruple de la somme dépensée. » Bravo ! voilà
qui s'appelle savoir dépenser pour gagner !

Nous devons dire pourtant que l'État n'a point toujours
été aussi généreux pour les canaux. Adam de Craponne
avait conçu le projet d'un canal dérivant les eaux de la
Durance au Pic Béraud, traversant une partie de la Crau,
pour porter sur son passage et la fraîcheur et la fertilité.
L'autorisation lui fut accordée le 27 août 1554, et cinq ans
plus tard, à peine, les travaux étaient terminés ; le canal
traversait dix-huit communes, et arrosait 13,500 hectares.
Mais Adam de Craponne ruiné est obligé de céder à ses
créanciers tous ses droits à la propriété du canal, d'aliéner
les moulins à blé et à huile qu'il a fait construire ; enfin, il
est évincé par l'acte constitutif du 20 octobre 1571. Pierre,
Paul de Riquet, seigneur de Bonrepos ne fut pas plus heureux dans l'exécution du canal du midi dont il avait présenté le projet à Colbert ; il reçut le 27 mai 1665 l'autorisation de commencer les travaux et mourut au moment de
les achéver le 1er octobre 1680. Le canal fut terminé l'année suivante par les soins de son fils et la réception définitive en eut lieu en juillet 1684. Le conseil d'État décida que
Riquet avait rempli tous ses engagements. Mais il avait
épuisé sa fortune dans l'entreprise qui devait faire la gloire
et la richesse de sa province. Il laissait à ses enfants, au
lieu d'un riche patrimoine, des dettes pour plus de deux

millions. Le canal d'une longueur de **220** kilomètres environ, avait été construit en quinze années, et n'avait coûté que **17** millions, qui en vaudraient aujourd'hui près de **40**. Ce ne fut que **40** années plus tard, vers **1724**, après l'extinction des dettes du fondateur que le canal produisit un revenu pour les héritiers de Riquet. A l'époque de la révolution, ce canal appartenait à la famille de Caraman entre les mains de laquelle il fut confisqué. Dupont de Nemours calculait en **1797**, que le canal du midi avait augmenté de **20** millions le revenu des propriétés territoriales, de cette partie de la France, et produit au trésor public, en taxes et impôts divers, en un siècle seulement, plus de **500** millions !

Aujourd'hui, c'est à l'association des capitaux qu'on demande les ressources nécessaires pour de semblables travaux, et rarement l'État les exécute à ses risques et périls ; il subventionne et concède, c'est tout ce qu'il peut et doit faire ; il faut enfin habituer les cultivateurs français à compter sur leur propre initiative.

Les historiens nous disent combien furent multipliés les canaux d'irrigation dans la Mésopotamie ; les Chinois ont connu, dès la plus haute antiquité, la pratique des canaux et l'art de contenir les eaux au moyen de barrages munis de vannes. Les peuples de l'ancienne Égypte n'étaient pas moins avancés ; outre les canaux de navigation dont plusieurs sont gigantesques, ils avaient creusé encore six mille canaux destinés à l'irrigation des terres, afin de répandre sur le sol desséché les eaux surabondantes du Nil.

La Chine, cette contrée industrieuse qui, en tant de points a précédé la civilisation européenne, n'est pas restée en retard quant aux grands travaux d'irrigation ; aussi, voyons-nous, en l'an **242** de l'ère chrétienne, l'empereur, sur la proposition du ministre secrétaire d'État, Teng-aï, faire ouvrir une tranchée pour conduire une partie des eaux du Fleuve-Jaune vers la rivière Pien qui rejoint le Hoaï, élever des digues, creuser 120 kilomètres de canaux, afin d'arroser une surface de 120,000 hectares. L'an 720, Cheusi, gouverneur de Thoug-Tchéou, endigue le Fleuve-Jaune près de Tchao-y, fertilise 12,000 hectares par des prises d'eau sur les rivières Kouan et Lô, et y forme dix colonies agricoles. En 1228, Meng-Kong, gouverneur du Tsé-Tchouen, irrigue 600,000 hectares à Tsao-Yang et met ainsi en valeur, par des colonies, plus de 1,100,000 hectares. (Biot, *Mém. sur les colonies militaires et agricoles de la Chine*).

Voyons ce qui s'est fait en Italie d'abord : c'est un ingénieur en chef des mines, M. Michel Chevalier, qui parle d'après M. Nadault de Buffon. « La principale région irri-« gable du Piémont, comprise entre l'Orco et le Tessin, est « arrosée par une série de canaux construits successive-« ment du XIVe siècle jusqu'à nos jours, les uns aux frais « d'associations, les autres à la charge de l'État. Des ter-« rains, ceux-ci marécageux, ceux-là d'une aridité qu'on « supposait incorrigible, se sont ainsi changés en fertiles « campagnes, et ressemblent maintenant aux plus riches « contrées de l'Europe. Ce prodige a été accompli à l'aide « des canaux d'Ivrée, de Cigliano, de Saluggia, del Rotto, « della Camera, qu'alimente la Doire - Baltée, de celui « de Caluso, dérivé de l'Orco, des Roggie Mora, Busca, « ruzza Biraga et Gattinara, sortant de la Sesia ; du Navi-« glio-Langosco, et du Naviglio-Sforesca, qui prennent « leurs eaux dans le Tessin ; enfin du canal Charles-Albert, « imparfait encore, qui se nourrit de la Bormida, et d'autres « moindres qui puisent dans la Chiusella et dans l'Elvo. « Elles forment un total de 110,000 hectares, divisés ainsi :

Irrigations des canaux du gouvernement..	41,800 hectares.
Irrigations des canaux particuliers ou communaux..............................	68,200 —
TOTAL..................	110,000 hectares.

« C'est plus que la France entière, et pourtant c'est peu,
« comparativement à la Lombardie. C'est qu'ici, on avait
« la ressource des grandes nappes d'eau situées au pied
« des Alpes, le lac Majeur et le lac de Côme, d'où s'échap-
« pent de puissantes rivières, le Tessin, bien autrement
« fort que lorsqu'il traverse la Suisse avant de se jeter dans
« le lac Majeur et l'Adda. La plaine de douze cent milliers
« d'hectares comprise entre le pied des Alpes et le Pô, a
« été couverte d'eau là où elle était aride, et asséchée par
« des saignées là où elle était marécageuse. Dès le XIIe siècle
« le grand canal du Tessin fut creusé ; adapté aujourd'hui
« à la navigation comme à l'arrosage, il porte le nom de
« Naviglio-Grande. Tour à tour, les siècles y ont ajouté di-
« verses lignes. Des hommes de génie ont déployé dans
« cette œuvre les ressources de leur esprit. Le Naviglio-Grande
« a cent vingt bouches, donnant naissance à un pareil nom-
« bre de canaux qui ont généralement une grande lon-
« gueur; plusieurs portent bateau. L'Adda alimente de
« même le canal de Muzza et celui de la Martesana. Les
« provinces de Bergame, Crême et Crémone sont sillonnées
« aussi par des dérivations de l'Adda, de l'Oglio, du Serio,
« du Brembo; l'Oglio encore, avec la Molla et la Chiese,
« fournit des eaux à la province de Brescia. Le Mincio et
« diverses moindres rivières servent à arroser les pro-
« vinces de Mantoue et de Vérone. En résumé, la Lom-
« bardie présente 315,000 hectares supérieurement arro-
« sés, dont 146,000 dans le Milanais proprement dit. »
(*Journal d'agriculture pratique*, novembre 1843, pages 195-
196).

Passons en Espagne, où nous trouverons l'art des irrigations établie depuis une antiquité reculée. Les tribus arabes
que, au VIIIe siècle, Taric et Moussa conduisirent en Espagne, avaient été recrutés à la fois chez les Ismaélites,
pasteurs nomades répandus dans le nord de l'Arabie et chez

les Sabéens, agriculteurs civilisés qui en habitaient le midi, appelé du nom d'Yémen. Or, les Arabes de l'Yémen connaissaient depuis longtemps les irrigations, les canaux, les barrages. Le pays de Saba, en effet, ou Mahreb, avait été longtemps inhabitable, parce que, situé au débouché des montagnes, il était exposé à de brusques et violentes inondations qui le ravageaient et entraînaient sur leur passage toute la culture et toutes les richesses de la campagne. Enfin, un roi de ce pays, nommé Lokman, fils d'Ad, remédia à ce fléau ; il détourna une partie des eaux qui se versaient sur le pays de Mahreb, et pour retenir l'impétuosité des autres, il fit construire un grand barrage, à l'endroit où la vallée s'ouvre dans la plaine. De cette manière, lors des crues, les eaux s'amoncelaient derrière le barrage en formant un réservoir considérable qui, sagement ménagé, fournissait ensuite, au moyen d'écluses, à l'irrigation de toute la contrée qui devint dès lors une des plus florissantes de l'Yemen, une des plus peuplées et des plus puissantes, jusqu'au jour où l'écroulement subit de la digue ravagea le pays, et dispersa sa population et ses richesses. M. de Sacy fixe cet événement au milieu du second siècle de l'ère chrétienne.

Dès que les Arabes se furent établis dans leur conquête, leur premier soin fut de la fertiliser ; c'est surtout par les irrigations qu'ils cherchèrent à augmenter la production du sol. Là, comme en Provence, ils creusèrent des canaux, élevèrent des aqueducs dont un grand nombre existent encore, véritables ouvrages d'art, portant partout, sous ce climat aride, la fraîcheur et la vie au milieu des déserts. Abn-el-avam, au xiiᵉ siècle, parle encore avec reconnaissance de ces travaux. Mais au xviiᵉ siècle (1609), Philippe III rendait contre les descendants des Mauresques un arrêt de bannissement qui priva l'Espagne d'un million de travailleurs laborieux et remplis d'industries. Quoique, depuis lors, l'art de l'irrigation soit dans ce pays bien déchu et bien négligé, on n'y compte pas moins encore :

Riégos, terres arables arrosées	2,000,000	hectares.
Prairies non arrosées	6,500,000	—
Prairies arrosées	250,000	—

Les terres et prés arrosés se vendent en moyenne 2,430^f,45 l'hectare, tandis que les secanos ou terres non arrosées n'atteignent qu'une valeur de 233^f,75 dans la province de Caceres ; dans celle de Cadix, les proportions sont de 4,391 francs pour les terres arrosées, et de 380 francs pour celles non arrosées (M. Block).

L'Italie connut de bonne heure aussi l'utilité des irrigations sous un aussi chaud climat. Tite-Live rapporte que, tandis que les Romains faisaient le siége de Veies (398 avant J.-C.), le lac d'Albano s'exhaussa subitement et que l'oracle de Delphes annonça que la ville ne serait prise que lorsque les eaux du lac auraient reçu leur écoulement ; on se mit immédiatement à l'œuvre, autant peut-être pour fertiliser par les eaux tirées du lac une partie de la campagne romaine que pour obéir à l'oracle ; en moins d'une année, on creusa à travers la colline d'Albano un canal de 3 kilomètres de longueur, en pierres de taille, décoré à ses deux extrémités de vastes châteaux d'eau, le lac fut épuisé et Veïes se rendit. Sous l'empereur Claude, on tenta aussi le desséchement du lac Fucin, auquel travaillèrent trente mille hommes, d'après Pline, entreprise qui échoua aussitôt qu'elle fut terminée, parce que le canal s'écroula sous les efforts de l'eau. Nous avons dit plus haut les efforts accomplis par l'Italie moderne pour remédier par l'arrosement à la sécheresse de son climat.

Continuons notre excursion en Europe; nous voici en Belgique. « La Campine, dit M. J. Valserres, est un vaste « pays de sable et de bruyères qui s'étend sur les pro-

« vinces d'Anvers et du Limbourg. On évalue sa superficie
« à 200,000 hectares. Cette Sologne belge était, il y a un
« demi-siècle, presque complétement déserte ; mais à me-
« sure que la population s'est accrue et que les subsistances
« sont devenues plus rares, il a fallu songer à la mettre
« en culture. Des hommes entreprenants de la Flandre et
« de la Hollande sont venus porter sur cette terre maudite
« leurs capitaux et leur intelligence ; un courant d'émigra-
« tion s'est dirigé vers la Campine. Pour favoriser ces émi-
« grations, le gouvernement belge a construit un canal de
« Maestricht à Anvers, qui traverse tout le désert. Mais ce
« canal ne sert pas seulement à la navigation ; ses eaux très-
« abondantes, dirigées sur les terres, ont permis de former
« de magnifiques prairies irriguées. Plus récemment en-
« core, le gouvernement belge a concédé à une compagnie
« une ligne ferrée qui part de Contich et se dirige à travers
« la Campine... Le sol de la Campine, déjà en culture, se
« compose de sable mélangés de détritus de bruyères et de
« fumiers. Très-perméable de sa nature, il craint beaucoup
« la sécheresse, et réclame pour produires, des fumures
« annuelles... La valeur des terres labourables varie de
« 1,500 à 2,000 francs l'hectare ; les prairies irriguées se
« vendent de 3 à 4,000 francs. Les bonnes terres se louent
« 50 à 60 francs et les prairies rapportent de 150 à 230
« francs. (Journ. *le Constitutionnel* du 17 octobre 1856). »
On estime, dit M. Hervé-Mangon, que les bienfaits de l'irrigation pourront s'étendre sur 25,000 hectares environ ; déjà
près de 3,000 hectares sont en pleine culture. La dépense
d'établissement des travaux préparatoires à l'irrigation s'é-
lève en moyenne à 130 francs par hectare (1).

(1) Dans le Brabant septentrional, un petit ruisseau, le Dommel, a
fertilisé des prairies qui donnent 12,000 kilogrammes de foin sec, et
4,000 kil. de regain à l'hectare (Kœlhoff). Dans la commune d'Overpell,
l'irrigation donne sans engrais, chaque année : une coupe en vert, une
récolte de foin, et un regain.

En Angleterre, on compte environ 44,000 hectares de prairies irriguées avec soin, malgré l'humidité constante du climat. Grâce aux efforts du duc de Portland, on a entrepris, assez récemment, dans le comté de Nottingham, de gigantesques travaux d'irrigation, aux portes mêmes de la ville de Mansfield. Les eaux d'une petite rivière ont été détournées pour former un large canal qui arrose 160 hectares. Ce beau travail a coûté un million. Le produit brut qu'on en retire aujourd'hui est évalué à 6 ou 700 francs par hectare (1). On y fait deux coupes de foin par an, plus un regain à pâturer. (L. de Lavergne, *Essai sur l'écon. rur. de l'Angleterre*, p. 296.) Dans ses possessions de l'Inde, le gouvernement n'a pas craint d'entreprendre de construire le plus grand canal du monde, dérivé du Gange, pour arroser 162,761 hectares dont le produit annuel est évalué à 48,782,350 francs.

En 1844, l'honorable M. d'Angeville établissait le rapport suivant des prairies aux terres arables dans les principales contrées de l'Europe : Un hectare de prairies pour un hectare de terres en Angleterre, en Hollande et en Suisse ; pour 2 hectares 50 en Würtemberg et en Bavière ; pour 3 hectares en Allemagne, en Prusse et en Autriche ; pour 3 hectares 50 ares en Italie, et pour 5 hectares 33 ares en France. Il posait en outre en fait que nous pouvions créer 2,166,000 hectares de nouveaux prés, qui nous donneraient une proportion de l'hectare de prairies pour 3 hectares 50 ares de terres arables, et accroîtraient le revenu de 216 millions de francs. De 1840 à 1858, nous avons créé 962,000 hectares de prairies nouvelles (2) ; c'est beaucoup,

(1) Ce n'est qu'en Angleterre, dit M. Eug. Gayot, qu'on trouve des herbages qui se vendent 20,000 francs l'hectare.

(2) D'après la statistique officielle, la superficie consacrée aux prairies naturelles en 1840 était de 4,198,000 hectares ; d'après les mêmes documents officiels, elle s'élevait en 1858 à 5,160,000 hectares. Mais le pro-

il est vrai, mais ce n'est pas assez. C'est grâce à l'habileté, à l'intelligence, au dévouement de l'élite de nos cultivateurs que ce progrès s'est accompli ; ce sont surtout les concours de la prime d'honneur, assez récemment instituée, qui nous ont révélé les noms de la plupart d'entre eux. Il n'en est que plus regrettable que l'administration n'ait pas encore cru devoir publier ces comptes rendus après en avoir supprimé seulement ce qui a trait à la situation financière des candidats. Aussi en sommes-nous réduits, le plus souvent, à une simple énumération des travaux accomplis.

Néanmoins, nous avons cru utile d'indiquer ici ces exploitations modèles où chacun, dans sa région, pourra trouver à la fois un exemple, des conseils, et un motif d'émulation.

Commençons par le Midi. Dans le Tarn, c'est M. Maurice. Avy qui, avec un bon traitement des fumiers, recueille soigneusement le purin dans une fosse spéciale pour l'employer à l'irrigation de ses prairies ; dans les Pyrénées-Orientales, c'est M. Germain Cuillé, directeur de la ferme-école de Germainville, qui draine toutes ses terres, et emploie ces eaux de drainage à l'irrigation des cultures et des prairies ; dans l'Aveyron, c'est le lieutenant-général Tarayre, dont les soins ont transformé le vaste domaine négligé de Billorgues, en une riche exploitation, qui a créé une prairie de 42 hectares sur un précipice jadis inculte, raboteux et couvert de ronces ; dans le même département, M. Guéraud a créé, à l'aide d'une source heureusement découverte, 8 hectares de prairies naturelles ; dans l'Arriége, c'est M. Lamarque, dérivant une partie d'une rivière pour arroser une prairie de 10 hectares sur un terrain préalable-

duit s'est élevé dans une bien plus forte proportion par l'extension donnée aux irrigations, et l'amélioration apportée aux anciennes prairies par l'assainissement, les engrais et les meilleurs soins.

ment défoncé. M. de Gasparin, dans son *Guide du propriétaire de biens ruraux affermés*, raconte que son oncle,
M. Dumas d'Orange, au moyen d'une dépense de 12,000 fr.
de canaux d'égout pour amener les eaux de la ville, et de
15,000 francs pour creuser dans le roc à travers une montagne un canal qui lui amenât de l'eau, porta de 13,000 à
100,000 francs, en la convertissant en prairie, la valeur
d'une terre arable.

Dans le Centre, nous citerons : en Auvergne, M. Herbeys
qui, construisant un canal de 28 kilomètres de longueur,
dérive les eaux de la Severaise, et arrose 301 hectares
de terres et prés ; le canal, qui a coûté à peine 100,000 francs,
a permis de créer une valeur de 1,368,000 francs ; dans le
Puy-de-Dôme, M. Baudet-Lafarge dut en partie la prime
d'honneur de culture à l'augmentation de ses prairies naturelles, qu'il a en outre améliorées par des irrigations
mieux entendues. L'un des concurrents de M. Baudet,
M. Vayron a employé l'eau de drainage des terrains supérieurs sur une superficie de 15 hectares au moins de prairies qu'il a ainsi pu irriguer ; dans la Creuse, M. de
Montagnac a su tirer parti de toutes les ressources qui pou-
vaient s'offrir pour l'irrigation ; dans la Vienne, M. le baron
de Nexon a assaini, créé, irrigué ou amélioré 28 hectares
de prairies; dans l'Allier, M. Larzat a assuré sa production
fourragère par un système d'irrigation bien entendu ; M. de
Veauce a créé une grande superficie de prairies arrosées ;
M. de Montaignac a su tirer un parti avantageux des eaux
des sources, des ruisseaux et du drainage pour améliorer ses
prairies anciennes par l'irrigation, et en créer des nouvelles.

Nous lisons dans le *Journal politique* (24 avril 1865) :
On annonce, comme décidé en principe, le projet de creu-
sement d'un canal destiné à arroser le plateau de la Beauce,
qui manque à peu près complétement d'eau. M. Collin, in-

génieur en chef du canal latéral à la Loire, chargé, par le ministre des travaux publics, de procéder aux études définitives, aurait proposé d'établir la prise d'eau d'alimentation sur la partie de la Loire comprise entre Cosne et la Charité. Il reste encore à décider si le canal ne devra servir qu'à l'arrosage, ou s'il sera en même temps navigable, comme le demandait déjà Vauban ; car le canal en question a été reconnu nécessaire et projeté sous le règne de Louis XIV, et même, paraît-il, sous Henri IV. Les plans dressés par Vauban existent, et aujourd'hui encore, le mieux serait de les exécuter et de se dispenser d'en dresser d'autres. (Ch. Baert.)

A l'Est, les exemples de progrès ne sont ni moins nombreux ni moins frappants Nous. citerons, dans l'Ain, M. Puvis de si regrettable mémoire, qui, avec une dépense de 19,000 francs, avait irrigué plus de 92 hectares de prairies et obtenu dans le produit une augmentation de 207,000 kilogrammes de foin ; en outre, et avec une dépense de 20,150 francs il avait su établir 38 hectares de prairies nouvelles produisant 217,000 kilogrammes d'excellent foin, sur des terres jusque-là presque sans valeur ; dans le Rhône, M. de Taluyers, possesseur d'un domaine affermé 1,200 francs et formé d'une terre végétale d'à peine $0^m,12$ à $0^m,14$ d'épaisseur, reposant sur un granit, et situé dans la région montagneuse du Pilat, près de Lyon, résolut de métamorphoser cette mauvaise terre à seigle en de belles prairies ; cette œuvre, il l'a accomplie en creusant un réservoir artificiel de 4,732 toises cubes qui reçoit les eaux pluviales qui descendent des coteaux voisins et qui lui a suffi pour arroser complétement 33 hectares de prairies, lesquelles lui donnent 4,000 quintaux métriques de foin. Avec une dépense de 20,000 fr., il a ainsi porté son revenu de 2,000 à 10,000 francs, et a placé son argent à l'intérêt de 44 p. 100. Dans la Loire, M. le marquis de Poncins a converti 20 hectares de terres en prés arrosés, en construisant deux levées contre la Loire et une digue contre le Lignon ; avec une dépense de 43,500 francs, il a augmenté son revenu de 7,900 francs et son argent lui rapporte 19 p. 100 d'intérêt. (De Gasparin, *Biens ruraux affermés*, p. 367, 369.) Dans le Saône-et-Loire, M. le comte d'Esterno a créé 300 hectares de prairies arrosées, avec une dépense moyenne de 300 francs par hectare. Dans le même département, M. Rey, maire d'Autun et directeur de la ferme-école de Tavernay, avait converti en prairies arrosées valant 5,000 francs l'hectare cinq ans plus tard, des terres qui, auparavant, ne se vendaient que 900 francs. Dans la Côte-d'Or, MM. Bordet et Léonard Robert ont montré l'exemple et la pratique d'un bon système d'arrosement. Dans la Meurthe, M. Pargon, après avoir exécuté plus de 15,000 mètres de drainage, a établi, au moyen de nivellements considérables, un système complet d'irrigation et créé une grande étendue de bonnes prairies. Dans le même département, M. Binger a conquis sur la Moselle, par des colmatages et des irrigations, 82 hectares de prairies ; M. Cerfbeer, auprès de Sarrebourg, a construit de vastes étangs-réservoirs dont il a fructueusement employé l'eau sur des prairies créées par ce moyen. Dans la Moselle, M. Dutacq aîné, dont nous avons assez longuement déjà décrit les travaux, a su enlever à la Meurthe et à la Moselle, par des canaux et l'irrigation, une grande superficie de grèves stériles qu'il a converties en prairies fécondes ; il est parvenu, en outre, à former plusieurs sociétés de capitalistes pour exploiter cette belle opération dont on évalue le revenu annuel à 200,000 francs. En Savoie, M. Millioz a pu créer, par son intelligente habileté, une certaine étendue de prairies arrosées. Dans les Vosges, notamment aux environs de Rémirémont et de Saint-Dié, les petits propriétaires, en s'associant, sont parvenus à convertir des grèves tout à fait stériles en prairies à deux et trois coupes, valant aujourd'hui plus de 6,000 francs l'hectare. (Moll, *Man. d'agric.*, p. 142.)

Dans la région occidentale, nous trouvons : M. Rieffel, directeur de l'École impériale d'agriculture de Grand-Jouan, qui, sur d'anciennes landes de Bretagne, avec des assainissements, un réservoir et des nivellements, aidé par un irrigateur des Vosges, a pu établir, au prix de revient de 280 francs par hectare, 12 hectares d'excellentes prairies. M. Ducouédic, il y quatre ans, établissait sur sa ferme du Lézardeau, dans le département du Finistère, une école d'irrigation, dont la direction fut confiée à M. Pierre Méheust et dont on peut attendre de grands bienfaits si elle s'attache, d'un côté, à éclairer les propriétaires sur le côté économique de cette amélioration, et de l'autre, à former par la pratique des agents capables d'exécuter les plans et de réaliser les vues des propriétaires. Dans le Maine-et-Loire, M. le comte de Falloux, après avoir assaini, par le drainage, la plus grande partie de ses terres, a habilement utilisé ces eaux surabondantes pour l'irrigation de ses prairies qui reçoivent en outre de fréquents arrosages d'engrais liquides, et ne rendent pas moins de 5,000 kilogrammes de foin sec à l'hectare. Dans le même département, M. de Quatrebarbes a exécuté aussi d'importants travaux d'irrigation. Dans la Manche, à Martinvast, le général Dumoncel a créé 68 hectares de prairies arrosées par des ruisseaux ou des sources au moyen du système d'infiltration, ou rigoles à niveau.

Dans le Nord, cette contrée du progrès, nous avons cité déjà les travaux de M. Fiévet, à Masny. Nous y joindrons, dans le Pas-de-Calais, M. Hary qui a, comme le précédent, appliqué les eaux de sucrerie à l'irrigation ; dans les Ardennes, M. Darodes de Tailly, qui a créé une étendue importante de prairies arrosées ; dans le Nord, M. Vandebeulque, qui a appliqué les eaux d'égouts à l'arrosement de ses prés. Dans le département du Nord, les prairies non arrosées sont fumées ; à Castres, près Bailleul, elles sont fumées tous les deux ou trois ans avec des boues de ville et irriguées par reprise d'eau. (Rendu, *Agric. du Nord*, p. 305).

Dans la pratique du colmatage ou limonage, nous mentionnerons à part : en Angleterre, le parti qu'on a su tirer aux bouches de l'Humber du limon charrié par ce fleuve, en le conduisant par des canaux sur les terres voisines ; l'usage qu'on fait, dans le Cheshire, du riche limon déposé à l'extrémité des marais salants, et qui constitue un puissant engrais. En France, aux citations que nous avons déjà faites, nous joindrons, dans les Hautes-Alpes, M. Rossignol, qui, sur son domaine de la Chaussière, a endigué la Durance et conquis sur elle 7 hectares de gravier, qu'il a ensuite fécondés par le colmatage.

Après avoir fait une courte revue et un bref historique des travaux d'irrigation, nous ferons en quelques lignes les mêmes études sur le desséchement.

M. de Gasparin, dans son *Guide du propriétaire de biens ruraux affermés*, cite un fermier des environs de Montpellier, M. Mourgues, qui, comprenant toute l'importance du desséchement, offre d'une ferme de 6,000 francs, pour neuf ans de bail, 12,000 francs au bout de ce temps si le propriétaire veut y dépenser 30,000 francs en fossés d'écoulement, et 18,000 francs au bout de quinze ans s'il veut y dépenser 60,000 francs ; cette terre arrive jusqu'au revenu de 30,000 francs. Depuis la fin du bail de M. Mourgues, elle est retombée à 6,000 francs.

Le drainage, une importation anglaise dont on a fait tant de bruit en France il y a quelques quinze ans, n'a fait chez nous qu'un chemin assez lent, puisque l'exposé de la situation de l'Empire constate que, au 31 décembre 1864, il n'y avait encore que 161,000 hectares de drainés, à un prix moyen de revient de 265 francs ; la plus-value est estimée à 786 francs en capital et à 67 francs en revenu, soit ensemble une dépense de 43 millions et une plus-value de 128 millions, enfin un accroissement de revenu de 11 millions.

§ 2. Desséchement.

Beaucoup de contrées plus ou moins vastes, en France, ont été conquises sur la nature par le génie de l'homme. Nous nous bornerons à en citer quelques exemples. Les moëres ou marais situés dans le département du Nord, entre les villes de Dunkerque, Berg-Saint-Vinox, Hondschoot et Furnes, restèrent incultes jusqu'au dix-septième siècle ; ils étaient recouverts constamment de $1^m,625$ d'eau et situés en contre-bas du sol environnant de $2^m,60$. En 1619, un ingénieur belge, Stanislas de Cœbergher, entreprit leur desséchement et réussit ; en 1632, on y comptait déjà 140 fermes. Mais les Espagnols, assiégés dans Dunkerque, inondèrent de nouveau, pour leur défense, les moëres, qui restèrent submergées jusqu'en 1746. A cette époque, une tentative, bientôt rendue inutile par le traité de paix, fut faite par le comte d'Hérouville. Ce n'est qu'en 1779 que l'œuvre fut reprise par une compagnie hollandaise, et les résultats acquis furent ruinés par les mesures militaires de 1793. Les frères Herwyn, après la paix, ne craignirent pas de renouveler les tentatives ; leur succès fut complet, et le desséchement se termina en 1826, sous la direction de M. de Buyser.

Dans le même département, le desséchement de la vallée de la Scarpe fut opéré, à une époque inconnue, par des communautés religieuses ; celui des marais de l'Époix et de Bruay (337 hectares) s'opéra par une association de propriétaires (1). Dans les Bouches-du-Rhône, auprès de Mar-

(1) Les Watteringues, grande plaine située entre Dunkerque, Graveline, Watten et Bergues, renfermée entre la mer, les canaux de l'Aa, de

seille, la plaine des Paluns (*palud*, marais), aujourd'hui entièrement couverte de vignes, était autrefois un vaste marais
qu'on est parvenu à dessécher au moyen d'embugh ou boit-
tout artificiel. Ce travail fut commencé vers 1470 par le bon
roi René. C'est encore par un boit-tout artificiel que les re-
ligieux de Sainte-Geneviève de Nemours défrichèrent le
grand marais de Larchaud, dans le Loiret. Dans la Charente-
Inférieure, les marais de Rochefort et Marennes, d'une
étendue de près de 15,000 hectares, furent desséchés en
1811 par les ordres de Napoléon Ier. Cette entreprise avait
été commencée vers 1635 par Humfroy Bradley, maître des
digues de France; on appelait alors ces marais la Petite-
Flandre. Dans le département de la Vendée, le desséchement des marais dits du haut Poitou, situés depuis Coulon
et la Garette jusqu'à la mer, et entre la rivière de Sèvre et
les terres fermes du Poitou, fut concédé, le 7 juin 1654, à
une société de propriétaires intéressés; cette contrée s'appelle aujourd'hui la prairie du Petit-Poitou. « C'est une mi-
« niature de la Hollande, dit M. Émile Souvestre, avec ses
« mille canaux d'écoulement, ses booth et ses contre-booth...
« Commencés par le gentilhomme brabançon Humfroy
« Bradley, ces desséchements furent multipliés par de
« riches seigneurs, par les bénédictins et par les tem-
« pliers... De loin en loin, des espèces d'étangs, soigneuse-
« ment enclos, reçoivent le trop plein des eaux pendant
« l'hiver, et deviennent en été des réserves pour l'irriga-
« tion des prairies. Chaque champ est de plus entouré d'une
« douve profonde, ombragée de frênes, et communiquant
« avec les contre-booth... Le sol des desséchements est une
« glaise bleuâtre appelée bri, que recouvre une couche li-

la Colme et de Bergues, formaient autrefois un lac de 38,881 hectares
qu'on est parvenu à dessécher en creusant 51 myriamètres de canaux.
Elle est administrée aujourd'hui par un syndicat de propriétaires et d'ingénieurs.

« moneuse tellement féconde, que l'usage des engrais est
« inconnu dans le marais. » (*Les derniers Paysans*, p. 167.)
On appelle booth les levées qui défendent les dessèchements, et contre-booth les canaux qui longent ces levées.
Plus au nord-ouest, dans le même département, entre l'embouchure du Falleron et celle de la Vie, sur le littoral de
l'Océan, se trouve une bande de marais d'une largeur
moyenne de 6 kilomètres desséchée par de nombreux canaux et souvent submergée en hiver. Ces marais donnent
un pâturage abondant et nutritif qui élève et engraisse la
grande et belle race dite Maraîchaine.

En Savoie, en 1828 et 1829, avec une dépense de 50,000
francs, on a desséché le marais d'Épagny, d'une superficie
de 120 hectares. Les terres qui valaient, avant l'opération,
400 francs l'hectare, se vendirent douze ans plus tard de
2,000 à 2,400 francs, à cause de leur assainissement et de
leur transformation en prairies ; on a donc créé avec 50,000
francs un capital d'au moins 200,000 francs.

Dans la Somme et le Pas-de-Calais, le dessèchement du
marais de l'Authie fut confié à madame de l'Aubépin, en
1811. Dans la Loire-Inférieure, celui du marais de Donges,
en 1817, à une société dirigée par un sieur de Bray ; dans
l'Isère, celui du marais de Cessieux, en 1817, aux sieurs
Vesin et Chatard ; dans la Gironde, le marais des Flamands,
dans la commune de Parempuyre, fut confié à une société
syndicale chargée d'entretenir et conserver les travaux, en
1815 ; il en fut de même pour le marais de Blaye, dans le
même département. Dans la Haute-Vienne, nous avons vu
récemment M. Laserre transformer 44 hectares de plaines
marécageuses en terres arables ; dans le Cher, les ducs de
Maillé et de Saint-Maurice dessécher un terrain de 60 hectares ;
dans le même département, M. Ch. Lucas achever de dessécher et rendre propre à toutes cultures une superficie de
168 hectares de marais dans la vallée tourbeuse de l'Yèvre.

Vers 1830 se fonda en France une Compagnie générale de desséchement, qui entreprit successivement ou simultanément les travaux du canal des Alpines, le desséchement de la Camargue, celui du lac de Grand-Lieu, du marais d'Arcachon, de la saline de Citis, etc. Elle fut dissoute en 1842, après avoir produit peu de bien. La tâche est à reprendre, et il ne manque pas à faire sous ce rapport dans l'intérieur, sur le littoral, en Corse, partout. C'est à l'initiative privée qu'on a dû, depuis trente ans, de nombreux desséchements d'étangs. M. Nivière, dans la Dombes (Ain), par ses exemples et ses conseils, a obtenu le desséchement de plus de 2,000 hectares. C'est l'industrie privée encore qui, dans les Bouches-du-Rhône, a desséché le marais de Baux, d'une superficie de 1,500 hectares, avec une dépense de 1,208,772 francs, dépense qui a produit une plus-value estimée à 1,559,700 francs; c'est elle qui a desséché encore l'étang de Marseillette, d'une contenance de 2,000 hectares, et qui forme aujourd'hui quatorze fermes d'un revenu considérable.

Nous citerons, parmi les entreprises à faire encore, le desséchement du marais de Montoire ou de la Grande-Bruyère, situé dans la Loire-Inférieure sur la rive droite de la Loire; le marais de Vaux, près de Lyon (Rhône); le marais intermittent de la Noire-Mare (Calvados); en Corse, les marais de Biguglia, de Diana, d'Urbino, des Palos, de Graduccine, des Padoles, d'Araso, d'Alzeto, de Saint-Florent, de Calvi, etc.

En Hollande, on a entrepris et mené à bonne fin un travail bien plus grandiose encore, le desséchement du lac de Haarlem. C'était un lac extérieur creusé par la mer; il n'avait encore que 4,000 hectares de superficie vers 1610; il en avait déjà près de 14,000 en 1641 et 18,000 en 1830; il menaçait d'engloutir Amsterdam, Haarlem et d'autres villes voisines quand ses vagues étaient soulevées par le vent. Le gouvernement s'en émut, et, le 2 avril 1838, une loi fut votée qui décrétait la suppression de cette mer intérieure. On se mit immédiatement à l'œuvre, et, en 1856, l'opération était terminée; elle avait coûté 23 millions de francs, mais la vente des terrains conquis en a déjà produit 18. Le lac de Haarlem renferme aujourd'hui 1,660 maisons, 4 églises et près de 10,000 habitants. On y compte 3,400 bêtes à cornes, 9,300 moutons et 2,000 chevaux. L'une des plus belles fermes qui y aient été créées est celle de Bad-hoeve (ferme des Bains). Elle appartient à un ancien élève d'Hohenheim, M. Amorsfoordt, qui s'y établit en 1854, et y consacra un capital de 800,000 francs, dont il obtenait, dès 1856, un revenu de 30,000 francs. Il a fallu assécher par des canaux à ciel ouvert, des machines à épuisement et des drains, construire des bâtiments et des routes, monter le cheptel, etc. Sur l'étendue de 170 hectares, il nourrit l'équivalent de 100 têtes de gros bétail, grâce aux prairies naturelles surtout. Il obtient par hectare 35 à 40 hectolitres de froment, 30 hectolitres de seigle, 55 hectolitres d'orge, 60 hectolitres d'avoine, 30 hectolitres de colza, des bette-raves, des rutabagas et des turneps. Le prix d'acquisition des terres était d'environ 1,000 francs l'hectare; les dépenses de desséchement par canaux ou drains de 200 francs par hectare, l'asséchement par machines coûte de 15 à 20 francs par hectare et par an; il y a 5 kilomètres de chemins empierrés qui ont coûté ensemble 60,000 francs; on a établi en outre pour le service de la ferme un chemin de fer et un canal.

M. Hervé Mangon cite encore le marais du Nootdorp, près La Haye, desséché par les soins de l'ingénieur Greeve, et d'une superficie de 1,000 hectares environ, au moyen d'une machine à vapeur et de trois moulins à vent.

En Italie, nous trouvons les marais Pontins, une plaie terrible que l'on a essayé à plusieurs reprises de faire dis-

paraître. « Ces marais bordent les Apennins sur une lon-
« gueur de 42 kilomètres environ ; ils s'appuient au nord
« sur les montagnes de la Sabine. Lentement formés au sein
« de la mer, au-dessus de laquelle leur niveau général
« s'élève à peine de 1 mètre ou 2, ils doivent leur création
« aux matières terreuses charriées par les torrents qui des-
« cendent des Apennins et aux sables rejetés par la mer.
« L'exhaussement de ces marais au-dessus des eaux pro-
« vient aussi d'une autre cause : les végétaux vivaces crois-
« sent admirablement dans ce sol chaud, humide, riche en
« principes alcalins ; leur décomposition égale en rapidité
« leur croissance ; leurs détritus ont formé des couches
« épaisses de tourbes qui, desséchées, sont souvent expo-
« sées en été à des combustions spontanées qui exercent de
« grands ravages. Ces terrains tourbeux sont d'une telle
« fécondité, que, partout, l'homme les a occupés avec em-
« pressement et même avec témérité. » (Vidalin, *Revue des
Deux-Mondes*, août 1858.) Ces marais, d'une superficie d'environ 130,000 hectares, et placés au sud-est de Rome, entretiennent une cause funeste d'insalubrité permanente, la
fièvre dite *Mal' aria*. Les dunes qui se sont formées à la
partie occidentale et d'autres circonstances locales ralen-
tissent le cours des eaux pluviales et des sources qui viennent se jeter de différents côtés dans l'unique déversoir
appelé Badino ; on évalue le volume annuel de ces eaux à
plus de 2,350,000 mètres cubes, environ la vingt-cinquième
partie seulement de ce qu'on élève hors de la mer de Haarlem depuis son desséchement.

Aux premiers temps de la république romaine, le censeur
Appius Claudius (311 av. J.-C.) avait fait construire la voie
Appienne (*via Appia*), qui traversait le marais en ligne
droite, de Rome à Terracine ; cette chaussée pavée, élevée
au-dessus du sol et plantée d'arbres, existe encore grâce aux
réparations qu'on lui a fait subir à plusieurs reprises. L'an

159 av. J.-C., Cornélius Céthégus entreprit de dessécher les marais Pontins; mais l'entreprise fut presque aussitôt abandonnée, et reprise seulement sous la dictature de César, que la mort arrêta dans l'exécution de ses projets. Auguste fit ouvrir le long de la voie Appienne, au sud, un canal d'assainissement dont Horace parle dans sa V^e satire; ce canal porte encore le nom de fosse Augustine. A la fin du cinquième siècle (vers 495 après J.-C.), le roi des Ostrogoths, Théodoric, donna les marais Pontins au patrice Décius pour les dessécher et les lui concéda en toute propriété; mais Décius se borna à faire creuser quelques fossés. Après Théodoric, et pendant tout le moyen âge, la plaine redevint marais.

Au quinzième siècle, le pape Martin V (1417-1431) fit ouvrir en travers du marais un large canal qui a reçu le nom de Rio-Martino. Moins d'un siècle plus tard, Léon X (1513-1522) fit encore faire plusieurs grands travaux. Sixte-Quint (1585-1590) ouvrit dans toute la longueur du marais une sorte de canal collecteur appelé Fiume-Sisto, au sud de la voie Appienne. Aucun de ces travaux ne fut entretenu, le mal reparut, et en 1766 la voie Appienne était encore une fois entièrement sous l'eau. Pie VI (1775-1800) entreprit de rendre les marais à la culture, et accomplit de 1778 à 1794 d'immenses travaux; il fit creuser de nouveaux canaux dont plusieurs par endiguements, et entre autres la Linea-Pia, canal dont le côté nord a pour digues la voie Appia, qu'il fit reparaître au jour dans toute sa longueur et rendit à la circulation. La partie submergée qui, avant lui, était de 20,000 hectares, fut réduite à 2,000. Il dépensa 9 millions de francs, tant pour ces travaux que pour la réparation des anciens ponts et la restauration des magasins de Terracine. Malheureusement les travaux n'étaient pas bien dirigés; quand on reconnut plus tard ce qu'il y aurait à faire pour mieux réussir, on n'eut que le temps d'ébaucher le travail, et la tempête politique éclata.

L'administration française, de 1810 à 1814, s'occupa aussi des marais Pontins, dont les travaux, promptement obstrués par une puissante végétation aquatique, par plusieurs affluents torrentueux et bourbeux, ont besoin d'un constant entretien. L'ingénieur de Prosny fit une remarquable étude générale pour compléter et achever l'entreprise de Pie VI, et déjà le gouvernement avait dépensé 500,000 francs pour ces travaux quand les événements politiques vinrent les interrompre. Ils sont, depuis lors, restés dans le *statu quo;* leur insalubrité n'a pas disparu ; on exploite ces terrains au moyen de la culture pastorale ; on fait les travaux de culture et de récolte avec toute la rapidité possible, de façon à quitter au plus tôt ce foyer d'infection dont les vents du sud-est portent jusqu'à Rome les émanations malfaisantes. Dans son domaine de Maccarese, le prince Rospigliosi élève et entretient de 1,300 à 1,400 buffles ; le prince Borghèse possède 22,000 hectares dans la Campagne romaine ; les princes Pamphili et Chigi, chacun plus de 5,000 hectares ; le chapitre de Saint-Pierre et l'hôpital du Saint-Esprit, de plus . vastes surfaces ; soixante-quatre corporations s'en répartissent 75,000, et cent treize familles romaines 126,000. La ferme de Campo-Morto se compose de 8,600 hectares, nourrit 570 bœufs, 800 vaches, 100 buffles, 2,000 moutons et 350 chevaux, juments et poulains (1).

Autrefois riche et peuplée, la Toscane est redevenue ce que l'avait faite la nature. Beaucoup de terres abandonnées se sont couvertes de bois ; les eaux, n'étant plus retenues

____

(1) Voir M. Vidalin, *Revue des Deux-Mondes (loco citato).* — Ch. Didier, *Caroline en Sicile.* — Eug. Pelletan, *Florence, Rome et Naples.* — Fulchiron, *Voyage dans l'Italie méridionale.* — César Cantu, *Histoire universelle,* t. IV, p. 251. — Dezobry et Bachellet, *Dictionnaire général de Biographie et d'histoire.* — Fauvet, *Recueil de Médecine vétérinaire,* 1854, p. 874. — De Prosny, *Mémoires de l'Académie des sciences,* année 1816.

et dirigées pour les irrigations, ont formé des marais pestilentiels. L'un de ceux-ci, nommé les Maremmes, s'étend
entre Sienne, Pise et Livourne, sur une longueur de **172**
kilomètres. Ferdinand II, grand-duc de Toscane (1587-1609),
entreprit le premier de dessécher les Maremmes : « Au sor-
« tir d'une disette et d'une épidémie, il attaqua de face cet
« éternel ennemi de la Toscane qui, couché sur son rivage,
« lui souffle chaque été ses mortelles exhalaisons. Les tré-
« sors amassés par les exactions du grand-duc François
« furent mis au jour pour cette grande œuvre, à laquelle
« tous les citoyens furent appelés à concourir. Des lois
« agraires furent publiées, et ces nouveaux champs de
« Lerne furent donnés à ceux qui les tireraient de l'eau.
« En même temps qu'il essayait de dessécher les Ma-
« remmes, Ferdinand assainissait les territoires de Fiuecchio
« et de Pistoïa, détournait l'embouchure de l'Arno, et faisait
« élever des aqueducs à Pise. » (Alex. Dumas, *Les Médicis*,
t. Ier, p. 191.) De grands travaux de desséchement ont encore été exécutés dans les Maremmes de 1628 à 1832 pour
assainir ce foyer d'émanations mortelles ; la culture achè-
vera cette œuvre.

En Angleterre, les travaux de desséchement sont moins
grandioses peut-être, mais ils ne laissent pas que d'être considérables. Écoutons M. L. de Lavergne, dans son bel *Essai
sur l'économie rurale de l'Angleterre :* « Les comtés de Lin-
« coln et de Cambridge, qui comptent aujourd'hui, le pre-
« mier surtout, parmi les plus productifs, n'étaient autre-
« fois qu'un vaste marais couvert en partie par les eaux de
« la mer, comme les polders de la Hollande, qui leur font
« face de l'autre côté du détroit. De nombreuses tourbières
« appelées mosses, montrent encore çà et là l'état primitif
« du pays... Quand on jette les yeux sur une carte de l'An-
« gleterre, on voit, au nord du Norfolk, un large golfe qui
« entre assez profondément dans les terres, et qu'on appelle

« wash ou lagune. Tout autour de ce golfe vaseux, les terres
« sont plates, basses et habituellement couvertes par les
« eaux. Ces marais, jadis inhabitables, figurent aujourd'hui
« parmi les plus riches prairies de l'Angleterre. Situés en
« face de la Hollande, ils ont été comme elle assainis par
« des digues. L'étendue totale des trois comtés est d'envi-
« ron 1 million d'hectares; les marais proprement dits en
« occupent environ le tiers. Ils sont formés par les rivières
« d'Ouse, de Nerre, de Cam, de Witham et de Welland.

« Les travaux d'assainissement, commencés par les Ro-
« mains, ont été poursuivis au moyen âge par les moines
« qui s'étaient établis sur les îles sortant çà et là des terres
« inondées... Dans la région marécageuse, les moines
« avaient poussé assez avant leurs desséchements, quand
« ils furent chassés, laissant pour traces de leur pas-
« sage, outre leurs canaux et leurs cultures, les belles
« églises de Peterborough et d'Ely.

« Au commencement du dix-septième siècle, un comte de
« Bedfort se mit à la tête d'une compagnie pour reprendre
« les travaux; une concession de 40,000 hectares lui fut ac-
« cordée. Depuis cette époque, l'entreprise n'a jamais été
« interrompue. Des moulins à vent, des machines à vapeur,
« établis à grands frais, font jouer éternellement des pompes
« à épuisement; des tranchées immenses, des digues in-
« destructibles, achèvent l'œuvre. Le pays conquis est
« maintenant traversé dans tous les sens par des routes et
« des chemins de fer; on y a construit des villes, des fermes
« sans nombre; ces terres, jadis submergées et improduc-
« tives, se louent de 75 à 100 francs l'hectare; on y voit
« quelques cultures de céréales et de racines, mais la plus
« grande partie est en prairies. » (P. 5, 262.) Le même
économiste décrit ainsi les moyens dont on s'est servi pour
assainir, dans le Lancashire, plusieurs milliers d'acres,
entre autres dans le Chat-Moss, entre Liverpool et Man-

chester : « On commence par ouvrir de 10 mètres en 10
« mètres de profondes tranchées où les drains sont déposés ;
« puis on brûle les plantes de la surface, et on rompt le sol
« par plusieurs labours en croix. Quand le tout est bien
« divisé, on répand de la marne, au moyen d'un railway
« mobile, à raison de 300 à 400 tonnes par hectare. Le sol
« est si mou au moment de cette opération, qu'il est né-
« cessaire de mettre des pièces de bois sous les pieds
« des hommes et des chevaux pour les empêcher d'en-
« foncer. On répand encore des gadoues et des cendres,
« et on plante des pommes de terre ; après ces racines qui
« donnent ordinairement une ample récolte, l'assolement
« de Norfolk suit son cours. » (*Ut suprà*, p. 304-305.)

Dans le sud-ouest du comté de Kent, on trouve une contrée appelée le Romney-marsh, ou les marais de Romney.
C'est une plaine de terrains d'alluvion, presque située au
niveau de la mer, de laquelle elle est défendue par des
digues semblables à celles des polders de la Hollande. Elle
s'étend depuis Hythe jusqu'à la Rother, sur environ 64 kilomètres de longueur et 16 dans sa plus grande largeur, de
Dengeness à Appledore. Elle est divisée en quatre marais,
savoir : le Romney-marsh proprement dit, à l'ouest ; le Wal-
land-marsh, qui lui confine à l'occident ; le Denge-marsh
au sud, et le Guildford-marsh dont la plus grande partie
appartient au Sussex. Les Anglais-Saxons nommaient ce
pays Merse-warum, pays des Marais. Il était autrefois rendu
entièrement marécageux par les inondations de la mer. Le
terrain, composé de sable, de graviers ou de galets recouverts d'un riche dépôt d'alluvions, est divisé par des barrières et coupé de fossés profonds pour en retirer les eaux
stagnantes. Les habitants, peu nombreux, réunissent leurs
habitations en hameaux ou villages, mais les propriétaires
résident sur les hauteurs qui entourent le marais. C'est là
qu'on a élevé la race de moutons dite de Romney-marsh,

que sir Richard Goord a améliorée au point d'en faire celle
actuelle qui porte le nom de New-Kent, introduite et encore
modifiée en France par M. Malingié-Nouël.

Nous avons cru utile de présenter ce tableau, bien in-
complet pourtant, des principaux travaux d'irrigation et de
desséchement exécutés en France et dans quelques autres
contrées de l'Europe, pour démontrer combien on a fait,
combien encore il reste à faire, et quel serait le merveilleux
résultat de ces entreprises, source de profit pour les particuliers et de prospérité pour les États. Il ne faut pas oublier
que nous avons encore en France 810,000 hectares de marais au moins, dont 332,244 hectares sur la seule superficie
de treize départements. Les marais occupent en France la
quatre-vingt-septième partie environ du territoire. « Évaluez
« la valeur de cette étendue, disait M. Laffite à la tribune
« des députés le 21 mai 1833, et supposez le revenu à 50
« francs l'hectare seulement, le revenu total sera de 44 mil-
« lions. Si vous le calculez sur le pied de 3 pour 100, taux
« ordinaire des fermes, il présente un capital de 1 milliard
« et demi. » Nous ajouterons qu'il y a en outre, en France,
encore plus de 200,000 hectares d'étangs d'un revenu plus
ou moins précaire, et qui rendent malsaines de vastes contrées. Ainsi la Bresse (Ain) en renferme 18,000 hectares;
la Brenne (Indre), 9,000 hectares; la Sologne (Loiret, Loir-
et-Cher, Cher), 8,000 hectares. Or les terrains asséchés,
presque toujours irrigables dès lors, sont surtout propres à
être économiquement convertis en prairies ou en herbages (1).

(1) Au moment où nous écrivons ces lignes, nous lisons, dans un journal,
la Patrie, que le desséchement des Étangs de la Dombes, déclaré d'utilité publique il y a quelques années, va être commencé dès cette année
(1865). Il a fallu procéder à la licitation de ces étangs, opération préli-
minaire aujourd'hui terminée. Nous ferons remarquer cependant qu'en
1860, le gouvernement n'évaluait qu'à 185,460 hectares la superficie

En Angleterre, dit M. de Lavergne, les pays d'herbages commencent à rester en arrière, et les agronomes actuels sont assez peu favorables à ce qu'on appelle le vieux gazon, *old grass*. Cela tient à ce que le système pastoral, qui stimule si peu l'homme, a engourdi les comtés de l'ouest britannique comme les Normands français; ils font aujourd'hui ce que faisaient leurs pères, achètent, engraissent et vendent aux mêmes époques, sinon aux mêmes prix, et contents de leur sort pourvu qu'ils puissent se reposer dans leur insouciance. « Il y a dans le Royaume-Uni, dit M. de Lavergne, « plusieurs millions d'hectares de vieux gazons, un quart « peut-être de la superficie totale; nulle part ailleurs on ne « trouve une pareille étendue de terres donnant un pareil « revenu... La main-d'œuvre se réduit presque à rien, il n'y « a en quelque sorte qu'à recueillir : peu de capital, peu de « mauvaises chances, tout est profit à peu près assuré. « Aussi en voit-on qui donnent jusqu'à 500 francs de rente « par hectare. » (*Ut suprà*, p. 270.)

Il est important de remarquer qu'en Angleterre la production fourragère se trouve singulièrement favorisée par le climat; mais qu'en outre, la réforme douanière de 1847, cette loi des céréales, *corn-law*, portée sur l'intelligente instigation de sir Robert Peel, en ouvrant, sans charges à l'entrée, le marché anglais aux grains de l'univers, amena les cultivateurs britanniques à rechercher quel était le produit qui, eu égard à son prix de revient, se vendait le plus cher; ce produit, c'est la viande et les produits animaux, beurre, fromage, etc. Dès lors le bétail devint la base de la culture, parce qu'il trouve toujours et partout un débouché économique et assuré; les grains ne furent plus que l'ac-

couverte en France par les marais, dont 5,061 hectares appartenant à l'État; 58,384 hectares aux communes, et 122,015 hectares à des particuliers (*Moniteur universel*, Rapport sur le desséchement des marais et la mise en valeur des terres incultes).

cessoire (1). La viande de bœuf vaut, en Angleterre, de
1ʳ,40 à 1ʳ,97 le kilogramme ; celle de mouton, 1ʳ,40 à 1ʳ,97 ;
celle du porc de 1ʳ,40 à 1ʳ,90 ; on importe dans les îles britanniques 95,000 têtes de gros bétail, 30,000 veaux, 200,000
moutons et 12,000 porcs. Pour les grains, l'importation
s'élève de 16 à 30 millions d'hectolitres de froment, de 12
à 15 millions d'hectolitres d'orge et de maïs, et de 2 millions
et demi à 3 millions et demi de quintaux métriques de farines.

En France, la viande de bœuf se vend de 1 franc à 1ʳ,50
le kilogramme ; celle de mouton, 1ʳ,20 à 1ʳ,75 ; celle de porc
de 1 franc à 1ʳ,50. On importe en France 126,000 têtes de
bœufs et vaches, 50,000 veaux, 700,000 moutons et 75,000
porcs. Pour les grains, l'importation s'élève de 2 à 5 millions
d'hectolitres de froment, et de 3 à 6 millions d'hectolitres
d'orge et maïs, plus 10 à 20,000 quintaux métriques de
farines.

Il n'est pas malaisé, après cela, de deviner laquelle de
ces deux nations enrichit le plus son sol, laquelle de ces
deux agricultures donne le revenu net le plus élevé du sol
et des capitaux. On voit que le climat n'a pas tout fait pour
l'Angleterre, mais que ses cultivateurs ont su s'aider. Espérons qu'il en sera bientôt de même en France, où la levée
des barrières contre les céréales vient d'être opérée, et où
elle devra produire moins subitement, il est vrai, mais non
moins sûrement, une semblable réforme dans les systèmes
agricoles. Plus que jamais, donc, il nous faut créer des
prairies et des herbages, et améliorer ceux que nous possé-

(1) En Angleterre, le prix moyen de l'hectolitre de froment, de 1800
à 1846, s'éleva à 31ʳ,63 ; de 1847 à 1860, il descendit à 22ʳ,78. En France,
il fut, pendant la première période, de 20ʳ,76, et s'éleva pendant la
seconde, à 20ʳ,99. Un Anglais consomme en moyenne par an, 60 kilos
de viande et 1ʰᵉᶜᵗᵒˡ·,50 de froment ; un Français, 28 kilos de viande et
3 hectol. de froment.

dons déjà ; plus que jamais il faut que le bétail devienne la base de toute notre agriculture.

Le gouvernement, du reste, semble s'en préoccuper, puisque nous lisons dans l'exposé de la situation de l'Empire (janvier 1865) que les projets d'assainissement ou de desséchement auxquels les ingénieurs ont été appelés à concourir en 1864, se rapportent à une superficie de plus de 100,000 hectares ; et les projets du même genre dont ils ont dirigé ou contrôlé l'exécution comprennent une superficie de 263,000 hectares ; ces travaux seront terminés en 1865. On s'est occupé dans 55 départements du curage de 1,960 cours d'eau, dont la mise en état, pour prévenir l'inondation des terres riveraines, est évaluée à 7,600,000 francs, et intéresse près de 350,000 hectares. Le quart de ces travaux a été exécuté en 1864. Les mêmes études se poursuivent dans 58 départements pour l'amélioration de 736 cours d'eau ; l'ensemble des travaux doit coûter plus de 5 millions de francs.

CHAPITRE XIX

LÉGISLATION DES IRRIGATIONS.

§ 1. Irrigation.

L'irrigation est, dans la plus grande partie de la France, une pratique toute moderne ; l'inondation était le fait normal. Ce n'est donc que depuis peu d'années que la législation a eu à s'occuper de cette matière.

Le premier acte dont nous trouvons trace, non même dans les lois, mais parmi les actes administratifs, touchant les arrosages, c'est une instruction adresssée, en date du

12 août 1790, par la Constituante, aux administrations municipales et départementales ; elle se borne à leur recommander de diriger, autant que possible, toutes les eaux du territoire vers un but d'utilité générale, d'après les principes de l'irrigation. C'était bien vague, comme on voit, et cela pouvait être interprété de même façon qu'un oracle de Delphes ; la latitude était grande pour les administrations départementales, qui, du reste, en usèrent peu. C'est en 1804 que la promulgation du Code civil fixa les principes de la propriété et de l'usage des cours d'eau, laissant à l'administration le soin de les diriger vers un but d'utilité générale, exactement comme la Constituante de 1790.

.L'art. 538 établit d'abord que les fleuves et rivières navigables ou flottables, les rivages, lais et relais de la mer qui ne sont pas susceptibles d'une propriété privée, sont considérés comme des dépendances du domaine public.

Art. 640. — Les fonds inférieurs sont assujettis envers ceux qui sont plus élevés à recevoir les eaux qui en découlent naturellement, sans que la main de l'homme y ait contribué. Le propriétaire inférieur ne peut point élever de digue qui empêche cet écoulement. Le propriétaire supérieur ne peut rien faire qui aggrave la servitude du fond inférieur.

Art. 641. — Celui qui a une source dans son fonds peut en user à sa volonté, sauf le droit que le propriétaire du fonds inférieur pourrait avoir acquis par titre ou par prescription.

Art. 642. — La prescription, dans ce cas, ne peut s'acquérir que par une jouissance non interrompue pendant l'espace de trente années, à compter du moment où le propriétaire du fonds inférieur a fait et terminé des ouvrages apparents destinés à faciliter la chute et le cours de l'eau dans sa propriété.

Art. 643. — Le propriétaire de la source ne peut en changer le cours, lorsqu'elle fournit aux habitants d'une commune, village ou hameau, l'eau qui leur est nécessaire ; mais si les habitants n'en ont pas acquis ou prescrit l'usage, le propriétaire peut réclamer une indemnité, laquelle est réglée par experts.

Art. 644. — Celui dont la propriété borde une eau courante, autre que celle qui est déclarée dépendance du domaine public, peut s'en servir pour l'irrigation de ses propriétés. Celui dont cette eau traverse l'héritage peut même en user dans l'intervalle qu'elle y parcourt, mais à la charge de la rendre, à la sortie de ses fonds, à son cours ordinaire.

Art. 645. — S'il s'élève une contestation entre les propriétaires auxquels ces eaux peuvent être utiles, les tribunaux, en prononçant, doivent concilier l'intérêt de l'agriculture avec le respect dû à la propriété ; et, dans tous les cas, les règlements particuliers et locaux sur le cours et l'usage des eaux doivent être observés.

Quelques-uns de ces articles peuvent avoir besoin de commentaires : ainsi, les cours d'eau navigables ou flottables sont du domaine public ; ceux qui ne sont ni navigables ni flottables semblent réservés à l'État comme propriété, quoique le Code ne s'explique pas à leur égard, mais la jouissance de leurs eaux est accordée aux riverains. Les sources appartiennent exclusivement à celui sur le fonds duquel elles prennent naissance, toutes les fois qu'il n'y a pas de droits acquis par usage, titre ou prescription trentenaire.

Pour avoir droit de prise d'eau sur une rivière ou un cours d'eau, il faut être riverain ; un chemin d'exploitation n'interrompt pas ce voisinage, mais un arrêt de la Cour royale de Bordeaux du 2 juin 1840 établit que le fonds séparé du cours d'eau par un chemin public n'est pas riverain. Le droit de prise d'eau est un titre dont on ne saurait être privé par le non-usage ; c'est un droit imprescriptible par sa nature, à moins qu'il y ait eu contradiction. (Arrêt de la Cour de cassation du 4 avril 1842.)

« La dérivation, dit M. J. Valserres, ne pourrait être faite, « même par un riverain, si elle était incompatible avec les « droits des tiers appuyés d'un juste titre ou de la prescrip- « tion. (Cour de cassation, 10 avril 1838.) En l'absence de « tiers et de possession, la dérivation peut toujours avoir « lieu et s'étendre, non-seulement aux fonds actuellement « possédés, mais encore à toutes les annexes qui y ont été « rattachées depuis, pourvu qu'elles n'en soient séparées « par aucun intermédiaire. (Cour royale de Paris, 8 août « 1836.) Il en est de même lorsque, par l'effet d'une vente « ou d'un partage, un tènement se trouve morcelé. Les par- « celles qui ne sont plus riveraines n'en continuent pas « moins à jouir de l'irrigation. » (Cour royale de Besançon, 4 juillet 1840.) Cette dernière opinion est du reste conforme à l'esprit de l'art. 700 du Code civil : Si l'héritage pour le- quel la servitude a été établie vient à être divisé, la servi- tude reste due pour chaque portion, sans néanmoins que la condition du fonds assujetti soit aggravée. Ainsi, par exem- ple, s'il s'agit d'un droit de passage, tous les copropriétaires seront obligés de l'exercer par le même endroit.

Quant aux barrages souvent indispensables à la prise d'eau, il résulte de la nature des choses et d'un arrêt du conseil d'État du 20 mai 1843, qu'ils doivent être autorisés par le préfet, aussi bien que ceux construits en vue du ser- vice des usines. La question, en effet, est celle de l'obstacle apporté par ces travaux au libre écoulement des eaux, et celle aussi de la garantie assurée par la loi aux fonds rive- rains. Plusieurs légistes pensent que le droit d'appui pour les barrages devrait être accordé aux riverains ; mais aucune loi ne l'accorde, et on l'a éliminé de la loi du 29 avril 1845. Le droit de prise d'eau, sans le droit d'appui, ne serait le plus souvent qu'illusoire, puisque, sans barrage, on ne saurait élever l'eau, et que, si le barrage ne peut s'avancer plus loin que la moitié de la largeur du cours d'eau, il sera inutile à son auteur et nuisible au riverain opposé sur lequel il rejettera l'eau.

L'art. 642 s'exprime en termes un peu vagues quant aux travaux nécessaires pour acquérir par prescription le droit à l'usage d'une source. Suffit-il que des travaux apparents aient été exécutés sur le fonds inférieur, ou est-il nécessaire qu'il en ait été fait sur le fonds supérieur? Nous pensons, avec un arrêt de la Cour de cassation du 4 février 1829, qu'il suffit qu'ils soient apparents sur le fonds inférieur. Cependant, nous devons ajouter qu'un assez grand nombre de légistes et un arrêt de la Cour de cassation du 5 juillet 1837 disent que les travaux doivent avoir été faits sur le fonds supérieur. M. Valserre croit avec raison cette doctrine trop absolue : « Qu'a voulu, dit-il, le Code civil dans l'ar- « ticle 2229? Que la possession à l'effet de prescrire fût con- « tinue, non interrompue, paisible, publique, non équi- « voque, et à titre de propriétaire. Eh bien, si la loi n'exige « pas d'autres conditions pour prescrire, il est contraire à « son esprit de vouloir que les travaux aient été faits sur le « fonds supérieur. » (*Man. de droit rural*, p. 424.)

Quand les deux rives appartiennent à un même propriétaire, les droits que peut lui accorder l'art. 644 ne sont pas nettement définis. Peut-il employer tout le produit du cours d'eau pour ses besoins et ne rendre aux riverains inférieurs que son superflu, c'est ce qu'a décidé la Cour impériale de Bourges par deux arrêts des 18 juillet 1826 et 7 janvier 1837. Mais un arrêt de la Cour de cassation du 17 décembre 1861, plus conforme à la fois à la jurisprudence et aux intérêts bien entendus de l'agriculture, déclare que : Le riverain supérieur d'un cours d'eau peut faire usage de l'eau à son passage sans être tenu d'en rendre une quantité égale à celle qu'il a reçue ; mais qu'il ne doit user de cette eau que dans une certaine mesure, et que son droit ne va pas jusqu'à en user suivant l'étendue de ses besoins. Les propriétaires inférieurs peuvent, s'il ne leur est transmis qu'une quantité d'eau trop peu considérable, eu égard à l'importance du cours d'eau et aux besoins auxquels ils ont eux-mêmes à pourvoir, s'adresser à la justice afin de faire déclarer par elle dans quelles limites et de quelle manière le riverain supérieur pourra user des eaux et en absorber une partie. (Heuzé, *Année agricole*, 1863, p. 194.)

La police des cours d'eau appartient au gouvernement, qui en surveille l'usage, la distribue entre les riverains, veille à l'entretien des berges et au curage du lit, fait la part des usines, et peut même interdire des prises d'eau dans les petits ruisseaux lorsqu'elles pourraient porter préjudice aux rivières flottables ou navigables ; mais un règlement administratif, une ordonnance préfectorale, ne sauraient porter atteinte aux droits ni aux titres des riverains, qui peuvent se pourvoir devant le conseil de préfecture d'abord et devant le conseil d'État ensuite. Seulement nous pouvons malheureusement ajouter que l'administration, dans la concession d'eau faite aux usines, ne tient pas assez compte des intérêts et des besoins de l'agriculture. Les droits acquis des usines s'opposent, sur la plupart des cours d'eau, à l'installation d'un arrosage si nécessaire, lorsque nous exportons chaque année des centaines de millions pour aller acheter à l'étranger du bétail et du blé. Aussi un membre du comice agricole de Ribeauvillé (Haut-Rhin), M. Petit-Demanche, a-t-il entrepris une croisade contre les arrêtés préfectoraux qui, depuis vingt-cinq ans, maintenus à l'état provisoire, accordent l'eau à l'agriculture pendant vingt-quatre heures seulement par semaine. Comment ainsi, dit M. Petit-Demanche, comment, avec l'irrigation du dimanche seulement, trouver d'octobre en mai les trente jours d'irrigation jugés nécessaires par tous les praticiens. Il ne faut pas oublier que dans les Vosges on ne peut irriguer en novembre et en décembre. Il reste donc aux Vosgiens dix à douze dimanches, soit un tiers des jours jugés nécessaires à une bonne irrigation. La pénurie d'eau est encore plus grande si on a égard aux arrosages qu'on doit exécuter depuis le mois de mars ou avril jusqu'à la fin de septembre. Le canton de Ribeauvillé se trouve ainsi privé d'une augmentation de revenu de 305,000 francs, et, dans un avenir assez prochain, d'une augmentation de capital de 2,600,000 francs. (Heuzé, *ut suprà*, 1862, p. 82.) Ce que dit pour ce canton M. Demanche, on le pourrait dire de plus de la moitié des cantons de la France, et nous citerons en particulier l'arrondissement de Dreux (Eure-et-Loir), dans lequel les usines absorbent ainsi plus du septième des eaux. Et cependant ce sont les riverains qui supportent les charges du curage et des inondations au bénéfice des usines; nous citerons encore la vallée de l'Yèvre, dans le Cher, où quelques moulins d'une valeur bien peu considérable empêchent l'agriculture de tirer un parti avantageux d'un sol merveilleusement propre à la production fourragère à l'aide d'irrigations estivales.

On a parlé de racheter les droits des usines; ce serait une folie; pourquoi l'agriculture et l'industrie ne pourraient-elles vivre en paix l'une près de l'autre? Mais s'il nous faut des moulins à blé et à huile, il nous faut de l'eau pour faire du blé, du colza, du fourrage et de la viande. Pourquoi l'administration, plus éclairée, ne ménagerait-elle pas les droits et les intérêts de tous, réservant dans ses concessions les droits et les besoins de la culture? Pourquoi aussi les agriculteurs, sans toujours attendre le secours de l'administration, ne se constitueraient-ils pas en syndicats pour travailler ensuite au mieux de leurs intérêts et les faire apprécier, obtenir des règlements d'eau, racheter des droits de barrage, etc. On est bien faible quand on parle en son privé nom ; on est bien fort lorsqu'on discute les intérêts d'une association de propriétaires et, tôt ou tard, la justice arrive et les droits sont reconnus.

Les syndicats d'irrigation ne peuvent être constitués que par une ordonnance royale ou un décret ; chacun des contractants participe aux dépenses au marc le franc, et les contributions, sur un rôle rendu exécutoire par le préfet, sont recouvrées comme la contribution foncière par les percepteurs de l'État. Toute contestation entre les sociétaires ressort du conseil de préfecture ; les contestations entre le syndicat et un membre qui prétendrait ne pas faire partie de la société, ressortent des tribunaux ordinaires.

Sur l'initiative de M. Dangeville, et grâce aux efforts de MM. Dalloz et Passy, fut votée la loi du 29 avril 1845. En voici le texte :

Art. 1er. Tout propriétaire qui voudra se servir, pour l'irrigation de ses propriétés, des eaux naturelles ou artificielles dont il a le droit de disposer, pourra obtenir le passage de ces eaux sur les fonds intermédiaires, à la charge d'une juste et préalable indemnité. Sont exceptés de cette servitude les maisons, cours, jardins, parcs et enclos attenant aux habitations.

Art. 2. Les propriétaires des fonds inférieurs devront recevoir les eaux qui s'écouleront des terrains ainsi arrosés, sauf l'indemnité qui pourra leur être due. Seront également exceptés de cette servitude les maisons, cours, jardins, parcs et enclos attenant aux habitations.

Art. 3. La même faculté de passage sur les fonds intermédiaires pourra être accordée au propriétaire d'un terrain submergé en tout ou en partie, à l'effet de procurer aux eaux nuisibles leur écoulement.

Art. 4. Les contestations auxquelles pourront donner lieu l'établissement de la servitude, la fixation du parcours de la conduite de l'eau, de ses dimensions et de sa forme, et les indemnités dues, soit au propriétaire du fonds traversé, soit à celui du fonds qui recevra l'écoulement des eaux, seront portées devant les tribunaux qui, en prononçant, devront concilier l'intérêt de l'opération avec le respect dû à la propriété. Il sera procédé, devant les tribunaux, comme en matière sommaire, et, s'il y a lieu à expertise, il pourra n'être nommé qu'un seul expert.

Art. 5 et dernier. Il n'est nullement dérogé, par les présentes, aux lois qui règlent la police des eaux.

Nous ajouterons tout de suite que la police des eaux est réglementée par la loi du 28 septembre — 8 décembre 1791, dont voici les articles qui lui sont applicables :

Art. 15. Personne ne pourra inonder l'héritage de son voisin, ni lui transmettre volontairement les eaux, d'une manière nuisible, sous peine de payer le dommage, et une amende qui ne pourra excéder la somme du dédommagement.

Art. 16. Les propriétaires ou fermiers des moulins et usines construits ou à construire, seront garants de tous dommages que les eaux pourraient causer aux chemins ou aux propriétés voisines, par la trop grande élévation du réservoir ou autrement. Ils seront forcés de tenir les eaux à une hauteur qui ne nuise à personne et qui sera fixée par le préfet, d'après l'avis du sous-préfet. En cas de contravention, la peine sera une amende qui ne pourra excéder la somme du dédommagement.

Le fauchage, le cuvage des cours d'eaux sont réglés par des ordonnances préfectorales ; faute par les riverains d'avoir obéi en temps utile et fixé à ces ordres, les travaux sont accomplis par les soins de l'administration, et les frais en sont recouvrés sur un rôle spécial visé par le préfet, de la même manière que la contribution foncière et par les soins des percepteurs.

Mais, revenons à la loi du 29 avril 1845, qui soulève plusieurs questions intéressantes. Elle établit trois servitudes de passage pour la conduite des eaux : 1° pour l'irrigation ; 2° pour l'écoulement des eaux d'irrigation ; 3° pour l'assainissement des terres sujettes à l'infiltration. Elle a eu pour but de poser en principe que tout propriétaire qui voudrait se servir pour l'irrigation de ses propriétés des eaux dont il a le droit d'user, pourrait réclamer le passage de ces eaux sur les fonds intermédiaires, moyennant juste et préalable indemnité. Elle crée une servitude légale, analogue à la servitude de passage qu'autorise l'art. 682 du Code civil en cas d'enclave. (Rapport de M. Dalloz.) « Quant aux eaux pro-
« venant des petites rivières, dit M. J. Valserres, à l'excel-
« lent travail duquel nous faisons de nombreux emprunts,
« il a été reconnu devant les chambres qu'elles ne pour-
« raient être conduites loin de leurs cours par celui qui se-
« rait à la fois propriétaire sur les bords et dans le bassin,
« mais loin du courant. (*Man. de droit rural*, p. 432.) Dans
« l'hypothèse d'un propriétaire riverain qui peut faire
« passer les eaux sur une parcelle intermédiaire, afin d'ir-
« riguer une autre propriété inférieure qui lui appartient,
« le propriétaire ne pourra obtenir de l'administration, au
« détriment des propriétaires inférieurs, le droit de dériver
« une quantité d'eau plus considérable que celle qui lui
« serait afférente à raison de sa propriété qui borde la ri-
« vière. » (M. Dalloz.)

Enfin, relativement à l'indemnité, la demande du propriétaire dont le fonds est soumis au droit de passage, ne serait pas fondée si ce fonds, au lieu de recevoir un détriment de cette servitude en retirait un avantage. Dans cette appréciation, on doit faire entrer non-seulement la valeur du terrain en lui-même, mais encore le préjudice causé par le canal ou l'aqueduc. Les Chambres ont reconnu que l'indemnité devrait consister en argent et que le propriétaire du fonds asservi ne saurait demander une concession d'eau en échange de son terrain. Un reproche qu'on peut faire justement à cette loi, c'est de n'avoir pas osé déterminer la propriété des cours d'eau qui ne sont ni navigables ni flottables, ce qui la laisse sans utilité sur les petits cours d'eau de beaucoup les plus nombreux et je dirais volontiers les plus utiles à l'irrigation.

La loi du 11 juillet 1847 est venue compléter celle du 29 avril 1845 en ce qui concerne le droit d'appui. Ainsi, tout propriétaire riverain d'un cours d'eau dont il a droit d'user, peut demander et obtenir, moyennant une juste et préalable indemnité, le droit d'appuyer un barrage sur la rive opposée, dans le but d'élever le plan des eaux. Ce droit d'appui est réciproque, c'est-à-dire que le propriétaire riverain sur le fonds duquel l'appui est réclamé, pourra demander l'usage commun du barrage, aux frais d'établissement et d'entretien duquel il contribuera pour moitié. Si cependant le riverain profitait de l'exhaussement des eaux par le barrage dont il n'aurait pas réclamé la mitoyenneté, il ne serait point pour cela tenu de contribuer à son établissement ni à son entretien.

Un autre point de la législation des eaux, le droit d'alluvion, touche aux intérêts les plus importants de l'agriculture. Ce droit est réglé par le Code civil, art. 556-557-558-559-560-561-562 et 563, titre IIe, chap. IIe, section Ire.

Art. 556. Les atterrissements et accroissements qui se forment successivement et imperceptiblement aux fonds riverains d'un fleuve ou d'une rivière, s'appellent alluvion. L'alluvion profite au propriétaire riverain, soit qu'il s'agisse d'un fleuve ou d'une rivière navigable, flottable ou non; à la charge, dans le premier cas, de laisser le marchepied ou chemin de halage conformément aux règlements.

Art. 557. Il en est de même des relais que forme l'eau courante qui se retire insensiblement de l'une de ses rives en se portant sur l'autre. Le propriétaire de la rive découverte profite de l'alluvion sans que le riverain du côté opposé puisse venir réclamer le terrain qu'il a perdu.

Art. 558. L'alluvion n'a pas lieu à l'égard des lacs et étangs dont le propriétaire conserve toujours le terrain que l'eau couvre quand elle est à la hauteur de la décharge de l'étang, encore que le volume de l'eau vienne à diminuer. Réciproquement, le propriétaire de l'étang n'acquiert aucun droit sur les terres riveraines que son eau vient à couvrir dans des crues extraordinaires.

Art. 559. Si un fleuve ou une rivière, navigable ou non, enlève par une force subite une partie considérable et reconnaissable d'un champ riverain, et la porte vers un champ inférieur ou sur la rive opposée, le propriétaire de la partie enlevée peut réclamer sa propriété, mais il est tenu de former sa demande dans l'année; après ce délai, il n'y sera plus recevable, à moins que le propriétaire du champ, auquel la partie enlevée a été unie, n'eût pas encore pris possession de celle-ci.

Art. 560. Les îles, îlots, atterrissements qui se forment dans le lit des fleuves ou rivières navigables ou flottables appartiennent à l'État, s'il n'y a titre ou prescription contraire.

Art. 561. Les îles ou atterrissements qui se forment dans les rivières non navigables et non flottables, appartiennent aux propriétaires riverains du côté où l'île s'est formée : si l'île n'est pas formée d'un seul côté, elle appartient aux propriétaires riverains des deux côtés, à partir de la ligne qu'on suppose tracée au milieu de la rivière.

Art. 562. Si une rivière ou un fleuve, en se formant un bras nouveau, coupe et embrasse le champ d'un propriétaire riverain et en fait une île, ce propriétaire conserve la propriété de son champ, encore que l'île se soit formée dans un fleuve ou dans une rivière navigable ou flottable.

Art. 563. Si un fleuve ou une rivière navigable, flottable

ou non, se forme un nouveau cours en abandonnant son ancien lit, les propriétaires des fonds nouvellement occupés prennent, à titre d'indemnité, l'ancien lit abandonné, chacun dans la proportion du terrain qui lui a été enlevé.

Les lais se forment au moyen des terres que l'eau apporte et dépose successivement et imperceptiblement le long des rives ; les relais s'opèrent par la retraite lente et insensible des eaux, d'une rive sur l'autre. Les canaux de navigation sont assimilés aux rivières navigables et font partie du domaine public.

§ 2. Assainissement. — Desséchement.

L'art des desséchements est peut-être aussi ancien que les sociétés, soit qu'il repose sur la dérivation (digues, chaussées, levées, canaux, fossés, rigoles), ou par écoulement par la pente naturelle du sol, ainsi que firent les Grecs pour le lac Copaïs, en Béotie, soit qu'il s'opère par élévation de l'eau, ainsi que l'ont fait très-anciennement les Égyptiens et que le font encore les Hollandais ; par exhaussement du sol (limonage-colmatage) ou par absorption (boit-tout, puisards).

Néanmoins, à la fin du XVIᵉ siècle, Henri IV et Sully ne pouvant trouver en France personne pour les seconder dans l'œuvre de desséchement des marais, avaient dû s'adresser au gentilhomme brabançon, Humfroy Bradley, de Berg-op-Zoom, qui fut nommé maistre des digues de France. Les ingénieurs seraient bien moins rares aujourd'hui, mais, quoiqu'il reste beaucoup à faire encore après Bradley, on n'entreprend plus que rarement de ces travaux immenses qui donnent à toute une contrée la santé et la fortune. Nous ne ferons pas ici l'historique de la législation des desséchements ; la liste des édits, déclarations et ordonnances serait trop longue et trop monotone.

Nous nous bornerons à mentionner la loi du 5 janvier 1791 qui, dans l'intérêt de la nation et de l'agriculture, procédait bien un peu révolutionnairement, et nous arrivons à celle du 16 septembre 1807 qui régit encore la matière, et dont nous rapportons les principaux articles :

Art. 1er. La propriété des marais est soumise à des règles particulières. Le Gouvernement ordonnera les dessèchements qu'il jugera utiles ou nécessaires.

Art. 2. Les desséchements seront exécutés par l'État ou par des concessionnaires.

Art. 3. Lorsqu'un marais appartiendra à un seul propriétaire, ou lorsque tous les propriétaires seront réunis, la concession du desséchement leur sera toujours accordée, s'ils se soumettent à l'exécuter dans les délais fixés et conformément aux plans adoptés par le Gouvernement.

Art. 4. Lorsqu'un marais appartiendra à un propriétaire ou à une réunion de propriétaires qui ne se soumettront pas à dessécher dans les délais et selon les plans adoptés, ou qui n'exécuteront pas les conditions auxquelles ils se seront soumis ; lorsque les propriétaires ne seront pas tous réunis ; lorsque parmi lesdits propriétaires il y aura une ou plusieurs communes, la concession du desséchement aura lieu en faveur des concessionnaires dont la soumission sera jugée la plus avantageuse par le Gouvernement ; celles qui seraient faites par des communes propriétaires ou par un certain nombre de propriétaires réunis, seront préférées à conditions égales.

Art. 5. Les concessions seront faites par des décrets rendus en conseil d'État, sur des plans levés ou sur des plans vérifiés et approuvés par les ingénieurs des ponts et chaussées, aux conditions prescrites par la présente loi, aux conditions qui seront établies par les réglements généraux à intervenir, et aux charges qui seront fixées à raison des circonstances locales.

Art. 6. Les plans seront levés, vérifiés et approuvés aux frais des entrepreneurs du desséchement : si ceux qui ont fait la première soumission et fait lever et vérifier les plans ne dem eurentpas concessionnaires, ils seront remboursés par ceux auxquels la concession sera définitivement accordée. Le plan général du marais comprendra tous les terrains qui seront présumés pouvoir profiter du desséchement. Chaque propriété y sera distinguée et son étendue exactement circonscrite. Au plan général seront joints tous les profils et nivellements nécessaires ; ils seront le plus possible exprimés sur le plan par des cotes particulières.

Enfin, cette loi, compilation de tous les édits, de toutes les ordonnances, de toutes les lois antérieures, s'occupait ensuite de régler la plus-value des terrains desséchés, pour fixer l'indemnité que l'entrepreneur pouvait exiger des propriétaires bénéficiant de l'opération. Mais les difficultés de cette fixation sont telles que la loi de 1807 est tombée en désuétude, et on est revenu à la loi d'expropriation pour cause d'utilité publique : « Sous l'empire de la loi de 1807, une seule entreprise a été amenée à fin, dit M. Valserres : le desséchement des marais de l'Authie (Pas-de-Calais) ; toutes les autres ont avorté ; sans compter que les dessécheurs des marais de l'Authie ont vu tous leurs bénéfices passer dans les poches des huissiers et des avoués. » (*Ut suprà*, p. 366-367.)

Le drainage est, on le sait, un mode d'assainissement à fossés couverts, fort ancien, mais remis à la mode, dans ces dernières années, en France et en Angleterre. C'est en 1840 qu'en Angleterre on y employa pour la première fois les tuyaux de terre cuite, et le drainage faisait sa première apparition en France en 1848. Cette opération créait une situation nouvelle tant pour les fonds à assainir que pour les fonds voisins, et il fallut bien créer une nouvelle servitude ; c'est ce dont s'occupa la loi du 10 juin 1854, que voici :

Art. 1ᵉʳ. Tout propriétaire qui veut assainir son fonds par le drainage ou tout autre mode de desséchement, peut, moyennant une juste et préalable indemnité, en conduire les eaux, souterrainement ou à ciel ouvert, à travers les propriétés qui séparent ce fonds d'un cours d'eau ou de toute autre voie d'écoulement. Sont exceptés de cette servitude les maisons, cours, jardins, parcs et enclos attenant aux habitations.

Art. 2. Les propriétaires des fonds voisins ou traversés ont la faculté de se servir des travaux faits, en vertu de l'article précédent, pour l'écoulement des eaux de leurs fonds. Ils supportent, dans ce cas, 1° une part proportionnelle dans la valeur des travaux dont ils profitent; 2° les dépenses résultant des modifications que l'exercice de cette faculté peut rendre nécessaires, et 3° pour l'avenir, une part contributive dans l'entretien des travaux devenus communs.

Art. 3. Les associations de propriétaires qui veulent, au moyen de travaux d'ensemble, assainir leurs héritages par le drainage ou tout autre mode d'asséchement, jouissent des droits et supportent les obligations qui résultent des articles précédents. Ces associations peuvent, sur leur demande, être constituées, par arrêtés préfectoraux, en syndicats auxquels sont applicables les art. 3 et 4 de la loi du 14 floréal an XI (4 mai 1803).

Art. 4. Les travaux que voudraient exécuter les associations syndicales, les communes ou les départements, pour faciliter le drainage ou tout autre mode d'asséchement, peuvent être déclarés d'utilité publique par décret rendu en conseil d'État. Le règlement des indemnités dues pour expropriation est fait conformément aux paragraphes 2 et suivants de l'article 16 de la loi du 21 mai 1836.

Art. 5. Les contestations auxquelles peuvent donner lieu l'établissement et l'exercice de la servitude, la fixation du parcours des eaux, l'exécution des travaux de drainage ou d'asséchement, les indemnités et les frais d'entretien, sont portés, en premier ressort, devant le juge de paix du canton, qui, en prononçant, doit concilier les intérêts de l'opération avec le respect dû à la propriété. S'il y a lieu à expertise, il pourra n'être nommé qu'un seul expert.

Cette loi est venue heureusement compléter celle du 29 avril 1845, qui avait introduit déjà dans la législation la nouvelle servitude relative aux eaux provenant de l'assainissement artificiel. Il y était déjà dit, en effet, que : « Le propriétaire d'un terrain submergé en tout ou en partie peut obtenir, sur les fonds intermédiaires, à la charge d'une juste et préalable indemnité, le passage de ses eaux nuisibles, à l'effet d'en procurer l'écoulement. » (Voir à l'appendice p. 286, la loi du 21 juin 1865 sur les associations syndicales.)

CHAPITRE XX

DES PRAIRIES TEMPORAIRES

On appelle prairies temporaires des prairies semées qui alternent sur le même sol avec la culture arable dans le système dit d'agriculture pastorale mixte. Il est évident que les prairies temporaires ne peuvent convenir qu'à certaines circonstances particulières de sol, de climat, de culture, etc. Nous trouvons la pratique des prairies temporaires en Italie, où les marcites alternent souvent avec la culture; en Allemagne, dans le Mecklembourg; en Danemark, dans le Holstein; en France, dans quelques fermes ou dans quelques contrées peu étendues.

« C'est surtout à l'ouest du Holstein et du Sleswig, dit « M. Lefour, sur les coteaux plus boisés dont le pied est « baigné par la mer du Nord, qu'existe, dans toute sa per- « fection, cette agriculture pastorale alterne, *Koppel-wirt-*

« *schaft*, si vantée ; l'art d'alterner les prairies et les terres
« arables y est pratiqué depuis plus de trois cents ans. »
(*Journ. d'ogric. prat.*, 1ʳᵉ série, t. I, p. 16.) Cette agriculture, ou plutôt ce système d'agriculture porte encore, en
Allemagne, le nom d'agriculture des clôtures, à cause des
clôtures qui entourent chaque sole. « Ces clôtures, dit
« Schwerz, sont d'un grand avantage, en ce qu'elles favo-
« risent la croissance de l'herbe et facilitent la garde du
« bétail. L'assolement est fixé d'après le nombre des enclos,
« de sorte qu'il est de sept ou huit, et quelquefois de dix ou
« douze... L'assolement ne renfermant que les céréales, le
« trèfle et l'herbe, on a quelques champs séparés pour les
« autres productions... Avec des enclos d'une grande éten-
« due, et par conséquent en petit nombre, la série des an-
« nées de pâture n'est pas assez considérable, et la terre n'a
« pas le temps de se reposer, c'est-à-dire d'acquérir la con-
« sistance nécessaire et d'étouffer le chiendent. Dans les
« terres fortes, un intervalle de trois ans est suffisant ; dans
« les terres légères il en faut quatre. Un champ auquel cinq
« ans de repos ne suffisent pas ne s'améliore pas par un
« repos plus prolongé. Il faudrait une bien bonne terre pour
« produire en trois récoltes les matériaux nécessaires à la
« fumure complète d'un enclos ; par ce motif, il y en a tou-
« jours quatre dans une rotation. Un autre extrême serait
« d'augmenter dans une proportion trop forte le nombre des
« enclos ; celui des récoltes de céréales devenant par là
« plus considérable, elles épuiseraient le sol, ou bien le
« terme de la pâture se trouverait étendu au delà de son plus
« grand point d'utilité, et réduirait la valeur de six enclos
« à celle qu'en auraient quatre dans une rotation plus bor-
« née. » (*Man. de l'agric. commençante*, trad. par Villeroy.
2ᵉ éd., p. 217-218.)

Dans les assolements du Holstein, on trouve toujours une
jachère morte, soit en tête de la rotation, soit à la seconde

année, et après une seconde récolte d'avoine semée sur un seul labour. On comprend ici l'utilité d'une jachère, en effet; elle est le plus ordinairement moitié fumée, moitié marnée. Dans l'avoine qui termine la rotation des céréales, on sème un trèfle qu'on fauche à l'été suivant, puis on laisse le sol s'engazonner, et son aptitude fourragère est telle, que la friche se convertit en prairie à faucher, tandis qu'ailleurs on n'obtiendrait qu'un médiocre pâturage. Schwerz paraît en faire honneur aux clôtures surtout; nous pensons que le sol et le climat y ont bien quelque part. Cette prairie temporaire dure de trois à quatre ans, suivant la richesse et la disposition du sol. Voici quelques assolements cités par le célèbre agronome allemand : 1° avoine; 2° jachère fumée; 3° blé ou seigle; 4° orge; 5° avoine; 6° trèfle à faucher; 7° à 10° pâturage et fauchage. Ou un assolement de sept ans : 1° jachère, moitié fumée, moitié marnée; 2° blé; 3° moitié orge, moitié seigle; 4° avoine; 5° trèfle fauché une fois; 6° pâturage; 7° pâturage. Ou encore une rotation de neuf ans: 1° jachère moitié fumée, moitié marnée; 2° blé; 3° orge; 4° seigle avec demi-fumure; 5° avoine; 6° trèfle; 7° à 9° pâturage et fauchage. Ou enfin un assolement de dix ans : 1° jachère fumée; 2° blé ou seigle; 3° orge; 4° avoine; 5° avoine; 6° trèfle à faucher; 7° à 10° pâturage et fauchage.

Dans la Westphalie, à Winterberg, le point le plus élevé du duché, le repos de la terre dure de six à quinze ans; les meilleurs terrains servent de prairies, les autres de pâturages. Voici la rotation suivie : 1° jachère morte, le gazon est rompu en juin; 2° pommes de terre ou navets fumés; 3° seigle d'été ou orge; 4° lin; 5° à 10° avoine; 11° à 24° pâturage ou fauchage. A Olpe, où le sol est bon et le climat doux, on suit : 1° friche; 2° avoine; 3° pommes de terre fumées; 4° seigle; 5° avoine; les friches servent de prairies; leur durée est de quatre à six années, dont les plus productives sont la deuxième et la troisième. Sur de bonnes terres on fait : 1°, 2°, 3° herbages ; 4° orge ou seigle ; 6° fèves ou pois ; 7° blé ou seigle, avec 9 à 10 kilogrammes de graines de trèfle.

Dans le Wurtemberg, et surtout dans une partie de la forêt Noire, on suit un assolement que Schwerz estime beaucoup pour les pays de montagnes : 1° choux avec fumure abondante et après écobuage ; 2° seigle ; 3° lin ; 4° seigle fumé ; 5° pommes de terre ; 6° seigle d'été ou avoine ; 7° trèfle ; 8° prairie ; 9° prairie ou pâturage ; 10° pâturage.

En Belgique, dans les contrées sablonneuses, là où l'on peut se procurer des engrais étrangers, on abandonne volontiers à l'herbe les fonds humides ; mais, dit Schwerz, comme elle n'y est pas de longue durée, on renouvelle de temps en temps la surface par la culture. Après un intervalle de quatre à six ans, le gazon est recouvert de fumier, rompu et ensemencé en avoine et en trèfle. Ce dernier est fumé l'hiver suivant, et après la première coupe, on y répand des cendres. La seconde coupe sert de pâture. A chacune des années suivantes, la première coupe est convertie en foin, et le terrain ensuite pâturé. Là où le terrain est meilleur et la pénurie de foin moins grande, on suit : 1° à 4° herbages ; 5° avoine ; 6° seigle ; 7° pommes de terre ou lin ; 8° avoine et trèfle ; ou bien : 1° et 2° herbages ; 3° lin ; 4° seigle ; 5° avoine ; 6° trèfle. Toutes les récoltes sont fumées, à l'exception des herbages.

En Angleterre, lord Cocke d'Holkham avait transformé l'assolement quadriennal en un assolement décennal, à cause de la non-réussite des prés, ainsi que du trèfle et du blé qui se fatiguaient de revenir tous les quatre ans ; il avait donc : 1° turneps ; 2° orge ; 3° trèfle ; 4° blé ; 5° turneps ; 6° orge avec *dactylis glomerata* et autres graminées ; 7° à 9° pâturage ou fauchage ; 10° pois. (Arthur Young, Schwerz, *ut suprà*, p. 240-241.)

En France, l'agriculture pastorale mixte n'offre que d'assez rares spécimens, et on fait peu usage des prairies temporaires. Cependant M. Delafond nous apprend, dans son excellent travail *Sur le progrès agricole dans la Nièvre*, que, vers 1834, M. Chenou aîné, ancien élève de Roville, les introduisit dans la Puisaye, aux environs de Saint-Amand (Yonne). S'apercevant que les champs de sa ferme, aussi bien que ceux de ses voisins, se couvraient de graminées et de légumineuses vivaces, il eut l'heureuse idée de recueillir les graines de ces plantes, de les semer dans ses champs récemment ensemencés d'orge ou d'avoine, et de les enterrer par le simple passage d'une petite herse en bois. Les premiers essais ayant donné des résultats très-satisfaisants, M. Chenou s'est ensuite arrêté aux quantités et aux espèces de graines des plantes suivantes, par hectare :

3 kilogrammes de graines		de trèfle rose.
3	—	de trèfle blanc.
3	—	de timothy.
25	—	de ray-grass.
75	—	de foin.

Ces ensemencements ont donné, l'année suivante, de 3,000 à 5,000 kilogrammes par hectare d'un très-bon fourrage sec. D'autres champs furent ensemencés en herbes, à l'automne, avec autant de succès. Aussitôt la récolte des grains opérée, M. Chenou enterre ses graines avec la herse, afin de leur donner le temps de croître, de bien s'enraciner et de résister au déchaussement pendant l'hiver. Enfin, lorsque les sécheresses du printemps arrêtent la germination des semences de la luzerne, du sainfoin, du trèfle, semés dans les menus grains, comme aussi lorsque les grandes chaleurs de l'été font périr ces plantes aussitôt après la récolte, M. Chenou sème sur le chaume 50 à 60 kilogrammes par hectare de graines de graminées vivaces. Ces semences, enterrées par un coup de herse, germent avec les pluies

d'automne, et donnent de jeunes plantes qui, fauchées l'an-
rée suivante, produisent un fourrage abondant et succulent.
Encouragé par ces essais heureux, M. Chenou a ajouté aux
semences de graminées vivaces dont il s'agit, les graines
de la luzerne et du sainfoin, et a jeté ces semences sur des
terres assainies et réchauffées par la marne. Les proportions
auxquelles il s'est arrêté sont les suivantes, pour un hectare :

```
Graines de sainfoin.....................  25  kilog.
    —       luzerne.....  ,............   3   —
    —       trèfle blanc...................  4   —
    —       trèfle rose..................   2   —
    —       timothy. ...................   3   —
    —       graminées diverses...........  80   —
```

Ces prairies semi-naturelles donnent en moyenne, à la
première coupe, 1,750 kilos de foin par hectare, plus un
excellent pâturage qui peut se continuer jusqu'à la gelée.
La durée de ces prairies est de trois à quatre ans. Après ce
laps de temps, elles sont retournées, et la terre est ensemencée en blé, orge ou avoine. Depuis quelques années,
ajoute M. Delafond, plusieurs cultivateurs de la Puisaye et
même du Berry, parmi lesquels il cite M. Courot, ont créé
aussi des prairies vivaces semi-artificielles avec autant de
succès que M. Chenou. Les terres fraîches de toute la Puisaye, réchauffées par la marne, se prêtent parfaitement à la
création de ces prairies, qui donnent de fort belles récoltes
sans le secours de l'irrigation. (*Loco citato*, p. 92-94.)

Nous dirons, pour notre compte, que ces prairies temporaires, sur un sol apte à produire l'herbe, sous un climat
doux, partout où manquent les prairies naturelles et où les
prairies artificielles vivaces font défaut, peuvent rendre
d'immenses services à l'agriculture; mais qu'en dehors de
ces circonstances, elles sont inconnues et inutiles.

SECTION II

DES PATURAGES

On appelle pâturage une terre ensemencée naturellement ou artificiellement de plantes qu'on fait pâturer par le bétail ; un pâturage est permanent, c'est-à-dire d'une durée illimitée quand on le conserve aussi longtemps qu'il donne le produit qu'on lui demande ; il est temporaire lorsque l'assolement dont il fait partie ne lui assigne qu'une durée limitée ; il est accidentel lorsqu'il consiste, entre deux récoltes, à faire utiliser par le bétail les débris de la récolte précédente ou la végétation naturelle que la charrue retournera plus ou moins prochainement.

Nous devons donc établir trois grandes divisions : celle des pâturages accidentels ; celle des pâturages temporaires, et enfin celle des pâturages permanents. Les uns et les autres peuvent être naturels ou artificiels. Ce n'est guère que depuis une quarantaine d'années qu'on a eu l'idée de semer des pâturages artificiels ; jusque-là on se contentait de faire récolter par le bétail la végétation naturelle du sol. On comprend combien les ressources fourragères ont dû s'accroître de l'adjonction du ray-grass d'Italie, des trèfles blanc et jaune, de la minette ou lupuline, du vulpin, du timothy, du fromental et autres plantes vulgarisées depuis peu dans la culture.

La statistique officielle, en 1840, évaluait à 9,191,076 hectares la superficie en pâtures et pâtis consacrée au bétail (1). Comme ce chiffre comprenait les landes et terres incultes, nous ne pensons pas qu'il ait beaucoup varié depuis lors; car si, d'un côté, on a regazonné une étendue de pentes assez importantes, on a défriché dans ces dernières années aussi une certaine superficie de terres incultes. Il ne faut pas oublier que, d'après la statistique, nous avons en France près de 400,000 bêtes à cornes et 30 millions de bêtes à laine exclusivement nourries au pâturage. Mais cette question n'a pas seulement une importance agricole, elle présente aussi un côté politique et administratif.

On a beaucoup médit des pâturages il y a peu de temps, mais de quoi n'a-t-on pas médit! On demandait leur défrichement et leur mise en culture, parce que leur produit, devenu dès lors plus abondant, entretiendrait un plus nombreux bétail. Mais, ici, il faut distinguer. Certes il ne manque pas en France de terrains, communaux surtout, situés en bons fonds et qui sont doués d'une aptitude suffisante à la culture arable; chargés outre mesure de bétail, privés de tous soins d'entretien, ils ne poussent qu'une herbe chétive aussitôt coupée par les bestiaux affamés. Mais combien d'autres sols aussi, de très-médiocre richesse, situés sur des pentes plus ou moins rapides, ne sauraient être mieux utilisés que par les bêtes à laine.

C'est que la conservation des pentes importe fort à notre économie intérieure; ce sont les pentes dénudées qui font les inondations; l'eau de pluie qui n'arrive que lentement à la terre lorsqu'elle est couverte d'arbres, qui s'infiltre doucement jusqu'aux sources qu'elle peut entretenir ainsi pendant l'été, glisse immédiatement sur les pentes chauves,

(1) La statistique indique proprement les chiffres suivants : Pâtures et pâtis, 4,468,907 hectares; jachères, 3,335,456 hectares; marécages, landes, communaux, etc., 1,386,713 hectares. C'est donc environ 3 hectares pour l'entretien annuel d'une tête de gros bétail ou son équivalent calculé à raison de dix moutons pour un bœuf ou une vache.

15.

se précipite en ravins et en torrents dans des fleuves, où elle cause des crues subites. Mais beaucoup de terrains aussi ne peuvent être plantés qu'après leur regazonnement. Si le bétail a détruit dans quelques contrées le gazon protecteur des montagnes, c'est que l'homme a abusé du pâturage comme il abuse de tout; c'est que tel alpage qui pouvait nourrir mille bêtes en a reçu le double; c'est que, poussé par la faim, le bétail a brouté jusqu'aux racines et a détruit les herbes. A qui s'en prendre?

On a dit, avec quelque raison, que le mouton, avec son pied étroit et fourchu, détachait sans cesse des parcelles du sol, creusait dans le gazon des fissures par où les eaux descendaient en filets d'abord, puis en ruisseaux et enfin en torrents, enlevant sur leur passage le reste du gazon et la terre sur laquelle il s'appuyait; que, dans leurs courses vagabondes, les troupeaux remuaient constamment la terre friable, faisaient rouler les graviers et les pierres et détruisaient les herbes à mesure de leur végétation. Mais nous croyons que la plupart de ces reproches sont fondés sur l'abus et non sur l'usage des pâturages. Ceci, d'ailleurs, ne s'applique qu'aux montagnes et non aux plaines, et nous aurons occasion d'y revenir.

M. François Bella a divisé en six régions les pâturages du nord-ouest de l'Europe : la première, limitée au nord par une ligne qui passe par Tunis et à 120 kilomètres au sud d'Alger environ, traverse la pointe méridionale de la Sicile et remonte vers la Grèce, c'est celle des pâturages d'hiver. Celle des pâturages d'automne, d'hiver et de printemps, est bornée au nord par une ligne qui part d'Aquilée au fond du golfe Adriatique, passe par Milan, Paris, et aboutit à Boulogne où elle se termine. La zone des pâturages pérennes occupe la moitié occidentale de l'Angleterre et de l'Écosse, limitée à l'est par York, Londres et Glasgow. La région des pâturages de printemps et d'automne s'avance au nord jusqu'à la limite de la vigne, suivant une ligne qui part de Nantes pour traverser Beauvais, Cologne, Magdebourg et Plotzk. Celle des pâturages de printemps, d'été et d'automne s'étend jusqu'au 60e de latitude environ ; plus au nord, on ne rencontre plus que les pâturages d'été. Ces divisions sont fondées sur le climat et les époques de végétation des pâturages.

§ 1. Des pâturages permanents.

On appelle pâturages permanents ou pérennes, ceux semés naturellement ou artificiellement sur un sol qui n'a pas d'autre destination et qu'on consacre exclusivement au bétail, tant par raison d'économie, que par impossibilité d'en tirer partie de quelque autre façon.

A. Nous trouvons au premier rang les pâturages des montagnes de la Suisse, de l'Auvergne, etc., qui sont des pâturages d'été seulement, ceux de la Suisse surtout. Dès que le printemps est arrivé, les troupeaux se mettent en route pour la montagne, guidés par les chèvres et boucs ; puis viennent les moutons avec leurs clochettes et les bêtes à cornes avec leurs sonneries ; ils sont conduits par des pâtres et des marcaires, et accompagnés de gros chiens qui doivent veiller sur leur sûreté. Trois fois par jour, on les rassemble au son du cornet autour du châlet, pour traire les vaches et leur distribuer du sel. On change souvent leur cantonnement, montant ou descendant, suivant que l'herbe est plus ou moins rare. A l'automne, le troupeau redescend de la vallée accru des nouveau-nés de la saison.

En Auvergne, sur la montagne du Cantal, les veaux de lait ont une étable qui les abrite pendant la nuit, et où on leur distribue du foin ; les mères sont mises pendant la nuit dans un parc fermé de claies dont quelques-unes sont pleines et employées pour servir d'abri du côté d'où vient le vent.

Sur les montagnes d'Aubrac, on ne prend pas autant de soins du bétail ; les étables à veaux n'existent point ; ces jeunes animaux sont mis dans un parc autour duquel couchent les vaches.

Dans la Provence, sur les monts des Maures, d'Esterel, du Luberon, de Lure, etc., on rencontre des troupeaux transhumants de bêtes à laine, dont quelques-uns sont considérables ; ils vont passer l'été dans la montagne sur des pâturages loués à l'avance.

Beaucoup de ces pâturages de montagnes appartiennent à des communes qui, parfois, les mettent en défense pour protéger le regazonnement. Le décret du 10 novembre 1864 leur offre toutes facilités ainsi qu'aux particuliers, pour regazonner leurs montagnes. Les communes peuvent constituer des syndicats, lorsque le regazonnement est facultatif, à l'effet de poursuivre l'exécution des travaux ; elles peuvent recevoir des subventions de graines. Il en est de même des particuliers (titre Ier, art. 1 à 5). Mais en cas d'inexécution ou de mauvaise exécution constatée, les subventions allouées doivent être restituées à l'État. Quant aux gazonnements obligatoires, ils peuvent être déclarés d'utilité publique, et l'État procède alors par expropriation. Dans le délai d'un mois, à partir de cette déclaration, le propriétaire doit déclarer s'il entend effectuer lui-même les travaux ou en abandonner l'exécution à l'administration forestière. Il peut recevoir également des subventions. Quand les travaux sont faits aux frais de l'État, le propriétaire, s'il veut user du droit d'obtenir sa réintégration, doit déclarer, dans les cinq ans qui suivent la notification qui lui en est faite, son intention à cet égard ; dans l'affirmative, il l'obtient en remboursant l'État de ses avances, ou en lui abandonnant le quart des terrains regazonnés. Sur les pâturages communaux regazonnés pour l'utilité publique, des indemnités peuvent être accordées aux communes pour la privation temporaire du pâturage, en ayant égard aux ressources et aux sacrifices des communes, aux besoins des habitants nécessiteux, ainsi qu'aux sommes allouées par les conseils généraux pour l'opération. Il est tenu compte de l'engagement que peuvent prendre les communes de supprimer, en tout ou en partie, le pâturage des chèvres.

B. Nous comprendrons dans ce paragraphe le pâturage des bois privés ou de l'État. C'est là une ressource dont on ne doit user qu'à défaut d'autres ; les herbes qui ont crû à l'ombre sont peu nourrissantes ; plusieurs sont vénéneuses ; c'est au printemps surtout que les bois sont dangereux pour le bétail qui broute les nouvelles pousses des arbres, ce qui peut déterminer des hématuries ; à l'automne, les moutons peuvent s'empoisonner avec certains champignons.

Le pâturage dans les bois de l'État est réglementé par le code forestier (loi du 21 mai 1827, promulguée le 31 juillet 1827, titre III, section VIII).

Art. 69. Chaque année, avant le 1ᵉʳ mars, les agents forestiers feront connaître aux communes et aux particuliers jouissant du droit d'usage, les cantons déclarés défensables et le nombre des bestiaux qui seront admis au pâturage. Les maires seront tenus d'en faire la publication dans les communes usagères.

Art. 70. Les usagers ne pourront faire usage de leurs droits de pâturage que pour les bestiaux à leur propre usage, et non pour ceux dont ils font commerce, à peine d'une amende double de celle qui est prononcée par l'article 199.

Art. 71. Les chemins par lesquels les bestiaux devront passer pour aller au pâturage et en venir, seront désignés par les agents forestiers. Si ces chemins traversent des taillis ou des recrus de futaies non défensables, il pourra être fait, à frais communs entre les usagers et l'administration, d'après l'indication des agents forestiers, des fossés suffisamment larges et profonds pour empêcher les bestiaux de s'introduire dans les bois.

Art. 72. Le troupeau de chaque commune ou section de commune devra être conduit par un ou plusieurs pâtres communs choisis par l'autorité municipale. Les communes seront responsables des condamnations pécuniaires qui pourront être prononcées contre lesdits pâtres ou gardiens.

Art. 73. Les bestiaux seront marqués d'une marque spéciale. Cette marque devra être différente pour chaque commune ou section de commune. Il y aura lieu pour chaque tête de bétail non marquée à une amende de 3 francs.

Art. 75. Les usagers mettront des clochettes au cou de tous les animaux admis au pâturage, sous peine de 2 francs d'amende pour chaque bête qui serait trouvée sans clochette dans les forêts.

Art. 78. Il est défendu à tous usagers, nonobstant tous titres ou possessions contraires, de conduire ou faire conduire des chèvres, brebis ou moutons dans les forêts ou sur les terrains qui en dépendent, à peine d'une amende double de celle prononcée par l'article 199, et contre les pâtres et bergers de 15 francs d'amende.

Art. 199. Cet article édicte, pour certains cas, une amende de 1 franc pour un cochon, 2 francs pour une bête à laine, 3 francs pour un cheval ou autre bête de somme, 4 francs pour une chèvre, 5 francs pour un bœuf, une vache ou un veau.

Ce que nous avons dit plus haut du pâturage des bois ne s'applique pas aux bois résineux d'un certain âge où, sans dommage pour la plantation, les bêtes à laine peuvent trouver une nourriture tonique et assez nourrissante. En Sologne, on se trouve bien même d'envoyer les troupeaux pâturer dans les jeunes pins.

C. Les landes offrent encore un pâturage permanent au bétail de toute espèce ; c'est encore une triste ressource, il est vrai, mais c'est à elle pourtant que la vache bretonne doit souvent sa nourriture exclusive. Les jeunes pousses de bruyères, au printemps, fournissent un fourrage tonique que les chevaux, les vaches et les moutons recherchent avidement; tous les trois ou quatre ans, on fauche ces bruyères ou on les fait brûler; dans le premier cas, on emploie le produit à faire des litières, à couvrir les bâtiments ou à chauffer le four; dans le second, les cendres enrichissent un peu le sol. Sur les landes de la Bretagne on rencontre diverses espèces de bruyères (*erica scoparia, cinerea, tetralix*, etc.), le genêt à balais (*spartium scoparium*), l'ajonc marin (*ulex europæus*); des agrostis, des fétuques, des poa, la flouve odorante, etc. ; rarement des légumineuses (trèfle blanc, trèfle jaune), des joncs, des carex, etc. Souvent, le bétail, les chevaux surtout, restent toute l'année, jour et nuit, dans ces landes; ils ont les pieds garnis d'entraves, on les vient chercher pour le travail, et on les y reconduit ensuite. C'est là de la pâture sauvage au premier chef, et l'on peut supposer quelle immense étendue on doit consacrer à un troupeau ainsi nourri.

D. Le pâturage des marais ne peut guère être utilisé que par le bétail à cornes; les chevaux peuvent s'y enfoncer et s'y blesser; les bêtes à laine y contractent la cachexie. Il est même prudent de n'y envoyer le gros bétail qu'après lui avoir fait manger à l'étable une ration de fourrage sec. Si le sol est formé de tourbe, le pâturage demande quelques précautions, parce que les animaux peuvent y enfoncer très-profondément; il ne faut donc y envoyer le troupeau que lorsque le sol est assez sec, y tenir les jeunes bêtes plutôt que les bêtes adultes, et n'y jamais mettre les vaches pleines, parce qu'elles y seront exposées à de nombreuses causes d'avortement. Les bêtes à laine ne doivent jamais entrer dans les marais, où elles contractent la cachexie. Cependant nous affirmons connaître un troupeau qui, depuis sept ans, vit exclusivement, béliers, brebis et agneaux, dans les marais d'Yèvre près de Bourges, sans y être atteint de cachexie, mais bien plutôt de sang de rate ; ce fait invraisemblable, quoique très-véridique, et que nous avons pu longuement vérifier, ne peut s'expliquer que par ces deux autres faits : que les animaux sont logés sous des hangars ouverts à l'est et bien ventilés par conséquent, et qu'ils ne sortent jamais le matin sans avoir mangé une ration de fourrage sec. Toute l'année ils pâturent dans le marais ; pendant les plus mauvais jours de l'hiver, ils reçoivent à la bergerie du foin de marais ; les mères agnèlent aux champs en février et mars et reçoivent alors un peu de carottes ou de panais. Ce troupeau enfin se reproduit par lui-même depuis sept ans sans offrir plus de mortalité que ceux nourris sur les coteaux calcaires avoisinants. On voit clairement ici l'influence de l'hygiène.

E. Le pâturage des plaines est presque toujours temporaire ; les bons cultivateurs cependant consacrent à leur troupeau quelques terres sur lesquelles ils établissent des pâturages pérennes, ressource de l'hiver et du printemps. En Provence cependant, dans la plaine de la Crau, une grande étendue de pâturages permanents engraisse chaque année de nombreux troupeaux ; le sol provient des alluvions du Rhône et est recouvert de pierres plates très-pressées entre lesquelles pousse une herbe succulente.

F. Le pâturage des coteaux granitiques est formé, en général, d'une herbe courte, fine et serrée ; c'est le *nardus stricta*, vulgairement appelé poil de chien, qui en fait la base, avec d'autres graminées des sables, mais peu de légumineuses. Sur les coteaux calcaires, le gazon n'est ni moins fin ni moins touffu, mais il est plus court encore peut-être et aussi bien plus nourrissant ; les légumineuses y sont bien plus abondantes, ainsi que les plantes aromatiques de la famille des labiées. « Dans le Larzac et les contrées voisines,

« dit M. J. Bonhomme, on estime beaucoup, comme pâturage
« d'hiver pour les brebis, des coteaux exposés au midi, ap-
« pelés adrech (endroit, par opposition à l'envers, qui est le
« regard du nord). Un adrech a d'autant plus de valeur qu'il
« est peuplé de brogolon : c'est l'*aphyllanthes monspeliensis*
« des botanistes. Cette herbe à la jolie fleur bleue et dont
« les touffes sont formées de hampes fines et nues comme
« autant de brins de jonc, n'est pas desséchée par les cha-
« leurs de l'été et se conserve verte pendant l'hiver. L'été,
« l'adrech est mis en défense ; l'hiver, les brebis broutent
« le brogolon mêlé aux tiges sèches des autres herbes et aux
« premières pousses de quelques plantes vivaces. » (*La
Bergerie*, p. 29.)

Le pâturage, nous l'avons dit et nous le répétons, offre un
moyen économique de recueillir le produit non fauchable
des terres de médiocre fécondité ; toute terre qui, avec des
soins et sans danger de dévastation par l'eau, peut donner
un produit fauchable, peut et doit être cultivée. C'est donc
dans les contrées pauvres ou montueuses que les pâturages
peuvent être utiles aux bêtes à laine, mais rarement aux
bêtes à cornes et à l'espèce chevaline. Le mouton pâture de
près, il a la bouche fine et pointue, il peut recueillir une
herbe courte ; il n'en est pas de même du cheval et surtout
du bœuf ; il leur faut une herbe plus longue et plus touffue,
en un mot, des prairies ou des herbages ; c'est une agriculture misérable que celle qui les envoie paître sur les landes,
sur les communaux, dans les bois, au bord des chemins ;
mieux vaudrait leur consacrer quelques terres, même de
médiocre qualité, encloses, soignées, et qu'ils améliore-
raient eux-mêmes. En un mot, il ne devrait y avoir que des
pâturages à moutons, le gros bétail devant être nourri à
l'étable ou dans les prairies.

Pour établir un pâturage permanent, de même que pour
faire une prairie, il faut considérer la nature du sol et étu-

dier sa végétation spontanée ; les bonnes plantes qui y viennent naturellement doivent en faire la base ; ce sont, naturellement, des plantes vivaces qu'on doit surtout choisir. Ainsi, dans les sols argileux, argilo-siliceux et argilo-calcaires, le ray-grass d'Italie, la houque laineuse, la flouve odorante, les pâturins, les vulpins, les fétuques, les fléoles, les agrostis, le trèfle blanc, le lotier corniculé et majeur, un peu de luzerne ; sur les sols calcaires, les bromes rude et stérile, les fétuques ovine et traçante, le dactyle pelotonné, l'avoine élevée, le ray-grass anglais, le pâturin des prés, et un peu de sainfoin et de minette. Pour un sol siliceux on choisira la minette, le trèfle filiforme, la gesse chiche, le lotier corniculé, l'avoine élevée, la flouve odorante, les fétuques ovine et traçante, la cretelle, le brome des prés, le ray-grass anglais, l'avoine jaunâtre, le pâturin des prés, etc. ; sur les montagnes, la canche flexueuse, la fétuque rougeâtre, la mélique ciliée, la brize tremblante, l'élyme des sables, la petite pimprenelle, etc.

On détruira sur les pâturages la matricaire, les chrysanthèmes, la centaurée, l'arnique, les immortelles, la tanaisie, la camomille, le trèfle des champs, les crêtes-de-coq, les millepertuis, toutes plantes auxquelles le bétail ne touche que lorsqu'il est poussé par la faim, et dont plusieurs possèdent même des propriétés nuisibles.

Dans l'établissement des herbages, et dans le choix des espèces de plantes, il faut tenir compte des goûts du bétail auquel ils sont plus particulièrement destinés ; c'est ainsi que le bétail à cornes recherche le mélampyre des bois et des champs (*melampyrum silvaticum, arvense*), les plantes de la famille des crucifères, toutes plantes que refuse le cheval ; les chevaux consomment impunément les plantes de la famille des hypéricinées dont l'une, le millepertuis crépu, est un violent poison pour les moutons ; la chèvre mange sans danger la douce-amère (*solanum dulcamara*) qui est vénéneuse pour le bétail à cornes, etc. En général, le mouton aime les herbes fines et courtes ; les bœufs et vaches, les plantes aqueuses et grasses ; les chevaux, les pâturages abondants et un peu secs.

Il faut tenir compte encore de l'époque à laquelle on veut surtout utiliser le pâturage ; pour ceux d'hiver, on recommande le brome de Schrader ; pour ceux de printemps, il faut choisir les plus précoces, le vulpin des prés, la flouve odorante, le dactyle pelotonné, le ray-grass anglais, l'avoine des prés, le poa des prés, etc. Pour l'été, les plantes qui supportent le mieux la sécheresse, ou qui végètent pendant cette saison, l'avoine jaunâtre, la crételle, la fétuque des prés, les pâturins, la houque laineuse, le trèfle des prés, le trèfle blanc, la gesse des prés, l'*aphyllanthes monspeliensis*, etc. Pour l'automne, la fétuque élevée, l'agrostis stolonifère, le chiendent, la millefeuille, etc.

Enfin, toutes les plantes n'ont pas la même aptitude à repousser sous la dent du bétail ; cette aptitude suppose d'abord qu'elles sont assez rustiques pour végéter pendant les diverses saisons ; ensuite que leur végétation leur permet de former dans la même année plusieurs tiges et plusieurs floraisons et fructifications. Comme rusticité, il faut placer au premier rang l'agrostis stolonifère (*agrostis, stolonifera* fiorin des Anglais), le brome des prés, le dactyle pelotonné qui aime l'ombre, la fétuque ovine, etc. Quant aux facultés de se multiplier et de repousser, on peut citer encore les mêmes plantes, en y ajoutant les ray-gras anglais et d'Italie, le trèfle rampant, etc.

Pour établir un herbage permanent, absolument comme pour faire une prairie, il faut commencer par mettre le sol en état de production, et détruire aussi complétement que possible la végétation spontanée. Il s'agit donc de cultiver pendant quelques années, en approfondissant le plus possible la couche arable, sans ramener pourtant le sous-sol à la surface, de faire des récoltes sarclées et fumées, c'est-à-dire d'enrichir le sol et de le nettoyer. Dans la dernière récolte, ordinairement une céréale, une avoine surtout, semée claire, on sème du trèfle, et on laisse ensuite le terrain s'enherber ; mais il est bien préférable de semer un mélange de graines combiné ainsi que nous l'avons dit, selon la nature du sol et le but qu'on veut atteindre.

On répand ces graines bien mélangées soit au printemps, après la semaille de la céréale, soit à la fin de l'été, et sans autre abri protecteur, si l'on n'a pas à redouter le déchaussement du sol. On enterre au moyen d'une herse d'épines, puis on donne un léger roulage. Au premier hiver, il est bon de faire épierrer, s'il y a lieu, et de rouler encore ; au printemps, on fauche s'il est possible ; la faux vaut mieux dans ce cas que le pâturage, qui arrache une partie des plantes ; mais on peut déjà, avec prudence, faire pâturer le regain. Dès lors on peut abandonner le pâturage au bétail, avec certaines précautions cependant. Ainsi, il faut proportionner à sa fertilité et à son étendue le troupeau qu'on y envoie et le laps de temps nécessaire pour que l'herbe puisse repousser. Quand un herbage est trop chargé, les animaux broutent jusqu'au collet, détruisent beaucoup de plantes et produisent des vides qui ne tardent pas à se garnir de mauvaises herbes. Il en est de même quand le bétail y vient trop fréquemment. Si, d'un autre côté, le bétail n'est pas assez nombreux, il ne broute que les plantes préférées, les autres durcissent, grainent et se multiplient à l'infini et aux dépens des bonnes. En général, on fait consommer l'herbe par les différentes natures de bestiaux dans l'ordre suivant : les chevaux d'abord, puis les poulains, les bœufs ou vaches, les veaux et génisses, et enfin les moutons. Comme tous n'ont pas les mêmes goûts, les uns mangent les refus des autres. Les soins d'entretien se bornent à peu près à l'épierrement et à l'étaupinage. Dans les terres calcaires, il est bon de faire échardonner deux ou trois fois pendant la belle saison. Dans tous les sols, il est bon de faire épandre les crottins, les bouses et les fientes, chaque jour, par le gardien.

Tous les pâturages devraient être enclos de haies vives et surtout d'arbres. Les abris favorisent la végétation; les arbres prêtent leur ombre au troupeau pendant les chaleurs de l'été, leur protection pendant les mauvais jours de toutes saisons. Les haies préservent du délit des bestiaux étrangers ou de ceux mêmes du propriétaire; elles économisent ou rendent moins élevés les frais de gardiennage. Enfin, les haies et les arbres donnent un produit à considérer, dans certaines contrées surtout.

§ 2. Des pâturages temporaires.

Les pâturages temporaires sont ceux qui ne sont établis que pour un temps ou qui consistent seulement à utiliser, entre deux labours, l'herbe crue sur le sol, ou entre deux récoltes les débris de la précédente. On ne saurait donc astreindre ces pâturages à des règles fixes ou même générales.

A. On appelle fertisses, dans le Berry, des terres maigres et sèches, auxquelles on ne demande tous les six à dix ans qu'une chétive récolte d'engrain ou d'avoine, et qu'on laisse s'enherber dans l'intervalle pour faire un parcours aux bêtes à laine. On comprend qu'un semblable pâturage, s'il est nutritif, ne saurait être bien abondant; la terre ne s'enrichit guère à produire toujours, herbe ou grain, sans rien recevoir que les excréments du bétail qui le tond, pendant le jour, à des intervalles assez éloignés. Aussi le nombre des fertisses ou pâtis tend à diminuer chaque jour, et ces maigres terres rentrent dans la culture où le sainfoin, le seigle et l'avoine en tirent parti. Ailleurs on appelle ces pâturages des pelures ou des pâquis. Ils ne sont utilisables que par les bêtes à laine. Dans certains assolements alternes et sur de mauvaises terres, on conserve le trèfle deux ans pour le faucher la première année et le faire pâturer la seconde, ainsi que le faisait M. de Béhague à Dampierre, et que le fait dans la Brenne M. Briffaut, avec l'assolement suivant : 1° jachère fumée et marnée; 2° froment ; 3° pommes de terre; 4° avoine ; 5° trèfle fauché; 6° trèfle fauché ou pâturé; 7° trèfle pâturé. Mais c'est là une pratique défectueuse, c'est l'abus d'une plante utile dont on retarde le retour, et dont on compromet la réussite pour un chétif produit ; en outre, le sol se trouve, à la suite, envahi par les mauvaises herbes, et il faut faire de grands frais pour les détruire, sinon les récoltes s'en ressentent sensiblement.

En Vendée et en Bretagne, on établit des pâturages temporaires avec le genêt ou l'ajonc (*spartium scoparia*, *ulex europæus*). Outre le produit direct et indirect que donnent ces plantes ligneuses, elles favorisent par leur abri la croissance d'une herbe d'assez bonne qualité, de bonne heure au printemps, malgré la sécheresse de l'été, pendant l'automne et une partie de l'hiver. Le genêt et l'ajonc réussissent à peu près dans tous les sols; on les sème au printemps dans du blé, du seigle ou de l'avoine, etc., en juin et juillet dans du sarrasin, à raison de 6 à 10 litres par hectare pour le genêt, et 6 à 8 kilos pour l'ajonc. On fauche la céréale comme d'ordinaire, et deux ans après, le genêt ou l'ajonc étant assez forts, le pâturage peut commencer. Il est prudent cependant d'interdire au printemps les genétières, les jeunes pousses, alors assez appétissantes, de l'arbrisseau pouvant déterminer le pissement de sang (mal des bois; inflammation des organes digestifs, des reins et de la vessie). A cette époque, on ne doit permettre le pâturage que de temps en temps et pendant une durée assez courte. Une genétière peut durer de cinq à dix ans; on doit la couper

dès que l'arbrisseau, couvrant trop le terrain, étouffe la végétation au lieu de la protéger. On procède à la coupe en
août ou septembre, avec la grande serpe et la hache; les
tiges sont laissées sur le sol jusqu'à ce qu'elles soient bien
desséchées, et on les lie ensuite en fagots qu'on rentre à la
ferme pour les employer au chauffage, à la cuisson du pain
et des aliments, à celle des briques, des tuiles, de la poterie
ou des tuyaux de drainage, de la chaux ou du plâtre. Un
hectare de genêts à leur septième année peut donner 300 à
500 fagots de bois, ayant $1^m,20$ de circonférence au lien et
une longueur moyenne de $1^m,30$. On défriche ensuite à la
pioche pendant l'hiver, pour ensemencer en seigle, avoine
ou sarrasin. L'ajonc peut être coupé de temps en temps
pour fournir du fourrage (voir tom. II), et après huit à dix
ans de durée, on coupe pour chauffage. Les pâturages d'ajonc
ne conviennent pas aux bêtes ovines, qui y laissent une
partie de leur laine.

B. Les regains de prairies artificielles constituent pour
toute espèce de bétail un excellent pâturage, mais dont il ne
faut user qu'avec certaines précautions; le trèfle, la luzerne,
peuvent météoriser, il ne faut pas l'oublier, lorsque le bétail
mange avec trop d'avidité et que les plantes sont fanées par
la grande chaleur. Le regain de sorgho paraît être vénéneux
pour tous les animaux, quoique la plante arrivée à sa croissance soit inoffensive. Nous avons vu un troupeau de bêtes
à laine décimé dans ces circonstances; on a cité aussi plusieurs cas d'empoisonnements de bêtes à cornes; il faut donc
labourer aussitôt après la coupe du fourrage. Quant aux
autres fourrages, vesces, sainfoins, moutarde, etc., ils peuvent, dans certains cas, météoriser aussi; il est donc prudent de n'y envoyer le troupeau qu'après l'avoir déjà fait
pâturer ailleurs, et le matin et le soir seulement, à la rosée
et au serein. La minette, le ray-gras, le trèfle incarnat, sont
inoffensifs; mais il faut se défier du sarrasin, qui fait enfler

la tête des moutons et peut déterminer une ophthalmie.

C. Les chaumes des céréales sont une des plus précieuses ressources de l'été; non pas tant seulement pour l'herbe qu'y trouve le bétail que pour les épis échappés à la faux et au râteau, et qu'il y glane soigneusement. Si le chaume est propre, les moutons seuls y pourront pâturer; s'il est rempli d'herbes dans le pied, il convient aux espèces chevaline et bovine. Lorsqu'il contient du trèfle ou de la luzerne, il suppose les mêmes précautions que nous avons indiquées en parlant des regains. Dans les contrées riches ou les sols calcaires, le pâturage des chaumes, en été, peut déterminer la maladie du sang, si surtout la céréale a été mal râtelée et n'a pas été glanée; le grain qu'y recueille le bétail en fait un régime très-nutritif et très-échauffant qui porte à l'apoplexie ou à la congestion sanguine générale.

D. Le pâturage des jachères forme, dans les contrées soumises à l'assolement triennal, une des plus importantes ressources des troupeaux de bêtes à laine, au détriment de la culture arable; le sol s'enherbe, les herbes traçantes se multiplient par leurs stolons, les plantes nuisibles infestent le terrain, que les façons préparatoires entre deux récoltes sont impuissantes à nettoyer. Le chiendent, les chardons, la ravenelle, la moutarde sauvage, l'arrête-bœuf, la nielle, l'agrostis, etc., dévorent sans aucun profit la fumure destinée aux céréales, et les prairies artificielles sont souvent étouffées par les plantes nuisibles. Voilà le fruit des jachères mortes; mais il n'en est pas de même des jachères vives, et l'herbe qui croît sur les labours, pour si peu abondante qu'elle soit, ne laisse pas que d'être l'un des meilleurs pâturages pour les moutons. On voit donc clairement quel avantage il y a à établir des pâturages permanents, afin de pouvoir entretenir le bétail sans nuire à la culture.

E. Le droit de parcours a disparu en 1791; mais la vaine pâture existe encore. L'origine de ces deux servitudes nous

paraît pouvoir être rapportée aux livres saints : « Dans
« l'année du Jubilé, les pauvres qui sont parmi votre peuple
« mangeront ce qui naîtra de soi-même, et ce qui restera
« sera pour les bêtes de la campagne. » La plupart des
économistes, cependant, considèrent ces droits comme un
legs du moyen âge. Chez les Germains et les Gaulois, en
effet, nous savons qu'une partie du territoire était mise en
commun, non-seulement pour la culture, mais encore et
surtout pour la dépaissance du bétail ; nos biens communaux
tirent sans doute de là leur origine. La vaine pâture seule
remonte au régime féodal, et s'est perpétuée jusqu'à nous
dans quelques contrées, et elle existe encore en France.
Il serait temps de faire disparaître cette servitude de la législation, car elle s'oppose, où elle règne, aux améliorations de toute nature. C'est dans les pays de plaine, le Berry,
la Champagne, etc., qu'elle s'est surtout conservée. On peut
s'y soustraire, il est vrai, d'après une loi de 1790 et une
autre de 1827, par le cantonnement et l'enclosure des propriétés ; mais ce sont là des charges à peu près sans profit,
et dont les agriculteurs se passeraient bien. L'art. 648 du
Code civil ajoute que le propriétaire qui veut se clore perd
son droit au parcours et à la vaine pâture, en proportion du
terrain qu'il y soustrait, — ce qui n'est que justice. D'après
le droit de vaine pâture, tous les propriétaires d'une même
commune ont le droit d'envoyer réciproquement leurs animaux sur toutes les terres non emblavées. Qui donc, dès
lors, sèmera des pâturages permanents au profit d'autrui ?
Qui donc cherchera à améliorer ses herbages ? On peut s'en-
tourer de fossés, nous répondra-t-on ; mais c'est une piètre
défense contre les moutons et même contre le gros bétail.
Plantez des haies ! mais la dent de la bête à laine leur sera
meurtrière ; et puis que de frais, que de terrain perdu pour
se défendre d'un ennemi dont un seul article de loi nous
pourrait préserver sans qu'il fût porté aucune atteinte à la

16

production, tant s'en faut. N'est-il pas juste que chacun nourrisse son troupeau?

F. Le pâturage des céréales, appelé effiolage, s'opère ordinairement au printemps, afin de retarder les blés ou les seigles trop vigoureux, et pour lesquels on craint la verse. Ce sont d'ordinaire les moutons qu'on y envoie, quelquefois, mais rarement, les veaux ; le bétail à cornes arracherait les touffes. On fait passer, mais seulement passer, le troupeau avant de le rentrer à la bergerie, à plusieurs jours d'intervalle et suivant le besoin. On doit veiller, en effet, à ce qu'il ne broute pas de trop près et n'attaque le collet. On fait quelquefois effioler aussi, dans un but tout opposé, afin de faire taller davantage les grains ; c'est ainsi qu'en Normandie on fait souvent, pendant l'hiver, pâturer les froments. Mais comme les troupeaux sont composés d'un fort petit nombre de bêtes, on les introduit dans le champ enclos, après les avoir entravés individuellement ou par paire, et on les y laisse le temps proportionné à leur nombre et à la superficie, puis on les passe dans un autre champ. Beaucoup de moutons ne sont pas autrement nourris pendant l'hiver ; probablement il y a là une nécessité de fourrages au moins autant qu'une pratique agricole ; si les moutons ne font pas de mal ici, il n'est pas bien assuré qu'ils produisent du bien. Ce qu'on peut tenir pour certain, c'est que l'effiolage, au printemps, quand il est mal surveillé et trop prolongé, peut causer des diarrhées qui font dépérir les animaux.

G. Le déprimage des prairies naturelles est une de ces pratiques routinières et inconsidérées que l'agriculture pauvre et ignorante a établies et qui se perpétuent sans qu'on songe à parer à la nécessité qui l'a originairement produite. « Déprimer, c'est, dit M. Eug. Gayot, faire manger « sur place aux animaux la première herbe des prairies « permanentes... Cette pratique, fort ancienne, tend à dis-

« paraître complétement dans un temps plus ou moins rap-
« proché. Elle n'a d'ailleurs jamais été générale. On ne l'a
« connue et mise en usage que dans les contrées à culture
« peu avancée, où par force majeure, et pour ne pas
« laisser mourir de faim des animaux qui en avaient lon-
« guement souffert pendant l'hiver, il y avait urgence d'uti-
« liser les premières ressources de la végétation printanière.
« Dans ces conditions, les animaux quittent tardivement
« les prairies à l'arrière-saison, pour en sortir plus tardive-
« ment encore. Il reste peu de temps à la pousse du mi-
« lieu, à celle dont le produit doit être converti en foin.
« La conséquence est facile à prévoir; c'est la pénurie
« constante de fourrage. L'agriculture tourne ainsi dans un
« cercle vicieux; elle manque d'aliments en hiver, parce
« qu'elle n'en récolte pas assez en été; elle en récolte peu
« pour l'hiver, parce qu'elle fait consommer en herbe des
« produits qu'elle ne laisse point accumuler pour les ap-
« provisionnements de la mauvaise saison. Dans ce système,
« qui a l'inconvénient de faire peu de fumier, les terres
« sont peu ou point graissées et ne donnent que de maigres
« récoltes. Le bétail ne trouve l'abondance en aucun temps,
« il n'a que très-passagèrement la suffisance et demeure sur
« les derniers degrés de l'échelle. Le cultivateur, enfin,
« reste pauvre autant que sa terre et ses bêtes. » (*Encyclop.
prat. de l'agric.*, t. VI, p. 130-131, au mot *Déprimer.*)
On ne saurait en meilleurs termes et avec de meilleures
raisons condamner une pratique aussi barbare. Nous ajouterons que la plupart des vétérinaires reconnaissent au déprimage une notable influence sur le développement enzoo-
tique ou sporadique des hématuries et des entérites
suraiguës qui chaque année déciment le bétail dans certaines contrées de la France.

En terminant, nous croyons devoir répéter ce que nous
avons eu occasion de dire, à plusieurs reprises déjà, dans

cet ouvrage, que, pour le bétail à cornes, le mode de nourriture le plus économique est celui de la stabulation raisonnée, avec fourrages naturels ou artificiels fauchés et distribués à l'étable; que l'espèce chevaline a besoin, pour l'élevage, d'exercice et d'espace que le pâturage seul peut donner, qu'enfin, la bête à laine ne saurait supporter sans grands frais et sans atteinte pour sa santé, la stabulation permanente. Il faut donc des prairies naturelles, des prairies artificielles, des racines et des pâturages. Mais nous croyons que les pâturages doivent être permanents et placés en dehors des soles culturales, et que la pâture sauvage n'est plus en rapport avec le progrès de la civilisation et de l'agriculture. Si labourage et pâturage sont, comme l'a dit Sully, les deux mamelles de l'État, nous regardons la dernière comme de beaucoup la plus féconde; il semble que c'est par elle que doivent être réparées toutes les pertes éprouvées par l'autre. Et nous le répétons avec conviction, dans la nouvelle situation faite à l'agriculture française par l'amélioration des voies de communication et l'extension des lignes ferrées, aujourd'hui, plus que jamais, le bétail doit être la base de toute agriculture profitable.

Dans le second volume, nous traiterons des prairies artificielles vivaces, bisannuelles et annuelles et des plantes-racines.

APPENDICE

—

LOI DU 21 JUIN 1865 SUR LES ASSOCIATIONS SYNDICALES.

Depuis que ce livre est sous presse, une loi sur les associations syndicales, heureux complément de la législation que nous venons d'exposer, a été votée le 30 mai par le Corps législatif, et le 13 juin 1865 par le Sénat, et promulguée le 23 août. Elle est trop importante pour que nous ne la reproduisions pas ici, convaincu qu'elle aidera puissamment aux progrès des améliorations agricoles, en fécondant la législation qui l'a précédée et lui permettant de produire tous ses fruits. Elle est ainsi conçue :

TITRE Ier.

DES ASSOCIATIONS SYNDICALES.

ART. 1er. — Peuvent être l'objet d'une association syndicale entre propriétaires intéressés, l'exécution et l'entretien des travaux : 1° de défense contre la mer, les fleuves, les torrents et rivières navigables et non navigables ; 2° de curage, approfondissement, redressement et régularisation des canaux et cours d'eau non navigables ni flottables, et des canaux de desséchement et d'irrigation ; 3° du desséchement des marais ; 4° des étiers et ouvrages nécessaires à l'exploitation des marais salants ; 5° d'assainissement des terres humides et insalubres ; 6° d'irrigation et de colmatage ; 7° de drainage ; 8° de chemins d'exploitation, et de toute autre amélioration agricole ayant un caractère d'intérêt collectif.

ART. 2. — Les associations syndicales sont libres ou autorisées.

ART. 3. — Elles peuvent ester en justice par leurs syndics, acquérir, vendre, transiger, emprunter et hypothéquer.

ART. 4. — L'adhésion à une association syndicale est valablement donnée par les tuteurs, par les envoyés en possession provisoire et par tout représentant légal pour les biens des mineurs, des interdits, des absents et autres incapables, après autorisation du Tribunal de la situation des biens, donnée sur simple requête en la Chambre du conseil, le ministère public entendu. Cette disposition est applicable aux immeubles dotaux et aux majorats.

TITRE II.

DES ASSOCIATIONS SYNDICALES LIBRES.

ART. 5. — Les associations syndicales libres se forment sans l'intervention de l'Administration. Le consentement unanime des associés doit être constaté par écrit. L'acte d'association spécifie le but de l'entreprise ; il règle le mode d'administration de la Société et fixe les limites du mandat confié aux administrateurs ou syndics ; il détermine les voies et moyens nécessaires pour subvenir à la dépense, ainsi que le mode de recouvrement des cotisations.

ART. 6. — Un extrait de l'acte d'association devra, dans le délai d'un mois à partir de sa date, être publié dans un journal d'annonces légales de l'arrondissement, ou, s'il n'en existe aucun, dans l'un des journaux du département. Il sera en outre transmis au Préfet et inséré dans le Recueil des actes de la Préfecture.

ART. 7. — A défaut de publication dans le journal d'annonces légales, l'association ne jouira pas du bénéfice de l'art. 4.

L'omission de cette formalité ne peut être opposée aux tiers par les associés.

Art. 8. — Les associations syndicales libres peuvent être converties en associations autorisées par arrêté préfectoral, en vertu d'une délibération prise par l'Assemblée générale, conformément à l'art. 12 ci-après, sauf les dispositions contraires qui pourraient résulter de l'acte d'association. Elles jouissent, dès lors, des avantages accordés à ces associations par les articles 15, 16, 17, 18 et 19.

TITRE III.

DES ASSOCIATIONS SYNDICALES AUTORISÉES.

Art. 9. — Les propriétaires intéressés à l'exécution des travaux spécifiés dans les numéros 1, 2, 3, 4 et 5 de l'art. 1er peuvent être réunis par arrêté préfectoral en association syndicale autorisée, soit sur la demande d'un ou de plusieurs d'entre eux, soit sur l'initiative du Préfet.

Art. 10. — Le Préfet soumet à une enquête administrative, dont les formes seront déterminées par un règlement d'administration publique, les plans, avant-projets et devis des travaux, ainsi que le projet d'association. Le plan indique le périmètre des terrains intéressés et est accompagné de l'état des propriétaires de chaque parcelle. Le projet d'association spécifie le but de l'entreprise et détermine les voies et moyens nécessaires pour subvenir à la dépense.

Art. 11. — Après l'enquête, les propriétaires qui sont présumés devoir profiter des travaux sont convoqués en assemblée générale par le Préfet, qui en nomme le président, sans être tenu de le choisir parmi les membres de l'Assemblée. Un procès-verbal constate la présence des intéressés et le résultat de la délibération. Il est signé par les membres présents et mentionne l'adhésion de ceux qui ne savent pas signer. L'acte contenant le consentement par écrit de ceux qui l'ont envoyé en cette forme est mentionné dans le procès-verbal et y reste annexé. Le procès-verbal est transmis au Préfet.

Art. 12. — Si la majorité des intéressés représentant au moins les deux tiers de la superficie des terrains, ou les deux tiers des intéressés, représentant plus de la moitié de la superficie, ont donné leur adhésion, le Préfet autorise, s'il y a lieu, l'association. Un extrait de l'acte d'association et l'arrêté du Préfet, en cas d'autorisation, et, en cas de refus, l'arrêté du Préfet, sont affichés dans les communes de la situation des lieux et insérés dans le Recueil des actes de la Préfecture.

Art. 13. — Les propriétaires intéressés et les tiers peuvent déférer cet arrêté au ministre des Travaux publics dans le délai d'un mois, à partir de l'affiche. Le recours est déposé à la Préfecture et transmis, avec le dossier, au Ministre, dans le délai de quinze jours. Il est statué par un décret rendu en Conseil d'État.

Art. 14. — S'il s'agit des travaux spécifiés aux numéros 3, 4 et 5 de l'art. 1er, les propriétaires qui n'auront pas adhéré au projet d'association pourront, dans le délai d'un mois ci-dessus déterminé, déclarer à la Préfecture qu'ils entendent délaisser, moyennant indemnité, les terrains leur appartenant et compris dans le périmètre. Il leur sera donné récépissé de la déclaration. L'indemnité, à la charge de l'association, sera fixée conformément à l'art. 16 de la loi du 21 mai 1836.

Art. 15. — Les taxes ou cotisations sont recouvrées sur des rôles dressés par le syndicat chargé de l'administration de l'association, approuvés, s'il y a lieu, et rendus exécutoires par le Préfet. Le recouvrement est fait comme en matière de contributions directes.

Art. 16. — Les contestations relatives à la fixation du périmètre des terrains compris dans l'association, à la division des terrains en différentes classes, au classement des propriétés en raison de leur intérêt aux travaux, à la répartition et à la perception des taxes, à l'exécution des travaux, sont jugés par le Conseil de Préfecture, sauf recours au Conseil d'État. Il est procédé à l'apurement des comptes de l'association, selon les règles établies pour les comptes des receveurs municipaux.

Art. 17. — Nul propriétaire compris dans l'association ne pourra, après le délai de quatre mois, à partir de la notifica-

tion du premier rôle des taxes, contester sa qualité d'associé
ou la validité de l'association.

Art. 18. — Dans le cas où l'exécution des travaux entrepris
par une association syndicale autorisée exige l'expropriation
des terrains, il y est procédé conformément aux dispositions de
l'art. 16 de la loi du 21 mai 1836, après déclaration d'utilité
publique par décret rendu en Conseil d'État.

Art. 19. — Lorsqu'il y a lieu à l'établissement de servitudes
conformément aux lois, au profit d'associations syndicales, les
contestations sont jugées suivant les dispositions de l'art. 5 de
la loi du 10 juin 1854.

TITRE IV.

DE LA REPRÉSENTATION DE LA PROPRIÉTÉ DANS LES ASSEMBLÉES GÉNÉRALES DES SYNDICS.

Art. 20. — L'acte constitutif de chaque association fixe le
minimum d'intérêt qui donne droit à chaque propriétaire de
faire partie de l'assemblée générale. Les propriétaires des parcelles inférieures au minimum fixé peuvent se réunir pour se
faire représenter à l'Assemblée générale par un ou plusieurs
d'entre eux, en nombre égal au nombre de fois que le minimum d'intérêt se trouve compris dans leurs parcelles réunies.
L'acte d'association détermine le maximum de voix attribué à
un même propriétaire, ainsi que le nombre de voix attaché à
chaque usine, d'après son importance, et le maximum de voix
attribué aux usiniers réunis.

Art. 21. — Le nombre des syndics, leur répartition, s'il y a
lieu, entre diverses catégories d'intéressés et la durée de leurs
fonctions seront déterminés par l'acte constitutif de l'association.

Art. 22. — Les syndics sont élus par l'Assemblée générale,
parmi les intéressés. Lorsque les syndics doivent être pris dans
diverses catégories, la liste d'éligibilité est divisée en sections
correspondantes à ces diverses catégories. Les syndics seront
nommés par le Préfet, dans le cas où l'Assemblée générale,

après deux convocations, ne serait pas réunie ou n'aurait pas procédé à l'élection des syndics.

Art. 23. — Dans le cas où, sur la demande du syndicat, il est accordé une subvention par l'État, par le département ou par la commune, cette subvention donne droit à la nomination par le Préfet d'un nombre de syndics proportionné à la part que la subvention représente dans l'ensemble de l'entreprise.

Art. 24. — Les syndics élisent l'un d'eux pour remplir les fonctions de Directeur, et, s'il y a lieu, un adjoint qui remplace le Directeur en cas d'absence ou d'empêchement. Le Directeur et l'adjoint sont toujours rééligibles.

TITRE V.

DISPOSITIONS GÉNÉRALES.

Art. 25. — A défaut, par l'association, d'entreprendre les travaux en vue desquels elle aura été autorisée, le Préfet rapportera, s'il y a lieu et après mise en demeure, l'arrêté d'autorisation. Il sera statué, par un décret rendu en Conseil d'État, si l'autorisation a été accordée en cette forme. Dans le cas où l'interruption ou le défaut d'entretien des travaux entrepris par une association pourrait avoir des conséquences nuisibles à l'intérêt public, le Préfet, après mise en demeure, pourra faire procéder d'office à l'exécution des travaux nécessaires pour obvier à ces conséquences.

Art. 26. — La loi du 16 septembre 1807 et celle du 14 floréal an XI continueront à recevoir leur exécution, à défaut de formation d'associations libres ou autorisées, lorsqu'il s'agira de travaux spécifiés aux numéros 1, 2 et 3 de l'art. 1er de la présente loi. Toutefois, il sera statué à l'avenir, par le Conseil de Préfecture, sur les contestations qui, d'après la loi du 16 septembre 1807, devaient être jugées par une commission spéciale. En ce qui concerne la perception des taxes, l'expropriation et l'établissement des servitudes, il sera procédé conformément aux art. 15, 18 et 19 de la présente loi.

« La loi nouvelle, » dit dans une circulaire du 12 août 1865
aux Préfets, M. A. Béhic, ministre de l'agriculture, du commerce et des travaux publics, « a eu pour but, et aura, on
« peut l'espérer, pour résultat, d'encourager l'initiative
« individuelle des propriétaires, de provoquer l'esprit d'as-
« sociation et de faciliter ainsi l'exécution des travaux d'a-
« mélioration agricole ; mais elle n'a pas entendu enlever au
« gouvernement les pouvoirs dont il est investi par la législation
« actuelle, à l'effet d'assurer, après que l'utilité en a été régu-
« lièrement constatée, l'exécution par les propriétaires inté-
« ressés, de travaux qui, à raison de leur nature spéciale,
« touchent directement à la sécurité ou à la salubrité pu-
« blique. »

Nous croyons que cette loi est appelée à donner un nouvel
essor aux grandes entreprises d'amélioration agricole, à appeler des capitaux vers le sol, à encourager l'entreprise de cana-
lisation, d'irrigation, de desséchements, etc. Dans l'étude de
ces différentes questions, nous avons fait sentir la lacune que
présentait la législation à cet égard ; la voilà comblée, voici
les agriculteurs, les propriétaires mis en mesure d'agir par
eux-mêmes ; espérons qu'ils sauront user de la loi nouvelle
au profit de tous.

BIBLIOGRAPHIE

PRAIRIES.   Nouvelles Annales d'Agriculture, par Oppermann.

Plantes fourragères, par Heuzé.

Prairies artificielles, par Machard.

Culture améliorante, par Lecouteux.

Mémoires sur les Prairies, par Gilbert.

Note sur la récolte des foins, par Polonceau.

Traité des prairies naturelles et artificielles ou Flore des plantes fourragères, par Boitard.

Traité général des prairies et de leur irrigation, par le comte d'Ourches.

Des prairies, par Demoor.

Traité des plantes fourragères, par Lecoq.

Prairies naturelles et artificielles, par Lecoq.

Encyclopédie pratique de l'agriculteur. Art. Fenaison par Eug. Gayot.

IRRIGATIONS.   Mémoires sur l'amélioration des prairies naturelles et leur irrigation, par de Perthuis.

Du plan incliné comme grande machine agricole, par M. Aug. de Gasparin.

Traité général de l'irrigation, par Tatham.

Voyage en Espagne, en 1816-1819, par Jaubert de Passa.

Code des irrigations, par Bertin, Dalloz et P assy.

Commentaire sur la loi du 29 avril 1845, par H. Pellault.

Législation des irrigations en Italie et en Allemagne, par Mauny de Mornay.

Manuel et Code de l'irrigateur, par Villeroy et Muller.

Irrigation des prairies, par Keelhoff.

Nouvelles Annales d'agriculture, par Oppermann.

La science des fontaines, par Dumas.

16.

BIBLIOGRAPHIE.

IRRIGATIONS.

Manuel juridique de l'irrigateur, par Vignerte.

Organisation légale des cours d'eau ; endiguement, irrigations, desséchement, par Dumont.

Manuel pratique de l'irrigation, par Deby.

L'Ingénieur agricole, par Jules Laflineur.

Hydraulique urbaine, par le même.

Encyclopédie pratique de l'agriculteur, t. IX, art. Irrigation, par Hervé-Mangon.

Manuel d'économie rurale, par J. Valserres.

Traité des irrigations, par Nadault de Buffon.

DESSÉCHEMENTS.

Drainage des terres arables, par J.-B. Barral.

Encyclopédie pratique de l'agriculteur, art. Désséchement, par Hervé-Mangon.

Études pratiques sur l'art de dessécher, par le Mis de Bryas.

Desséchement des moëres, par Cœberger en 1622, par Bortier.

Guide pratique de drainage, par Kielmann.

PATURAGE.

Nouvelles Annales d'agriculture, par Oppermann.

Le livre de la Ferme, par Joigneaux.

Guide des engrais, par Rohart.

TABLES DES MATIÈRES

PREMIÈRE PARTIE. — Prairies naturelles.

CORBEIL. — Typ. et ster. de CRÉTÉ.

CORBEIL, typ. et stér. de CRÉTÉ.